大数据技术精品系列教材

U0233596

Python

数据分析与挖掘实战

Data Analysis and Mining with Python

翟世臣　张良均 ◉ 主编

张奥多　花强　周东平 ◉ 副主编

人民邮电出版社

北　京

图书在版编目（CIP）数据

Python数据分析与挖掘实战 / 翟世臣，张良均主编
. -- 北京 ：人民邮电出版社，2022.7
大数据技术精品系列教材
ISBN 978-7-115-57582-1

Ⅰ. ①P… Ⅱ. ①翟… ②张… Ⅲ. ①软件工具－程序
设计－高等学校－教材 Ⅳ. ①TP311.561

中国版本图书馆CIP数据核字(2021)第257859号

内 容 提 要

本书以 Python 数据分析与挖掘的常用技术与真实案例相结合的方式，深入浅出地介绍 Python 数据分析与挖掘的重要内容。本书共 11 章，分为基础篇（第 1～5 章）和实战篇（第 6～11 章），基础篇包括数据挖掘基础、Python 数据挖掘编程基础、数据探索、数据预处理、数据挖掘算法基础等基础知识；实战篇包括 6 个案例，分别为信用卡高风险客户识别、餐饮企业菜品关联分析、金融服务机构资金流量预测、O2O 优惠券使用预测、电视产品个性化推荐，以及基于 TipDM 大数据挖掘建模平台实现金融服务机构资金流量预测。本书大部分章节包含实训和课后习题，通过练习和操作实践，可帮助读者巩固所学的内容。

本书可作为"1+X"证书制度试点工作中的大数据应用开发（Python）职业技能等级（高级）证书的教学和培训用书，也可作为高校数据科学或人工智能相关专业的教材，还可作为数据挖掘爱好者的自学用书。

◆ 主　　编　翟世臣　张良均
　　副 主 编　张奥多　花　强　周东平
　　责任编辑　初美呈
　　责任印制　王　郁　焦志炜
◆ 人民邮电出版社出版发行　　北京市丰台区成寿寺路 11 号
　　邮编　100164　　电子邮件　315@ptpress.com.cn
　　网址　https://www.ptpress.com.cn
　　北京市鑫霸印务有限公司印刷
◆ 开本：787×1092　1/16
　　印张：18.25　　　　　　　　　　　2022 年 7 月第 1 版
　　字数：418 千字　　　　　　　2024 年 12 月北京第 7 次印刷

定价：59.80 元

读者服务热线：**(010)81055256**　印装质量热线：**(010)81055316**
反盗版热线：**(010)81055315**
广告经营许可证：京东市监广登字 20170147 号

吴孟达（国防科技大学）　　　　　吴阔华（江西理工大学）

邱炳城（广东理工学院）　　　　　余爱民（广东科学技术职业学院）

沈　洋（大连职业技术学院）　　　沈凤池（浙江商业职业技术学院）

宋汉珍（承德石油高等专科学校）　宋眉眉（天津理工大学）

张　敏（广东泰迪智能科技股份　　张尚佳（广东泰迪智能科技股份
　　　　有限公司）　　　　　　　　　　　有限公司）

张治斌（北京信息职业技术学院）　张积林（福建工程学院）

张雅珍（陕西工商职业学院）　　　陈　永（江苏海事职业技术学院）

武春岭（重庆电子工程职业学院）　林智章（厦门城市职业学院）

官金兰（广东农工商职业技术学院）赵　强（山东师范大学）

胡支军（贵州大学）　　　　　　　胡国胜（上海电子信息职业技术学院）

施　兴（广东泰迪智能科技股份　　秦宗槐（安徽商贸职业技术学院）
　　　　有限公司）

韩中庚（信息工程大学）　　　　　韩宝国（广东轻工职业技术学院）

蒙　飚（柳州职业技术学院）　　　蔡　铁（深圳信息职业技术学院）

谭　忠（厦门大学）　　　　　　　薛　毅（北京工业大学）

魏毅强（太原理工大学）

序 FOREWORD

随着大数据时代的到来，移动互联网和智能手机迅速普及，多种形态的移动互联网应用蓬勃发展，电子商务、云计算、互联网金融、物联网、虚拟现实、智能机器人等不断渗透并重塑传统产业，而与此同时，大数据当之无愧地成为新的产业革命核心。

2019年8月，联合国教科文组织以联合国6种官方语言正式发布《北京共识——人工智能与教育》。其中提出，各国要制定相应政策，推动人工智能与教育的系统融合。利用人工智能加快建设开放灵活的教育体系，确保全民享有公平、适合每个人且优质的终身学习机会。这表明基于大数据的人工智能和教育均进入了新的阶段。

高等教育是教育系统中的重要组成部分。高等院校作为人才培养的重要载体，肩负着为社会培育人才的重要使命。2018年6月21日的新时代全国高等学校本科教育工作会议首次提出了"金课"的概念。"金专""金课""金师"迅速成为新时代高等教育的热词。如何建设具有中国特色的大数据相关专业，以及如何打造世界水平的"金专""金课""金师""金教材"是当代教育教学改革的难点和热点。

实践教学是在一定的理论指导下，通过实践引导，使学习者获得实践知识、掌握实践技能、锻炼实践能力、提高综合素质的教学活动。实践教学在高校人才培养中有着重要的地位，是巩固和加深理论知识的有效途径。目前，高校大数据相关专业的教学体系设置过多地偏向理论教学，课程设置冗余或缺漏，知识体系不健全，且与企业实际应用契合度不高，学生无法把理论转化为实践应用技能。为了有效解决该问题，"泰迪杯"数据挖掘挑战赛组委会与人民邮电出版社共同策划了"大数据技术精品系列教材"，这恰与2019年10月24日教育部发布的《教育部关于一流本科课程建设的实施意见》（教高〔2019〕8号）中提出的"坚持分类建设""坚持扶强扶特""提升高阶性""突出创新性""增加挑战度"原则完全契合。

"泰迪杯"数据挖掘挑战赛自2013年创办以来，一直致力于推广高校数据挖掘实践教学，培养学生数据挖掘的应用和创新能力。挑战赛的赛题均为经过适当简化和加工的实际问题，来源于各企业、管理机构和科研院所等，非常贴近现实热点需求。赛题中的数据只做必要的脱敏处理，力求保持原始状态。竞赛围绕数据挖掘的整个流程，从数据采集、数据迁移、数据存储、数据分析与挖掘，到数据可视化，涵盖了企业应用中的各个环节，与目前大数据专业人才培养目标高度一致。"泰迪杯"数据挖掘挑战赛不依赖于数学建模，甚至不依赖传统模型的竞赛形式，使得"泰迪杯"数据挖掘挑战赛在全国各大高校反响热烈，且得到了全国各界专家学者的认可与支持。2018 年，"泰迪杯"增加了子赛项——数据分析技能赛，为应用型本科、高职和中职技能型人才培养提供理论、技术和资源方面的支持。截至 2021 年，全国共有超 1000 所高校，约 2 万名研究生、9 万名本科生、2 万名高职生参加了"泰迪杯"数据挖掘挑战赛和数据分析技能赛。

本系列教材的第一大特点是注重学生的实践能力培养，针对高校实践教学中的痛点，首次提出"鱼骨教学法"的概念。以企业真实需求为导向，学生学习技能时紧紧围绕企业实际应用需求，将学生需掌握的理论知识，通过企业案例的形式进行衔接，达到知行合一、以用促学的目的。第二大特点是以大数据技术应用为核心，紧紧围绕大数据应用闭环的流程进行教学。本系列教材涵盖了企业大数据应用中的各个环节，符合企业大数据应用真实场景，使学生从宏观上理解大数据技术在企业中的具体应用场景及应用方法。

在教育部全面实施"六卓越一拔尖"计划 2.0 的背景下，对如何促进我国高等教育人才培养体制机制的综合改革，以及如何重新定位和全面提升我国高等教育质量，本系列教材将起到抛砖引玉的作用，从而加快推进以新工科、新医科、新农科、新文科为代表的一流本科课程的"双万计划"建设；落实"让学生忙起来，管理严起来和教学活起来"措施，让大数据相关专业的人才培养质量有一个质的提升；借助数据科学的引导，在文、理、农、工、医等方面全方位发力，培养各个行业的卓越人才及未来的领军人才。同时本系列教材将根据读者的反馈意见和建议及时改进、完善，努力成为大数据时代的新型"编写、使用、反馈"螺旋式上升的系列教材建设样板。

汕头大学校长
教育部高校大学数学课程教学指导委员会副主任委员
"泰迪杯"数据挖掘挑战赛组织委员会主任
"泰迪杯"数据分析职业技能大赛组织委员会主任

2021 年 7 月于粤港澳大湾区

前 言 # PREFACE

随着大数据时代的到来，信息化技术得到了普及，但随之而来的海量数据使商业生态环境发生了巨大的变化。数据分析与挖掘技术通过获取数据、处理数据、可视化呈现数据、分析建模等方法，能够帮助企业更为高效地处理业务问题，并为企业的经营决策提供依据和帮助。在加快建设制造强国、质量强国、航天强国、交通强国、网络强国、数字中国的背景下，金融、零售、医疗、互联网、交通物流、制造等行业对数据分析人才的需求巨大，有实践经验的数据分析人才成为各企业争夺的热门。为了满足企业日益增长的对数据分析人才的需求，很多高校开设了数据分析相关课程。

本书特色

● 本书内容契合"1+X"证书制度试点工作中的大数据应用开发（Python）职业技能等级（高级）证书的考核标准。

● 将理论与实战相结合。本书全面贯彻党的二十大精神，以社会主义核心价值观为引领，加强基础研究、发扬斗争精神。本书内容以知识点为主线，将Python数据分析与挖掘的常用技术和基于项目的真实案例相结合，介绍使用Python进行数据分析与挖掘的主要方法。

● 以应用为导向。本书讲解从知识点到算法，再到具体的项目案例，让读者明白如何利用所学知识来解决问题，通过实训和课后习题帮助读者巩固所学知识，从而使读者能够真正理解并应用所学知识。

● 注重启发式教学。本书围绕数据挖掘的流程展开，不堆积知识点，着重于思路的启发与解决方案的实施。通过对从任务需求到任务实现这一完整工作流程的体验，读者将真正理解并掌握Python数据分析与挖掘技术。

本书适用对象

● 开设有数据分析与挖掘相关课程的高校的学生。

● 数据挖掘开发人员。

● 从事数据挖掘研究的科研人员。

● 关注高级数据分析的人员。

● "1+X"证书制度试点工作中的大数据应用开发（Python）职业技能等级（高级）证书的考生。

代码下载及问题反馈

　　为了帮助读者更好地使用本书，本书配有原始数据文件和程序代码，以及 PPT 课件、教学大纲、教学进度表和教案等教学资源，读者可以从泰迪云教材网站免费下载，也可登录人民邮电出版社教育社区（www.ryjiaoyu.com）下载。同时欢迎教师加入 QQ 交流群"人邮大数据教师服务群"（669819871）进行交流探讨。

　　由于编者水平有限，书中难免出现一些疏漏和不足之处。如果读者有宝贵的意见，欢迎在泰迪学社微信公众号（TipDataMining）回复"图书反馈"进行反馈。更多关于本系列图书的信息可以在泰迪云教材网站查阅。

编　者

2023 年 5 月

泰迪云教材

CONTENTS 目录

基 础 篇

第 1 章 数据挖掘基础

当今社会，网络和信息技术已经渗透进人类日常生活的方方面面，产生的数据量也呈现指数级增长的态势。现有数据的量级已经远远超越了目前人力所能处理的范畴。如何管理和使用这些数据，逐渐成为数据科学领域中一个全新的研究课题。本章主要介绍数据挖掘的发展史、常用方法、通用流程、常用工具，以及 Python 数据挖掘环境的配置方法。

学习目标

（1）了解数据挖掘发展史。
（2）了解数据挖掘的常用方法。
（3）熟悉数据挖掘的通用流程。
（4）了解数据挖掘的常用工具。
（5）掌握 Python 数据挖掘环境的配置方法。

1.1 数据挖掘发展史

数据挖掘（Data Mining）起始于 20 世纪下半叶，早期主要研究从数据中发现知识（Knowledge Discovery from Data，KDD）。数据挖掘的概念源于 1995 年在加拿大召开的第一届知识发现与数据挖掘国际学术会议，随后在世界范围内迅速成为研究的热点，大量学者和企业纷纷投入数据挖掘理论研究和工具研发的行列中来。1997 年的第三届知识发现与数据挖掘国际学术会议举行了数据挖掘工具的实测活动。从此，数据挖掘技术进入了快速发展时期。

数据挖掘是 KDD 的核心部分，它是指从数据集合中自动抽取隐藏在数据中的有用信息的非平凡过程，这些信息的表现形式有规则、概念、规律和模式等。进入 21 世纪，数据挖掘已经成为一门比较成熟的交叉学科，并且，数据挖掘技术也随着信息技术的发展日益成熟起来。

1.2   数据挖掘的常用方法

数据挖掘的常用方法包括分类与回归、聚类、关联规则、智能推荐、时间序列等，以帮助企业提取数据中蕴含的商业价值，提高企业的竞争力。具体方法介绍如下。

（1）分类与回归。分类是一种对离散型随机变量进行建模或预测的方法，反映的是如何找出同类事物之间具有共同性质的特征和不同事物之间的差异特征，用于将数据集中的每个对象归类到某个已知的对象类中。回归是通过建立模型来研究变量之间相互关系的密切程度、结构状态及进行模型预测的一种有效方法。分类与回归广泛应用于医疗诊断、信用卡的信用分级、图像模式识别、风险评估等领域。

（2）聚类。聚类是在预先不知道类别标签的情况下，根据信息相似度原则进行信息集聚的一种方法。聚类的目的是使得属于同一类别的个体之间的差别尽可能小，而不同类别的个体之间的差别尽可能大。因此，聚类的意义在于将类似的事物组织在一起。通过聚类，人们能够识别密集和稀疏的区域，从而发现全局的分布模式，以及数据属性之间的关系。聚类分析广泛应用于商业、生物、地理、网络服务等多个领域。

（3）关联规则。关联规则是一种使用较为广泛的模式识别方法，旨在从大量的数据当中发现特征之间或数据之间在一定程度上的依赖或关联关系。关联规则分析广泛应用于市场营销、事务分析等领域。

（4）智能推荐。智能推荐用于联系用户和信息，帮助用户发现对自己有价值的信息，同时让这些有价值的信息展现在对此感兴趣的用户面前，从而实现信息消费者和信息生产者的双赢。智能推荐广泛应用于金融、电商、服务等领域。

（5）时间序列。时间序列是对在不同时间段内取得的样本数据进行挖掘，分析样本数据的变化趋势。时间序列广泛应用于股指预测、生产过程监测、电气系统监测、销售额预测等领域。

1.3   数据挖掘的通用流程

目前，数据挖掘的通用流程包含目标分析、数据抽取、数据探索、数据预处理、分析与建模、模型评价。需要注意的是：这6个流程的顺序并不是严格不变的，可根据实际项目的情况进行不同程度的调整。

1.3.1   目标分析

针对具体的数据挖掘应用需求，先要明确本次的挖掘目标是什么，以及系统完成数据挖掘后能达到什么样的效果。因此必须分析应用领域，包括应用领域中的各种知识和应用目标，了解相关领域的有关情况，熟悉背景知识，弄清用户需求。要想充分发挥数据挖掘的价值，必须对目标有一个清晰明确的定义，即确定到底想干什么。

1.3.2   数据抽取

在明确了数据挖掘的目标后，接下来就需要从业务系统中抽取出一个与挖掘目标相关的样本数据子集。抽取数据的标准包括相关性、可靠性、有效性，而且无需动用全部企业数据。精选数据样本不仅能减少数据处理量、节省系统资源，而且能使想要寻找的规律突显出来。

　　进行数据取样时，一定要严格把控质量。任何时候都不能忽视数据的质量，即使是从数据仓库中进行数据取样，也不要忘记检查其质量。因为数据挖掘是要探索企业运作的内在规律，所以如果原始数据有误，就很难从中探索出规律，就算真的从中探索出了什么"规律"，再依此去指导工作，也很可能会造成误导。若从正在运行的系统中进行数据取样，则更要注意数据的完整性和有效性。

　　衡量取样数据质量的标准包括：资料完整无缺，各类指标项齐全；数据准确无误，反映的都是正常（而不是异常）状态下的水平。

　　对于获取到的数据，可再从中抽样。抽样的方式是多种多样的，常见的方式如下。

　　（1）随机抽样。在采用随机抽样方式时，数据集中的每一组观测值都有相同的被抽中概率。例如，按10%的比例对一个数据集进行随机抽样，则每一组观测值都有10%的概率被抽取到。

　　（2）等距抽样。如果按 5%的比例对一个有 100 组观测值的数据集进行等距抽样，有 $\frac{100}{5}=20$，那么抽取的就是第 20、40、60、80、100组这 5 组观测值。

　　（3）分层抽样。在进行分层抽样操作时，需要先将样本总体分成若干层（或分成若干个子集）。每层中的观测值都具有相同的被选中概率，但对不同的层可设定不同的概率。这样的抽样结果通常具有更好的代表性，进而使模型具有更好的拟合精度。

　　（4）按起始顺序抽样。这种抽样方式是从输入数据集的起始处开始抽样，对于抽样的数量，可以给定一个百分比，或直接给定选取观测值的组数。

　　（5）分类抽样。前述几种抽样方式并不考虑抽取样本的具体取值，分类抽样则依据某种属性的取值来选择数据子集，如按客户名称分类、按地址区域分类等。分类抽样的方式就是前面所述的几种方式，只是抽样时以类为单位。

1.3.3　数据探索

　　前面所叙述的数据取样，或多或少是人们带着对如何实现数据挖掘目的的主观认识进行操作的。当拿到一个样本数据集后，它是否达到设想的要求，其中有没有什么明显的规律和趋势，有没有出现从未设想过的数据状态，属性之间有什么相关性，它可分成哪些类别等，这些都是需要先进行探索的内容。

　　对所抽取的样本数据进行探索、审核和必要的加工处理，是保证最终挖掘模型的质量所必需的操作。可以说，挖掘模型的质量不会优于抽取的样本的质量。数据探索和预处理的目的是保证样本数据的质量，从而为保证模型质量打下基础。

　　数据探索主要包括数据校验、分布分析、对比分析、周期性分析、贡献度分析、相关性分析等，有关介绍详见第 3 章。

1.3.4　数据预处理

　　当采样数据的表达形式不一致时，如何进行数据变换、数据合并等都是数据预处理要解决的问题。

　　由于采样数据中常常包含许多含有噪声、不完整甚至不一致的数据，因此需要对数据进行预处理以改善数据质量，并最终达到完善数据挖掘结果的目的。

数据预处理主要包括重复值处理、缺失值处理、异常值处理、简单函数变换、数据标准化、数据离散化、独热编码、数据合并等，有关介绍详见第 4 章。

1.3.5 分析与建模

样本抽取和预处理都完成后，需要考虑本次建模属于数据挖掘应用中的哪类问题（分类与回归、聚类、关联规则、智能推荐还是时间序列），还需考虑选用哪种算法进行模型构建更为合适。

其中，分类与回归算法主要包括线性模型、决策树、最近邻分类、支持向量机、神经网络、集成算法等；聚类算法主要包括 K-Means 聚类、密度聚类、层次聚类等；关联规则主要包括 Apriori、FP-Growth 等；智能推荐主要包括基于内容推荐、协同过滤推荐算法等；时间序列模型主要包括 AR 模型、MA 模型、ARMA 模型、ARIMA 模型等。

1.3.6 模型评价

在建模过程中会得出一系列的分析结果，模型评价的目的之一就是依据这些分析结果，从训练好的模型中寻找出一个表现最佳的模型，并结合业务场景对模型进行解释和应用。

适用于分类与回归模型、聚类分析模型、智能推荐模型的评价方法是不同的，具体评价方法见第 5 章。

1.4 常用数据挖掘工具

数据挖掘是一个反复探索的过程，只有将数据挖掘工具提供的技术和实施经验与企业的业务逻辑和需求紧密结合，并在实施过程中不断地磨合，才能取得好的效果。常用的几种数据挖掘建模工具如下。

1. Python

Python 是一种面向对象的解释型计算机程序设计语言，它拥有高效的高级数据结构，并且能够用简单而又高效的方式进行面向对象编程。但是 Python 并不提供一个专门的数据挖掘环境，而是提供数据挖掘的众多扩展库，如 NumPy、SciPy 和 Matplotlib。这 3 个十分经典的科学计算扩展库分别为 Python 提供了快速数组处理、数值运算和绘图功能。此外 scikit-learn 库中包含很多分类器的实现及聚类相关的算法。有了这些扩展库，Python 成为了数据挖掘的常用语言。

2. IBM SPSS Modeler

IBM SPSS Modeler 原名 Clementine，其 2009 年被 IBM 收购，之后 IBM 对其功能和性能进行了大幅度改进和提升。它封装了先进的统计学和数据挖掘技术，以获得预测知识并将相应的决策方案部署到现有的业务系统和业务过程中，从而提高企业的效益。IBM SPSS Modeler 拥有直观的操作界面、自动化的数据准备和成熟的预测分析模型，结合商业技术可以快速建立预测模型。

3. KNIME

KNIME（Konstanz Information Miner）是基于 Java 开发的，可以扩展使用 Weka 中的挖掘算法。KNIME 采用类似数据流（Data Flow）的方式来建立分析和挖掘流程。挖掘流程由一系列功能节点组成，每个节点有输入/输出端口，用于接收数据或模型、导出结果。

4. RapidMiner

RapidMiner 也叫 YALE（Yet Another Learning Environment），它提供图形化界面，采用类似 Windows 资源管理器中的树状结构来组织分析组件，树上每个节点表示不同的运算符（Operator）。RapidMiner 中提供了大量的运算符，包括数据处理、变换、探索、建模、评估等环节。RapidMiner 是用 Java 开发的，基于 Weka 来进行构建，可以调用 Weka 中的各种分析组件。RapidMiner 有拓展的套件 Radoop，可以与 Hadoop 集成，并在 Hadoop 集群上运行任务。

5. TipDM 开源数据挖掘建模平台

TipDM 开源数据挖掘建模平台是基于 Python 引擎、用于数据挖掘建模的开源平台。该平台采用 B/S 结构，用户不需要下载客户端，可通过浏览器对其进行访问。平台支持数据挖掘流程所需的主要过程：数据探索（相关性分析、主成分分析、周期性分析等）；数据预处理（特征构造、记录选择、缺失值处理等）；分析与建模（聚类模型、分类模型、回归模型等）；模型评价（R-Squared、混淆矩阵、ROC 曲线等）。用户可在没有 Python 编程基础的情况下，通过拖曳的方式进行操作，将数据输入/输出、数据预处理、分析与建模、模型评价等环节通过流程化的方式进行连接，以达到数据分析挖掘的目的。

1.5　Python 数据挖掘环境配置

Python 是一门结合了解释性、编译性、互动性的面向对象的高层次计算机程序语言，也是一门功能强大而完善的通用型语言，已具有 30 多年的发展历史，成熟且稳定。相对于其他数据挖掘工具，Python 能让开发者更好地实现想法。

Anaconda 是 Python 的一个集成开发环境，可以便捷地获取库，并且提供对库的管理功能，可以对环境进行统一管理。读者可以进入 Anaconda 发行版官方网站，下载 Windows 系统的 Anaconda 安装包，选择 Python 3.8.3 版本。安装 Anaconda 的具体步骤如下。

（1）单击图 1-1 所示的【Next】按钮进入下一步。

（2）单击图 1-2 所示的【I Agree】按钮，表示同意上述协议并进入下一步。

（3）选择图 1-3 所示的【All Users(requires admin privileges)】单选按钮，然后单击【Next】按钮，进入下一步。

（4）单击图 1-4 所示的【Browse...】按钮，指定安装 Anaconda 的路径，然后单击【Next】按钮，进入下一步。

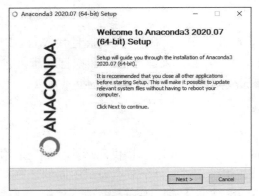

图 1-1　Windows 系统安装 Anaconda 步骤（1）

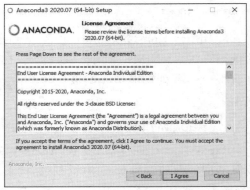

图 1-2　Windows 系统安装 Anaconda 步骤（2）

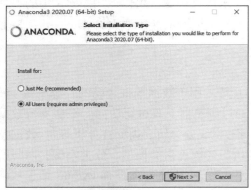

图 1-3　Windows 系统安装 Anaconda 步骤（3）

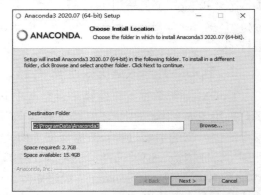

图 1-4　Windows 系统安装 Anaconda 步骤（4）

（5）图 1-5 所示的两个复选框分别代表允许将 Anaconda 添加到系统路径环境变量、Anaconda 使用的 Python 版本为 3.8。勾选这两个复选框，然后单击【Install】按钮，等待安装结束。

（6）当安装进度条满格后，如图 1-6 所示，依次单击【Next】按钮。

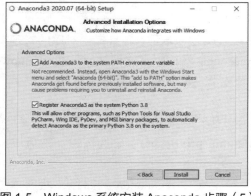

图 1-5　Windows 系统安装 Anaconda 步骤（5）

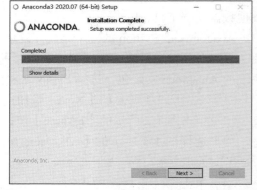

图 1-6　Windows 系统安装 Anaconda 步骤（6）

（7）当出现图 1-7 所示的界面时，可取消勾选界面中的【Anaconda Individual Edition Tutorial】（Anaconda 个人版教程）、【Learn More About Anaconda】（了解更多 Anaconda）两个复选框，单击【Finish】按钮，即可完成 Anaconda 的安装。

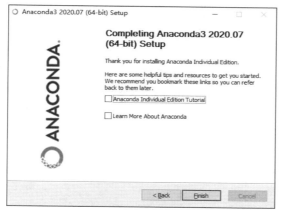

图 1-7　Windows 系统安装 Anaconda 步骤（7）

小结

本章主要介绍了数据挖掘的基础知识，包括数据挖掘的发展史、常用方法、通用流程和常用工具，以及 Python 数据挖掘环境的配置方法。其中，数据挖掘的通用流程包括目标分析、数据抽取、数据探索、数据预处理、分析与建模、模型评价；常用的数据挖掘工具包括 Python、IBM SPSS Modeler、KNIME、RapidMiner、TipDM 开源数据挖掘建模平台。

课后习题

选择题

（1）以下不属于数据挖掘常用方法的是（　　　）。

  A. 聚类   B. 统计分析

  C. 关联规则   D. 时间序列

（2）关于数据预处理，下列叙述错误的是（　　　）。

  A. 数据预处理可以改善数据质量

  B. 数据预处理包括重复值处理、简单函数变换、独热编码

  C. 数据预处理包括异常值处理、数据标准化、数据合并

  D. 数据预处理中不包括数据离散化

（3）下列不属于数据挖掘工具的是（　　　）。

  A. Word   B. Python

  C. RapidMiner   D. KNIME

（4）关于数据挖掘的通用流程，下列叙述中正确的是（　　　）。

  A. 数据挖掘的通用流程主要包含目标分析、数据抽取、数据探索、数据预处理、分析与建模、模型评价

  B. 分类与回归模型、聚类分析模型的评价方法是相同的

  C. 数据挖掘的通用流程中目标分析是没有意义的，可以去除

  D. 抽取数据的标准中不包含有效性

（5）关于 Python，下列叙述错误的是（　　　　）。

    A. Python 是一门结合了解释性、编译性、互动性的面向对象的高层次计算机程序语言

    B. Python 拥有高效的高级数据结构

    C. Python 可以提供一个专门的数据挖掘环境

    D. Python 是一种面向对象的解释型计算机程序设计语言

第 ② 章 Python 数据挖掘编程基础

在 Python 中，数据挖掘编程是进行数据分析和数据挖掘的重要组成部分，若要掌握数据挖掘编程，则需要对其基础知识有一定的了解。本章主要介绍数据挖掘编程的基础知识，先介绍 Python 中需掌握的基本命令、数据结构和库的导入与添加，然后介绍数据分析预处理的常用库、数据挖掘建模的常用库和框架，从而让读者对 Python 数据挖掘编程有一个基本的了解。

学习目标

（1）掌握 Python 基本命令的使用方法。
（2）掌握 Python 数据结构的使用方法。
（3）掌握库的导入与添加的方法。
（4）了解 Python 数据分析预处理的常用库。
（5）了解 Python 数据挖掘建模的常用库和框架。

2.1 Python 使用入门

在初步接触 Python 时，可以通过了解与掌握基本命令、判断与循环、函数和库的导入与添加对 Python 进行了解。

2.1.1 基本命令

Python 包含许多命令，这些命令可以实现各种各样的功能。对于初学者，掌握基本命令的使用，如基本运算、数据结构等，可快速打开 Python 的大门。

1. 基本运算

初识 Python，可以将其当作一个方便的计算器。读者可以打开 Python，试着输入代码 2-1 所示的命令。

代码 2-1　Python 基本运算

```
a = 3
a * 3
a ** 3
```

代码 2-1 所示的命令是 Python 中几个基本的运算，第一个是赋值运算，第二个是乘法运算，最后一个是幂运算（即 a^3）。这些命令对大部分编程语言是通用的。Python 还支持多重赋值，命令如下。

```
a, b, c = 1, 2, 3
```

这句多重赋值命令相当于以下命令。

```
a = 1
b = 2
c = 3
```

Python 支持对字符串的灵活操作，如代码 2-2 所示。

代码 2-2　Python 字符串操作

```
a = 'This is the Python world'
a + ' Welcome!'  # 将 a 与' Welcome!'拼接，得到'This is the Python world Welcome!'
a.split(' ')  # 将 a 用空格分割，得到列表['This', 'is', 'the', 'Python', 'world']
```

2．数据结构

Python 有 4 个内置的数据结构——列表（List）、元组（Tuple）、字典（Dictionary）和集合（Set），它们统称为容器（Container）。这 4 个内置的数据结构实际上是由一些元素组合而成的结构，这些元素可以是数字、字符或列表，也可以是几种元素的组合。简而言之，容器里的数据结构可以是任意的；且容器内部的元素类型不要求相同。

（1）列表和元组

列表和元组都是序列结构，两者很相似，但又有一些不同的地方。

从外形上看，列表与元组的区别是列表使用方括号进行标记，如 m = [0, 2, 4]；而元组使用圆括号进行标记，如 n = (6, 8, 10)。访问列表和元组中的元素的方式都是一样的，如 m[0]等于 0，n[2]等于 10 等。因为容器里的数据结构可以是任意的，所以以下关于列表 p 的定义也是成立的。

```
p = ['efg', [5, 6, 7], 10]
# p 是一个列表，其中的第 1 个元素是字符串'efg'，第 2 个元素是列表[5, 6, 7]，第 3 个元素是整数 10
```

从功能上看，列表与元组的区别是列表可以被修改，而元组不可以。例如，列表 m = [0, 2, 4]，那么语句 m[0] = 1 会将列表 m 修改为[1, 2, 4]；而对于元组 n = (6, 8, 10)，执行语句 n[0] = 1 将会报错。要注意的是，如果已经有了一个列表 m，需要将列表 m 复制为列表 n，那么使用语句 n = m 是无效的，因为这时 n 仅仅是 m 的别名（或引用），修改 n 的同时也会修改 m。正确的复制语句应该是 n = m[:]。

与列表有关的函数是 list，与元组有关的函数是 tuple，但 list 函数和 tuple 函数的用法和功能几乎一样，都是将某个对象转换为列表或元组。例如，list('cd')的结果是['c', 'd']，tuple([0, 1, 2])的结果是(0, 1, 2)。一些常见的与列表或元组相关的函数如表 2-1 所示。

表 2-1　与列表或元组相关的函数

函数	功能	函数	功能
cmp(m, n)	比较两个列表或元组的元素	min(m)	返回列表或元组中元素的最小值
len(m)	返回列表或元组中元素的个数	sum(m)	对列表或元组中的元素求和
max(m)	返回列表或元组中元素的最大值	sorted(m)	对列表或元组中的元素进行升序排序

此外，列表作为对象，自带了很多实用的方法（由于元组不允许修改，因此其方法很少），如表 2-2 所示。

表 2-2　与列表相关的方法

方法	功能
m.append(1)	将 1 添加到列表 m 的末尾
m.count(1)	统计列表 m 中元素 1 出现的次数
m.extend([1, 2])	将列表[1, 2]中的内容追加到列表 m 的末尾
m.index(1)	从列表 m 中找出第一个 1 的索引位置
m.insert(2, 1)	将 1 插入列表 m 中索引为 2 的位置
m.pop(1)	移除列表 m 中索引为 1 的元素

此外，列表还有"列表解析"这一功能。列表解析功能能够简化操作列表内元素的代码。使用 append()方法对列表元素进行操作，如代码 2-3 所示。

代码 2-3　使用 append()方法对列表元素进行操作

```
c = [1, 2, 3]
d = []
for i in c:
    d.append(i + 1)
print(d)  # 输出结果为[2, 3, 4]
```

使用列表解析简化代码，如代码 2-4 所示。

代码 2-4　使用列表解析简化代码

```
c = [1, 2, 3]
d = [i + 1 for i in c]
print(d)  # 输出结果也为[2, 3, 4]
```

（2）字典

特别地，Python 引入了字典这一概念。在数学意义上，字典实际上是一个映射。简而言之，字典也相当于一个列表，但是其下标不是以 0 开头的数字，而是自己定义的键(Key)。

创建一个字典的基本方法如下。

```
a = {'January': 1, 'February': 2}
```

其中，"January""February"就是字典的键，在整个字典中必须是唯一的，而"1""2"就是键对应的值。访问字典中元素的方法如代码 2-5 所示。

代码 2-5　访问字典中的元素

```
a['January']  # 该值为 1
a['February']  # 该值为 2
```

还有其他一些比较方便的创建字典的方法，如通过 dict 函数或 dict.fromkeys 创建字典，如代码 2-6 所示。

代码 2-6　通过 dict 函数或 dict.fromkeys 创建字典

```
dict([['January', 1], ['February', 2]])  # 相当于{'January':1, 'February':2}
dict.fromkeys(['January', 'February'], 1)  # 相当于{'January':1, ' February':1}
```

字典的函数和方法有很多与列表是一样的，这里就不再赘述了。

（3）集合

Python 内置了集合这一数据结构，它与数学中的集合的概念基本一致。集合中的元素是不重复的，而且是无序的。此外，集合不支持索引。一般通过花括号或 set 函数来创建集合，如代码 2-7 所示。

代码 2-7　创建集合

```
g = {1, 1, 2, 3, 3}  # 注意1和3会自动去重，得到{1, 2, 3}
f = set([1, 3, 3, 4, 5])  # 将列表转换为集合，得到{1, 3, 4, 5}
```

由于集合具有特殊性（特别是无序性），因此集合有一些特别的运算，如代码 2-8 所示。

代码 2-8　集合的运算

```
a = f | g  # 求 f 和 g 的并集
b = f & g  # 求 f 和 g 的交集
c = f - g  # 求差集（项在 f 中，但不在 g 中）
d = f ^ g  # 求对称差集（项在 f 或 g 中，但不会同时出现在二者中）
```

2.1.2　判断与循环

判断和循环是编程语言中的基本命令，Python 判断语句的格式如下。

```
if 条件1:
    语句1
elif 条件2:
    语句2
else:
    语句3
```

需要特别指出的是，Python 一般不使用花括号 "{}"，也没有 end 语句，使用缩进作为语句的层次标记。同一层次的缩进量要一一对应，否则会报错。代码 2-9 为一个错误的缩进示例。

代码 2-9　错误的缩进

```
if a == 0:
  print('a 为 0')  # 缩进两个空格
else:
   print('a 不为 0')  # 缩进 3 个空格
```

不管是哪种语言，使用正确的缩进都是一个优雅的编程习惯。

Python 的循环包括 for 循环和 while 循环，for 循环和 while 循环的不同之处在于：for 循环适合已知循环次数的操作，while 循环适合循环次数是未知的操作。但两者又有共同之处：两种循环操作都可以用任意表达式表示条件；都需要在满足条件的前提下，才会进入循环体中执行语句。在绝大多数情况下，for 循环和 while 循环可等价使用。

for 循环和 while 循环的具体示例如代码 2-10 所示。

代码 2-10　for 循环和 while 循环

```
# for 循环
i = 0
for j in range(51):  # 该循环过程是求 1+2+3+…+50
    i = i + j
print(i)

# while 循环
i = 0
j = 0
while j < 51:  # 该循环过程也是求 1+2+3+…+50
    i = i + j
    j = j + 1
print(i)
```

在代码 2-10 中，for 循环含有 in 和 range 语法。in 是一个非常方便、直观的语法，用于判断一个元素是否在列表或元组中。range 用于生成连续的序列，语法格式为 range(a, b, c)，表示以 a 为开始位，b 为结束位（不包含 b），c 为步长的等差数列，如代码 2-11 所示。

代码 2-11　使用 range 生成等差数列

```
for i in range(1, 5, 1):
    print(i)
```

代码 2-11 的输出结果如下。

```
1
2
3
4
```

2.1.3　函数

1. 自定义函数

Python 使用关键字 def 定义自定义函数，如代码 2-12 所示。

代码 2-12　自定义函数

```
def pea(x):
    return x + 1
print(pea(1))  # 输出结果为 2
```

自定义函数在编程语言中其实很普遍，但是与其他编程语言不同的是，Python 的函数返回值可以是各种形式。例如，可以返回列表，甚至返回多个值，如代码 2-13 所示。

代码 2-13　返回列表和返回多个值的自定义函数

```
# 返回列表
def peb(x=1, y=1):  # 定义函数，同时定义参数的默认值
    return [x + 3, y + 3]  # 返回值是一个列表

# 返回多个值
def pec(x, y):
    return x + 1, y + 1  # 双重返回
a, b = pec(1, 2)  # 此时 a = 2, b = 3
```

使用 def 自定义类似代码 2-13 所示的 peb 函数时，需要使用规范的命名、添加计算内容，以及明确返回值，过程相对复杂。因此，Python 支持使用 lambda 定义"行内函数"，如代码 2-14 所示。

代码 2-14　使用 lambda 定义函数

```
c = lambda x: x + 1  # 定义函数 c(x) = x + 1
d = lambda x, y: x + y + 6  # 定义函数 d(x,y) = x + y + 6
```

2. 函数式编程

函数式编程（Functional Programming）或函数程序设计，又称泛函编程，是一种编程范型。函数式编程将计算机运算视为数学中的函数计算，并且避免了程序状态及易变对象对函数的影响。

在 Python 中，函数式编程所用函数主要包括 lambda、map、reduce、filter 等，其中 lambda 函数在代码 2-8 中已经介绍。

假设有一个列表 a = [5, 6, 7]，需要为列表 a 中的每个元素都加 3，并生成一个新列表，使用列表解析进行运算，如代码 2-15 所示。

代码 2-15　使用列表解析进行运算

```
a = [5, 6, 7]
b = [i + 3 for i in a]
print(b)  # 输出结果为[8, 9, 10]
```

使用 map 函数进行运算，如代码 2-16 所示。

代码 2-16　使用 map 函数进行运算

```
a = [5, 6, 7]
b = map(lambda x: x + 3, a)
b = list(b)
print(b)  # 输出结果也为[8, 9, 10]
```

在代码 2-16 中，首先定义一个列表，然后用 map 函数将命令逐一应用到列表 a 中的每个元素，最后返回一个数组。map 函数也能接受多个参数，例如，map(lambda x, y: x * y, a, b)表示将 a、b 两个列表的元素对应相乘，并将结果返回到新列表。

其实列表解析虽然代码简短，但是本质上还是 for 循环。在 Python 中，for 循环的效率并不高；而 map 函数可以实现相同的功能，并且效率更高。

reduce 函数与 map 函数的区别在于：map 函数用于逐一遍历，而 reduce 函数用于对可迭代对象中的元素进行累积操作。在 Python 3 中，reduce 函数被移出了全局命名空间，置于 functools 库中，使用 reduce 函数时需要通过 from functools import reduce 导入。使用 reduce 函数可以算出 n 的阶乘，如代码 2-17 所示。

代码 2-17　使用 reduce 函数计算 n 的阶乘

```
from functools import reduce  # 导入 reduce 函数
reduce(lambda x, y: x * y, range(1, n + 1))
```

在代码 2-17 中，range(1, n + 1) 相当于给出了一个列表，其中的元素是 1~n 这 n 个整数。lambda x, y: x * y 构造了一个二元函数，用于返回两个参数的乘积。reduce 函数首先将列表的头两个元素（即 n、$n+1$）作为函数的参数进行运算，得到 $n(n+1)$；然后将 $n(n+1)$ 与 $n+2$ 作为函数的参数进行运算，得到 $n(n+1)(n+2)$；再将 $n(n+1)(n+2)$ 与 $n+3$ 作为函数的参数进行运算……依此递推，直到列表结束，返回最终结果。如果使用循环命令计算 n 的阶乘，则需要写成代码 2-18 所示的形式。

代码 2-18　使用循环命令计算 n 的阶乘

```
a = 1
for i in range(1, n + 1):
    a = a * i
```

filter 函数的功能类似于一个过滤器，可用于筛选出列表中符合条件的元素，如代码 2-19 所示。

代码 2-19　使用 filter 函数筛选出列表中符合条件的元素

```
a = filter(lambda x: x > 2 and x < 6, range(10))
a = list(a)
print(a)  # 输出结果为[3, 4, 5]
```

使用 filter 函数时首先需要一个返回值为 bool 类型的函数。如代码 2-19 中的 lambda x: x > 2 and x < 6 定义了一个函数，判断 x 是否大于 2 且小于 6；然后将这个函数作用到 range(10) 的每个元素，若返回值为 True，则取出该元素；最后将满足条件的所有元素组成一个列表返回。

代码 2-19 中的 filter 语句也可以用列表解析代替，如代码 2-20 所示。

代码 2-20　使用列表解析筛选出列表中符合条件的元素

```
a = [i for i in range(10) if i > 2 and i < 6]
print(a)  # 输出的结果也为[3, 4, 5]
```

可见列表解析并不比 filter 语句复杂。但是要注意，使用 map 函数、reduce 函数和 filter 函数的最终目的是达到简洁和高效的效果，因为 map 函数、reduce 函数和 filter 函数的循环速度比 Python 内置的 for 循环和 while 循环要快得多。

2.1.4　库的导入与添加

Python 的默认环境并没有将所有的功能都加载进来，因此可能需要手动加载要使用的库（或模块、包等），甚至需要额外安装第三方的扩展库，以丰富 Python 的功能，完成想要实现的操作。

1. 库的导入

Python 本身内置了很多强大的库，如可以完成更加丰富、复杂的数学运算的 math 库，如代码 2-21 所示。

代码 2-21　使用 math 库进行数学运算

```
import math
math.sin(2)  # 计算正弦值
math.exp(2)  # 计算指数
math.pi  # 内置的圆周率常数
```

导入库时除了可以直接使用"import 库名"命令外，还可以为库起一个别名，如代码 2-22 所示。

代码 2-22　使用别名导入库

```
import math as m
m.sin(2)  # 计算正弦值
```

此外，如果不需要导入库中的所有函数，那么可以特别指定要导入的函数的名字，如代码 2-23 所示。

代码 2-23　导入指定的函数

```
from math import exp as e  # 只导入math库中的exp函数，并起别名e
e(2)  # 计算指数
math.sin(2)  # 此时math.sin(2)会出错，因为没导入sin函数
```

直接导入库中的所有函数，如代码 2-24 所示。

代码 2-24　导入库中的所有函数

```
# 直接导入math库中包含的所有函数，若大量地这样导入第三方库，则可能会引起命名冲突
from math import *
exp(2)
sin(2)
```

读者可以通过 help('modules')命令获取已经安装的所有库名。

2. 安装第三方库

虽然 Python 自带了很多库，但是不一定可以满足用户所有的需求。就数据分析和数据挖掘而言，还需要安装一些第三方库以扩展 Python 的功能。

安装第三方库有多种方法，如表 2-3 所示。

表 2-3　常见的安装第三方库的方法

方法	特点
下载源代码自行安装	安装灵活，但需要自行解决上级依赖问题

续表

方法	特点
用 pip 命令安装	比较方便，可以自动解决上级依赖问题
用 easy_install 命令安装	比较方便，可以自动解决上级依赖问题
下载编译好的可执行文件包	一般只有 Windows 系统才提供现成的可执行文件包
系统自带的安装方式	Linux 或 Mac 系统的软件管理器自带了某些库的安装方式

2.2　Python 数据分析预处理的常用库

Python 本身的数据分析功能不强，因此需要安装一些第三方扩展库。常用于数据分析预处理的库有 NumPy、pandas、Matplotlib 等，如表 2-4 所示。

表 2-4　Python 数据分析预处理的常用库

扩展库	简介	本书使用的版本
NumPy	提供数组支持和相应的高效处理函数	1.18.1
pandas	提供强大、灵活的数据分析和探索工具	1.0.1
Matplotlib	提供强大的数据可视化工具、绘图库	3.3.2

2.2.1　NumPy

NumPy 的前身为 Numeric，最早由吉姆·弗贾宁（Jim Hugunin）与其他协作者共同开发。2005 年，特拉维斯·奥利芬特（Travis Oliphant）在 Numeric 中结合了另一个同性质的程序库 Numarray 的特色，并进行了其他扩展而开发出了 NumPy。

NumPy 是用 Python 进行科学计算的基础软件包，同时也是一个 Python 库。NumPy 提供多维数组对象和各种派生对象（如掩码数组和矩阵），以及用于数组快速操作的各种 API（Application Programming Interface，应用程序接口），包括逻辑、形状操作、排序、选择、输入/输出、离散傅立叶变换、基本线性代数、基本统计运算和随机模拟等，因而能够快速地处理数据量大且烦琐的数据运算。

NumPy 还是很多更高级的扩展库的依赖库，后面介绍的 pandas、Matplotlib、SciPy 等库都依赖于 NumPy。值得强调的是，NumPy 内置函数处理数据的速度是 C 语言级别的，因此在编写程序的时候，应当尽量使用 NumPy 中的内置函数，从而避免效率瓶颈。

2.2.2　pandas

pandas 的名称源自面板数据（Panel Data）和 Python 数据分析（Data Analysis），其最初被作为金融数据分析工具而开发出来，由 AQR Capital Management 于 2008 年 4 月开发，并于 2009 年底开源。

pandas 是 Python 的核心数据分析支持库，提供了快速、灵活、明确的数据结构，旨在简单、直观地处理关系型、标记型数据。此外，pandas 能够与其他第三方科学计算支持库完美地集成。pandas 还包含了高级的数据结构和精巧的工具，使得在 Python 中处理数据非常快速和简单。pandas 中的常用数据结构为 Series（一维数据）与 DataFrame（二维数据），这两种数据结构足以处理金融、统计、社会科学、工程等领域里的大多数典型用例。

pandas 的功能非常强大，可提供高性能的矩阵运算；可用于数据挖掘和数据分析，同时还提供数据清洗功能；支持类似 SQL（Structured Query Language，结构化查询语言）的数据增、删、查、改操作，并且带有丰富的数据处理函数；带有时间序列分析功能；可灵活地处理缺失数据等。

2.2.3　Matplotlib

不论是数据挖掘还是数学建模，都免不了进行数据可视化操作。Matplotlib 是由约翰·亨特（John Hunter）等人研究发明出来的，最初只是为了可视化癫痫病人的一些健康指标。慢慢地，Matplotlib 变成了 Python 中使用最广泛的可视化工具包。

同时 Matplotlib 还是 Python 的绘图库，主要用于二维绘图，也可以进行简单的三维绘图。Matplotlib 还提供了一整套和 MATLAB 相似但更为丰富的命令，可以非常快捷地使用 Python 可视化数据，而且可以输出达到出版质量的多种图像格式，还十分适合交互式地制图。Matplotlib 也可作为绘图控件，嵌入 GUI（Graphical User Interface，图形用户界面）应用程序或 CGI（Common Gateway Interface，公共网关接口）、Flask、Django 中。

此外，Matplotlib 绘图库还有很多特点：不仅支持交互式绘图，而且支持非交互式绘图；支持绘制曲线（折线）图、条形图、柱状图、饼图；可对绘制的图形进行配置；支持 Linux、Windows、macOS X 与 Solaris 的跨平台绘图；由于 Matplotlib 的绘图函数与 MATLAB 的绘图函数作用差不多，因此迁移学习的成本比较低；支持 LaTeX 的公式插入。

2.3　Python 数据挖掘建模的常用库和框架

Python 拥有丰富的第三方库，在许多领域都有着广泛的应用。随着各种模块的逐步完善，Python 在科学领域（如数据挖掘领域）的地位越来越重要。Python 数据挖掘建模中常用的库包括 scikit-learn、PyMySQL、SciPy、Statsmodels、XGBoost 等，常用的框架包括 TensorFlow、Keras、PyTorch、PaddlePaddle、Caffe 等。

2.3.1　scikit-learn

scikit-learn（简称 sklearn）项目最早由数据科学家大卫·库尔纳佩（David Cournapeau）在 2007 年发起，其需要 NumPy 和 SciPy 等库的支持。研发成功后，scikit-learn 已经成为一个成熟的开源机器学习库。

scikit-learn 是一个强大的 Python 机器学习库，提供了完善的机器学习工具，能完成数据预处理、分类、回归、聚类、预测、模型分析等操作。同时，scikit-learn 还是一种简单高效的数据挖掘和数据分析工具，并且可以在各种环境中重复使用。scikit-learn 的内部实现了各种各样成熟的算法，容易安装和使用，样例也十分丰富。由于 scikit-learn 依赖于 NumPy、SciPy 和 Matplotlib 库，因此，只要提前安装好这几个库，基本就可以正常安装与使用 scikit-learn。若要使用 scikit-learn 创建机器学习模型，则需注意以下几点。

（1）所有模型提供的接口为 model.fit()，用于训练模型。需要注意的是，用于分类与回归算法的训练模型的语句为 fit(X, y)，用于非分类与回归算法的训练模型的语句为 fit(X)。

（2）分类与回归模型提供如下接口。

① model.predict(X_new)：用于预测新样本。

② model.predict_proba(X_new)：用于预测概率，仅对某些模型有用（如逻辑回归）。

③ model.score()：得分越高，模型拟合效果越好。

（3）非分类与回归模型提供如下接口。

① model.transform()：在 fit 函数的基础上，进行标准化、降维、归一化等数据处理操作。

② model.fit_transform()：fit 函数和 transform 函数的组合，既包含了训练又包含了数据处理操作。

scikit-learn 本身还提供了一些实例数据用于练习，常见的有安德森鸢尾花卉数据集、手写图像数据集等。本书使用的 scikit-learn 的版本为 0.22。

2.3.2　深度学习框架

虽然 scikit-learn 已经足够强大了，但没有包含人工神经网络模型。人工神经网络是功能相当强大且原理相当简单的模型，在语言处理、图像识别等领域有重要的作用。近年来逐渐引人注意的"深度学习"算法，本质上也是一种神经网络，可见在 Python 中实现神经网络是非常必要的。常用的深度学习框架包括 TensorFlow、Keras、PyTorch、PaddlePaddle 和 Caffe 等。

1．TensorFlow

2015 年 11 月 10 日，Google 推出了全新的开源工具 TensorFlow。它是基于 Google 2011 年开发的深度学习基础框架 DistBelief 构建而成的，主要应用于深度神经网络。TensorFlow 一经推出就获得了较大的成功，并迅速成为用户使用最多的深度学习框架。

TensorFlow 即 Tensor 和 Flow，Tensor 意味着数据，Flow 意味着流动、计算、映射，TensorFlow 即数据的流动、数据的计算、数据的映射，同时也体现出数据是有向地流动、计算和映射的。

TensorFlow 具有高度灵活性，它是一个"神经网络"库，便于用户自己用 Python 描绘计算图，然后将其放到计算核心之中。TensorFlow 具有可移植性，可以在 CPU、GPU 上运行。TensorFlow 可以自动计算梯度和函数导数，用户不必纠结于具体的求解细节，只需关注模型的定义与验证。TensorFlow 可以将硬件的性能最优化，其底层为线程、队列、异步操作提供了良好的支持，使得硬件的全部性能可以很好地发挥出来。在多计算单元控制上，TensorFlow 可以将不同的计算任务分配到不同的单元之中。TensorFlow 支持多种编程语言，它支持 C++、Python、Java、Go、JavaScript 等接口的衔接。

2．Keras

Keras 由 Python 编写而成，它是使用 TensorFlow、Theano 和 CNTK 作为后端的一个深度学习框架，也是深度学习框架中最容易使用的一个。Keras 不仅可用于搭建普通的神经网络，还可用于搭建各种深度学习模型，如自编码器、循环神经网络、递归神经网络、卷积神经网络等。

Theano 是 Python 的一个库，是由深度学习专家约书亚·本吉奥（Yoshua Bengio）带领的实验室开发出来的，用于定义、优化和高效地解决多维数组数据对应数学表达式的模拟估计问题。Theano 可以高效地实现符号分解，还具有高度优化的速度和稳定性等特点。最重要的是 Theano 实现了 GPU 加速，使得密集型数据的处理速度是 CPU 的数十倍。

用 Theano 可搭建起高效的神经网络模型，但对于普通读者而言，门槛还是相当高的。而 Keras 可以解决这个问题，它大大地简化了搭建各种神经网络模型的步骤，允许普通用户轻松地搭建并求解具有几百个输入节点的深层神经网络，而且自由度非常高。

Keras 具有高度模块化、用户友好性和易扩展的特性；支持卷积神经网络和循环神经网络，以及两者的组合；可无缝衔接 CPU 和 GPU 的切换。用 Keras 搭建神经网络模型的过程相当简捷，且相当直观，就像搭积木一般。Keras 可以通过短短几十行代码，搭建起一个非常强大的神经网络模型，甚至是深度学习模型。值得注意的是，Keras 的预测函数与 scikit-learn 有所差别，Keras 用 model.predict()方法给出概率，用 model.predict_classes()方法给出分类结果。

3. PyTorch

2017 年 1 月，Facebook 人工智能研究院在 GitHub 上开源了 PyTorch，PyTorch 迅速成为 GitHub 热度榜的榜首。PyTorch 是一个基于 Torch 的 Python 开源机器学习库，同时还是一个深度学习框架，可用于自然语言处理等应用程序。PyTorch 不仅能够实现强大的 GPU 加速，同时还支持动态神经网络，而现在很多主流框架（如 TensorFlow）都不支持。

PyTorch 可以帮助用户构建深度学习项目，它强调灵活性，并允许用 Python 表达深度学习模型。PyTorch 可以提供命令式体验，直接使用 nn.module 封装便可使网络搭建更快速和方便。PyTorch 调试起来很简单，就像调试 Python 代码一样。

PyTorch 的易使用性使其在社区中得到了较早的应用，并且在首次发布以来的几年中成长为优秀的深度学习工具之一。PyTorch 清晰的语法、简化的 API 和易于调试的特性使其成为研究深度学习的极佳选择。除此之外，PyTorch 中还有较为完备的应用领域所对应的库，如表 2-5 所示。

表 2-5 PyTorch 中应用领域所对应的库

应用领域	对应的 PyTorch 库
计算机视觉	TorchVision
自然语言处理	PyTorchNLP
图卷积	PyTorch Geometric
工业部署	Fastai

4. PaddlePaddle

PaddlePaddle（即飞桨）是一个易用、高效、灵活、可扩展的深度学习框架，于 2016 年正式向专业社区开源。PaddlePaddle 是一个工业技术平台，具有先进的技术和丰富的功能，涵盖了核心深度学习框架，基本模型库，端到端的开发套件、工具、组件和服务平台。

PaddlePaddle 支持超大规模深度学习模型的训练、多端多平台部署的高性能推理引擎等；提供命令式编程模式（动态图）功能、性能和体验；原生推理库性能显著优化，轻量级推理引擎实现了对硬件支持的极大覆盖；新增了 CUDA 下多线程多流支持、TRI 子图对动态 shape 输入的支持，强化了量化推理，性能显著优化；全面提升了对支持芯片的覆盖度（包括寒武纪、比特大陆等），以及对应的模型数量和性能。

PaddlePaddle 已被制造业、农业、企业服务等领域广泛采用。

5. Caffe

Caffe 是一个深度学习框架，是由伯克利人工智能研究所和社区贡献者共同开发的。

Caffe 对整个深度学习领域起到了极大的推动作用，因为在深度学习领域，Caffe 框架是人们无法绕过的一座山。Caffe 无论是在结构、性能上，还是在代码质量上，都称得上一款十分出色的开源框架。更重要的是，Caffe 将深度学习的每一个细节都原原本本地展现出来，大大降低了人们学习、研究和开发的难度。

Caffe 主要应用于视频、图像处理等领域，其核心语言是 C++。Caffe 支持命令行、Python 和 MATLAB 接口，还支持在 CPU、GPU 上运行，其通用性好，且非常稳定。

Caffe 具有上手快的特点，其模型与相应优化都是以文本形式而非代码形式给出的。Caffe 的运行速度快，能够运行较复杂的模型与海量的数据，用户可以使用 Caffe 提供的各层类型来定义自己的模型。

2.3.3 其他

除了前面所介绍的常用于数据挖掘建模的库之外，还有很多库也可用于数据挖掘建模，如 PyMySQL、SciPy、Statsmodels 和 XGBoost 等，本书所使用的各个库的版本如表 2-6 所示。

表 2-6　本书所使用的库的版本

库名	版本
PyMySQL	0.10.0
SciPy	1.4.1
Statsmodels	0.11.1
XGBoost	1.2.1

1. PyMySQL

PyMySQL 是用于连接 MySQL 服务器的一个库。使用 PyMySQL 库可执行数据库内数据的添加、删除、查询、修改、更新等操作，以及对数据库中的数据进行数据迁移、管理数据库对象、演示不同类型的加锁机制。同时，PyMySQL 库还包含一个名为 PEP 249 的 API。PEP 249 用于增强访问数据库的 Python 模块之间的相似性，从而实现一致性，使得模块更易于理解，数据库之间更易于移植代码，以及方便来自 Python 其他数据库的连接。

值得注意的是，PyMySQL 库与通常使用的库不同，使用 PyMySQL 库时需确保已经安装了 MySQL 数据库，以及在 Python 3.x 中成功安装了 PyMySQL 库，这样 Python 在运用 PyMySQL 库时才能正常地连接与使用 MySQL 数据库。

2. SciPy

SciPy 是数学、科学和工程的开源软件。SciPy 库依赖于 NumPy，可提供方便快捷的 n 维数组操作。SciPy 库是用 NumPy 数组构建的，可提供许多用户友好和高效的数值例程，如用于数值积分和优化的例程。SciPy 可以运行在所有流行的操作系统上，安装便捷且免费。同时，SciPy 易于使用且功能强大，是一些优秀的科学家和工程师的必备软件。

SciPy 库包含最优化、线性代数、积分、插值、拟合、特殊函数、快速傅立叶变换、信号处理、图像处理、常微分方程求解和其他学科与工程中常用的计算功能。显然，这些功能都是数据挖掘与建模必备的。

NumPy 提供了多维数组功能，但只是一般的数组，并不是矩阵。而 SciPy 提供了真正的矩阵，以及大量基于矩阵运算的对象与函数。

3. Statsmodels

Statsmodels 是一个 Python 库，提供对许多不同统计模型估计的类和函数，可以进行统计测试，以及数据的探索、可视化。Statsmodels 也包含一些经典的统计方法，如贝叶斯方法。

Statsmodels 注重数据的统计建模分析，这一点与 R 语言类似。由于 Statsmodels 支持与 pandas 进行数据交互，因此，它与 pandas 结合成了 Python 中强大的数据挖掘组合。

4. XGBoost

XGBoost 是一个经过优化的分布式梯度提升库，具有设计高效、灵活且可移植的特点。XGBoost 提供了一种梯度提升决策树（Gradient Boosting Decision Tree，GBDT），以快速和准确的方式解决了许多数据科学问题。

XGBoost 已经从学术界酝酿的一个研究项目发展成为生产环境中使用非常广泛的梯度提升框架。

XGBoost 还有其特定的功能：具有灵活性，支持回归、分类、排名和用户定义的目标；支持多种语言，包括 C ++、Python、R、Java、Scala 和 Julia；支持在多台机器（包括 AWS、GCE、Azure 和 Yarn 群集）上进行分布式训练，可以与 Flink、Spark 和其他云数据流系统集成。

小结

本章主要讲解了 Python 数据挖掘编程基础，重点介绍了 Python 使用入门、Python 数据分析预处理的常用库及 Python 数据挖掘建模的常用库和框架。本章结合实际操作，对 Python 基本命令和数据结构进行了介绍，并结合实际意义与作用，对常用库进行了简单的介绍。

实训　判断、函数、类型转换的使用

1. 训练要点

（1）掌握 if-else 判断基本命令的使用方法。

（2）掌握函数定义和调用的方法。

（3）掌握将数值转换为字符串的方法。

2．需求说明

为方便查阅学生的个人基本信息，并从中查找相关信息，可使用 if-else 基本命令，分别找出"学生基本信息.xls"文件中性别为男和女的身高数据；定义一个函数，并调用该函数计算身高和体重的平均值；将数值类型的身高数据转换成字符串类型的数据。

3．实现思路及步骤

（1）在 Python 中导入"学生基本信息.xls"文件。

（2）使用 if-else 基本命令分别找出性别为男和女的身高数据。

（3）定义一个名为 avg 的函数，调用该函数计算身高和体重的平均值。

（4）将数值类型的身高数据转换成字符串类型的数据。

课后习题

1．选择题

（1）在 Python 中，正确的赋值语句为（　　　）。

    A．x + y = 2　　　　　B．x = y = 1　　　　　C．2y = x + 3　　　　　D．x = 3y

（2）关于基本运算 2 ** 3 的含义，理解正确的是（　　　）。

    A．2 × 2+2　　　　　B．2+2+2　　　　　C．2^3　　　　　D．2 × 1 × 3

（3）在 Python 中，实现多分支选择结构较好的方法是（　　　）。

    A．if　　　　　B．if 嵌套　　　　　C．if-else　　　　　D．if-elif-else

（4）关于 while 循环和 for 循环的区别，下列叙述正确的是（　　　）。

    A．在很多情况下，while 语句和 for 语句可以等价使用

    B．while 语句只能用于可迭代变量，for 语句可以用于任意条件表达式

    C．while 语句的循环体至少无条件执行一次，for 语句的循环体有可能一次都不执行

    D．while 语句只能用于循环次数未知的循环，for 语句只能用于循环次数已知的循环

（5）下列选项中不属于函数优点的是（　　　）。

    A．使程序模块化　　　　　　　　　　B．减少代码重复

    C．便于发挥程序员的创造力　　　　　D．使程序便于阅读

（6）list(range(1, 5)) 的返回结果是（　　　）。

    A．[1, 2, 3, 4]　　　　　B．(1, 2, 3, 4)　　　　　C．[1, 2, 3, 4, 5]　　　　　D．(1, 2, 3, 4, 5)

2．操作题

（1）根据列表 list1 = [1, 2, 3, 4, 3, 1]，使用 if-elif-else 命令，当判断结果为 1 时，输出"你好"；当判断结果为 3 时，输出"欢迎"；当判断结果为其他数值时，输出"再见"。

（2）使用 for 函数对 1～10 的整数进行求和，并输出求和结果。

（3）根据字典 a = {'a': 2, 'b': 1, 'c': 3, 'd': 4}，输出每一个键所对应的值。

第 3 章 数据探索

通过检验数据集的数据质量、绘制图表、计算某些特征量等手段，对样本数据集的结构和规律进行分析的过程称为数据探索。数据探索有助于选择合适的数据预处理和建模方法，甚至可以处理一些通常由数据挖掘解决的问题。本章将从数据校验和数据特征分析两个角度对数据进行探索，从而挖掘出所需的数据信息。

学习目标

（1）了解一致性校验的常用方法。
（2）掌握缺失值校验和异常值校验的常用方法。
（3）掌握数据特征分析的方法。

3.1 数据校验

数据校验可检查出原始数据中是否存在噪声数据，从而针对所出现的噪声数据类型采取相应的解决措施。常见的数据校验类型分为一致性校验、缺失值校验和异常值校验 3 种。

3.1.1 一致性校验

对数据进行一致性校验是为了确认数据中是否存在不一致或重复的值，从而避免因数据不一致或重复而影响数据的结果。常用的一致性校验包括时间校验和字段信息校验。

1. 时间校验

时间不一致是指数据在合并或联立后，时间字段出现时间范围、时间粒度、时间格式或时区不一致等情况。

时间范围不一致通常是指不同表的时间字段中所包含的时间的取值范围不一致。表 3-1 中两列时间字段的取值范围分别为 2020 年 1 月 1 日—2020 年 1 月 31 日和 2020 年 1 月 17 日—2020 年 2 月 20 日，此时如果需要联立两列时间字段，那么需要对时间字段进行补全，否则将会产生大量空值或报错。

时间粒度不一致通常是指在数据采集时没有设置统一的采集频率。例如，系统升级后采集频率发生了改变或不同系统间的采集频率不一致，导致采集数据的时间粒度不一致。如表 3-2 所示，某地部分设备的系统尚未升级，采集频率为每分钟采集一次；另一部分设备已经升级，升级后采集频率提高至每 30 秒采集一次。如果此时将这两部分数据合并，那么将会导致数据时间粒度不一致。

表 3-1 时间范围不一致

time_1	time_2
2020-01-01 08:35:00	2020-01-17 10:31:00
2020-01-02 09:16:00	2020-01-18 11:36:00
2020-01-03 10:33:00	2020-01-19 9:45:00
……	……
2020-01-30 15:20:00	2020-02-19 19:27:00
2020-01-31 21:18:00	2020-02-20 23:55:00

表 3-2 时间粒度不一致

unupgraded_time_1	upgrade_time_2
2020/03/16 10:35:00	2020/6/8 14:12:30
2020/03/16 10:36:00	2020/6/8 14:13:00
2020/03/16 10:37:00	2020/6/8 14:13:30
2020/03/16 10:38:00	2020/6/8 14:14:00
2020/03/16 10:39:00	2020/6/8 14:14:30

时间格式不一致通常是指不同系统之间设置时间字段时采用的格式不一致。表 3-3 所示的订单系统的时间字段 order_time1 与结算系统的时间字段 end_time2 采用了不同的格式，从而导致时间格式不一致。

表 3-3 时间格式不一致

order_time1	end_time2
2020-08-15 15:16:00	20201105143000
2020-08-15 15:25:00	20201105143500
2020-08-15 15:33:00	20201105144200
2020-08-15 15:40:00	20201105144800
2020-08-15 15:47:00	20201105145100

时区不一致通常是指数据传输时的设置不合理，导致时间字段出现不一致的情况。例如，在设置海外服务器时没有修改时区，导致数据在传输回本地服务器时因时区差异造成时间字段不一致。这种情况下的时间数据往往会呈现出较为规律的差异性，即时间字段可能会有一个固定的差异值。表 3-4 所示的海外服务器时间字段 Overseas_sever_time 与本地服务器时间字段 Local_sever_time 因时区差异造成固定相差 5 个小时。

表 3-4　时区不一致

Overseas_sever_time	Local_sever_time
2020/05/10 09:10:30	2020/05/10 14:10:30
2020/05/10 09:11:00	2020/05/10 14:11:00
2020/05/10 09:11:30	2020/05/10 14:11:30
2020/05/10 09:12:00	2020/05/10 14:12:00
2020/05/10 09:12:30	2020/05/10 14:12:30

2. 字段信息校验

在数据收集工作中，往往会出现重复收集数据或在数据库中重复写入数据的情况，从而导致数据冗余。字段信息校验主要是检验数据中是否存在重复值，从而避免重复数据对分析结果造成的影响。产生重复值的原因主要有以下几种。

（1）在收集数据时没有进行查重或查重不认真而产生较为明显的重复值。

（2）虽然已经进行查重，但是由于数据中已存在的记录不够详细，所以又重新收集了一次数据，导致产生重复值。

（3）集中收集或分散收集时，数据主体不一致造成数据重复。

（4）因为数据采集、存储设备发生故障等非人为原因而造成数据重复。

当数据中存在重复值时，可能会影响分析结果的正确性。此外，重复值还会产生以下影响。

（1）重复值的存在会占用存储空间。

（2）重复值中不规范，甚至是错误的数据会影响分析结果的准确性。

（3）重复值会影响数据的分布，同时会造成预测结果偏移。

由于存在重复值，所以当合并不同来源的数据时，字段可能存在以下 3 种不一致的问题。

（1）同名异义

两个名称相同的字段所代表的实际意义不一致。如表 3-5 所示，数据源 A 中的 Number 字段和数据源 B 中的 Number 字段分别描述货物编号和订单编号，即描述不同的实体。

表 3-5　同名异义的 Number 字段

Number（A）	Number（B）
1004538109	1016000162
1004538306	1016000175
1004538425	4238000339
1004538333	4238000348
1004538007	4238000256

（2）异名同义

两个名称不同的字段所代表的实际意义是一致的。如表 3-6 所示，数据源 A 中的 Sold_dt 字段和数据源 B 中的 Sales_dt 字段都描述销售日期，即 Sold_dt = Sales_dt。

表 3-6　异名同义的销售日期字段

Sold_dt	Sales_dt
2020/7/01	2020/7/01
2020/7/03	2020/7/03
2020/7/10	2020/7/10
2020/7/15	2020/7/15
2020/7/24	2020/7/24

（3）单位不统一

两个名称相同的字段所代表的实际意义一致，但是使用的单位不一致。如表 3-7 所示，数据源 A 中 Gold_coins 字段的单位为人民币，而数据源 B 中 Gold_coins 字段的单位为欧元，如表 3-7 所示。

表 3-7　单位不统一的 Gold_coins 字段

Gold_coins（A）	Gold_coins（B）
49.5	6.3434
56.9	7.2917
43.0	5.5104
80.6	10.3288
67.2	8.6116

3.1.2　缺失值校验

缺失值是指数据中由于缺少信息而造成的数据集中某个或某些特征的值不完全。根据缺失值的分布模式，可以分为完全随机缺失、随机缺失和完全非随机缺失 3 种情况。对数据进行缺失值校验是为了找出数据中的缺失值，从而针对缺失值进行相关处理。

1. 缺失值产生的原因

（1）有些数据暂时无法获取，或获取数据的代价太大。

（2）有些数据被遗漏。可能是由于未输入、忘记填写或对数据理解错误等一些人为因素而遗漏，也可能是由于数据采集设备的故障、存储介质的故障、传输媒体的故障等非人为因素而遗漏。

（3）属性值不存在。在某些情况下，缺失值并不意味着数据有错误。对一些对象来说某些属性值是不存在的，如一个未婚者的配偶姓名、一个儿童的固定收入等。

2. 缺失值的影响

（1）数据分析建模时将丢失大量有用信息。

（2）数据分析模型所表现出的不确定性将更加显著，模型中蕴含的规律将更难把握。

（3）包含空值的数据会使建模过程陷入混乱，导致不可靠的输出。

3. 缺失值的校验

在 Python 中，可以利用表 3-8 所示的缺失值校验函数或方法检测数据中是否存在缺失值，其参数说明如表 3-9 所示。

表 3-8　Python 缺失值校验函数或方法

函数或方法名	函数或方法功能	使用格式
isnull	用于判断是否为缺失值	pandas.DataFrame.isnull()或 pandas.isnull(obj)
notnull	用于判断是否为非缺失值	pandas.DataFrame.notnull()或 pandas.notnull(obj)
count	用于计算非缺失值	pandas.DataFrame.count(axis=0,level=None,numeric_only=False)

表 3-9　Python 缺失值校验函数或方法的常用参数及其说明

函数或方法名	参数名	参数说明
isnull	obj	接收标量或类似数组。表示检查对象是否为缺失值。无默认值
notnull	obj	接收数组或对象值。表示检查对象是否为非缺失值。无默认值
count	axis	接收 int。表示所要应用的功能的轴，可选 0 和 1。默认值为 0
	level	接收 int 类型的值或索引名。表示标签所在级别。默认值为 None
	numeric_only	接收 bool 类型的值。表示计数对象仅包含 float、int 或 bool 类型的数据。默认值为 False

对表 3-10 所示的数据（表中空白处表示缺失值）进行缺失值、非缺失值的识别，并进行缺失率统计，结果如表 3-11 和表 3-12 所示。

表 3-10　缺失值数据

编号	x1	x2	x3	x4
200691	46	15.3	1766	43.6
201586	39		3582	
208943		56.7	4861	36.8
205473	23		2589	
	15	46.1	3671	53.9
201948		33.8	1975	

表 3-11　缺失值和非缺失值的 bool 类型识别结果

编号	x1	x2	x3	x4
False	False	False	False	False
False	False	True	False	True
False	True	False	False	False
False	False	True	False	True
True	False	False	False	False
False	True	False	False	True

表 3-12　每个特征对应的非缺失值数量和缺失率

特征	非缺失值数量	缺失率
编号	5	0.166667
x1	4	0.333333
x2	4	0.333333
x3	6	0.000000
x4	3	0.500000

对表 3-10 所示的数据进行缺失值、非缺失值的识别，并进行缺失率统计，如代码 3-1 所示。

代码 3-1　缺失值、非缺失值识别与缺失率统计

```
import pandas as pd
data = pd.read_excel('../data/test_data.xlsx')
# 输出缺失值的 bool 类型识别结果
print('data 中元素是否为缺失值的 bool 类型 DataFrame 为: \n', data.isnull())
# 或 print('data 中元素是否为非缺失值的 bool 类型 DataFrame 为:\n',data.notnull())

# 计算非缺失值的数量及缺失率
print('data 中每个特征对应的非缺失值数量为: \n', data.count())
print('data 中每个特征对应的缺失率为: \n', 1 - data.count() / len(data))
```

3.1.3　异常值校验

异常值是指样本中的个别数值明显偏离所属样本的其余观测值。

在实际测量中，异常值的产生一般是由疏忽、失误或突然发生的意外造成的，如读错、记错、仪器示值突然跳动、突然震动、操作失误等。因为异常值的存在会歪曲测量结果，所以需要检测数据中是否存在异常值。

异常值校验是检验数据否有录入错误，以及是否有不合常理的数据。重视出现的异常值，分析其产生的原因，常常会是发现问题进而改进决策的契机。异常值也称离群点，异常值分析也称离群点分析，分析方法主要有以下 3 种。

1. 简单统计量分析

可以先对变量做一个描述性统计，进而查看哪些数据是不合理的。最常用的统计量是最大值和最小值，用来判断这个变量的取值是否超出了合理的范围。如客户年龄的最大值为 199 岁，则该变量的取值存在异常。

在 Python 中，可以通过表 3-13 所示的函数或方法检测异常值，对应的参数及说明如表 3-14 所示。

表 3-13　Python 异常值检测函数或方法

函数或方法名	函数或方法功能	使用格式
percentile	用于计算百分位数	numpy.percentile(a,q,axis=None,out=None,overwrite_input=False, interpolation='linear',keepdims=False)
mean	用于计算平均值	pandas.DataFrame.mean(axis=None,skipna=None,level=None, numeric_only=None,**kwargs)
std	用于计算标准差	pandas.DataFrame.std(axis=None,skipna=None,level=None,ddof =1,numeric_only=None,**kwargs)

表 3-14　Python 异常值检测函数或方法的常用参数及其说明

函数或方法名	参数名	参数说明
percentile	a	接收 array_like（类数组）。表示输入数组或可以转换为数组的对象。无默认值
	q	接收浮点类型的 array_like。表示要计算的百分位数或百分位数的序列，必须在 0～100 之间（含 0 和 100）。无默认值
	axis	接收 int 类型的值、int 元组、None。表示计算百分位数的一个或多个的轴。默认值为 None
mean	axis	接收 int 类型的值。表示所要应用的功能的轴，可选 0 和 1。默认值为 None
	skipna	接收 bool 类型的值。表示排除缺失值。默认值为 None
	level	接收 int 类型的值或级别名称。表示标签所在级别。默认值为 None
std	axis	接收 int 类型的值。表示所要应用的功能的轴，可选 0 和 1。默认值为 None
	skipna	接收 bool 类型的值。表示排除缺失值。默认值为 None
	level	接收 int 类型的值或级别名称。表示标签所在级别。默认值为 None
	ddof	接收 int 类型的值。表示 Delta 的自由度。默认值为 1

2. 3σ 原则和 IQR 准则

如果数据服从正态分布，那么在 3σ 原则下，异常值被定义为一组测定值中与平均值的偏差超过 3 倍标准差的值。在正态分布的假设下，出现距离平均值 3σ 之外的值的概率为 $P(|x-\mu|>3\sigma)\leqslant 0.003$，属于极个别的小概率事件。

如果数据不服从正态分布，那么在四分位距准则（IQR）下，异常值被定义为小于 QL-1.5IQR 或大于 QU+1.5IQR 的值。其中，QL 为下四分位数，QU 为上四分位数，IQR 为是上四分位数 QU 与下四分位数 QL 之差。使用 IQR 准则和原则可以检测 ary = (9999, 57, 68, 52, 79, 43, 55, 94, 376, 4 581, 3 648, 70, 51, 38) 中的异常值，返回为异常值的元素，并计算元组 ary 中异常值所占的比例，计算结果如表 3-15 所示。

表 3-15 用 IQR 准则和 3σ 原则检测的异常值和异常值比例

检测方法	检测的异常值	异常值比例
IQR 准则	[9999, 4581, 3648]	0.21428571428571427
3σ 原则	[9999]	0.07142857142857142

实现表 3-15 所示的异常值检测、异常值比例计算，如代码 3-2 所示。

代码 3-2 检测元组 ary 中的异常值和计算异常值比例

```
import numpy as np
ary = (9999, 57, 68, 52, 79, 43, 55, 94, 376, 4581, 3648, 70, 51, 38)
# 用 IQR 准则对异常值进行检测
Percentile = np.percentile(ary, [0, 25, 50, 75, 100])  # 计算百分位数
IQR = Percentile[3] - Percentile[1]  # 计算箱形图四分位距
UpLimit = Percentile[3] + IQR * 1.5  # 计算临界值上界
arrayownLimit = Percentile[1] - IQR * 1.5  # 计算临界值下界
# 判断异常值，大于上界或小于下界的值即为异常值
abnormal = [i for i in ary if i > UpLimit or i < arrayownLimit]
print('IQR 准则检测出的 ary 中异常值为: \n', abnormal)
print('IQR 准则检测出的异常值比例为: \n', len(abnormal) / len(ary))


# 利用 3sigma 原则对异常值进行检测
array_mean = np.array(ary).mean()  # 计算平均值
array_sarray = np.array(ary).std()  # 计算标准差
array_cha = ary - array_mean  # 计算元素与平均值之差
# 返回异常值所在位置
ind = [i for i in range(len(array_cha)) if np.abs(array_cha[i]) > 3*array_sarray]
abnormal = [ary[i] for i in ind]  # 返回异常值
print('3sigma 原则检测出的 array 中异常值为: \n', abnormal)
print('3sigma 原则检测出的异常值比例为: \n', len(abnormal) / len(ary))
```

3. 箱形图分析

箱线图依据实际数据绘制，真实、直观地表现出了数据分布的本来面貌，且没有对数据做任何限制性要求，其判断异常值的标准以四分位距准则为基础。异常值通常不能对四分位距准则施加影响，所以箱线图识别异常值的结果比较客观，因此在识别异常值方面具有一定的优越性。

在便利店的销售额数据中可能会出现缺失值和异常值，如表 3-16 所示。

表 3-16　便利店销售额数据示例

时间	2016/05/01	2016/05/02	2016/05/03	2016/05/04	2016/05/05
销售额（元）	732	1357	1650	1980	

　　观察便利店每日销售额数据可以发现，其中有部分数据是缺失的，如 2016 年 5 月 5 日的销售额。但是当数据集中记录数和属性数较多时，使用人工查找缺失值的方法就很不切合实际了，所以这里需要编写程序来找出含有缺失值的记录和属性，并计算缺失值个数和缺失率等。

　　通过 pandas 库的 describe()方法可以查看数据的基本情况。查看便利店数据的基本情况，如代码 3-3 所示。得到的便利店数据基本情况如表 3-17 所示。

代码 3-3　使用 describe()方法查看数据的基本情况

```
data = pd.read_excel('../data/food.xls', index_col='日期')  # 读取数据，指定"日期"列为索引列
print(data.describe())
```

表 3-17　便利店数据的基本情况

统计指标	统计指标的值	统计指标	统计指标的值
count	91	25%	859
mean	1557.956044	50%	1440
std	835.075564	75%	2016.5
min	155	max	5390

　　在表 3-17 中，count 表示非缺失值数，通过 len(data)命令可以知道数据记录为 92 条，因此缺失值数量为 1。此外还提供的基本参数有平均值（mean）、标准差（std）、最小值（min）、最大值（max）、下四分位数（25%）、中位数（50%）、上四分位数（75%）。

　　箱形图可以更直观地展示便利店销售额数据，并且可以检测异常值。检测便利店销售额数据中异常值的代码如代码 3-4 所示。得到异常值检测箱形图，如图 3-1 所示。

代码 3-4　便利店销售额数据异常值检测

```
import matplotlib.pyplot as plt
plt.rcParams['font.sans-serif'] = ['SimHei']  # 用于正常显示中文标签
plt.rcParams['axes.unicode_minus'] = False  # 用于正常显示负号

plt.figure()  # 建立图像
p = data.boxplot(return_type='dict')  # 画箱形图
x = p['fliers'][0].get_xdata()  # fliers 为异常值的标签
y = p['fliers'][0].get_ydata()
y.sort()  # 从小到大排序，该方法直接改变原对象

for i in range(len(x)):
    if i > 0:
        plt.annotate(y[i], xy=(x[i], y[i]), xytext=(x[i]+0.05 -0.8/(y[i]-y
[i-1]), y[i]))
```

```
    else:
        plt.annotate(y[i], xy=(x[i], y[i]), xytext=(x[i] + 0.08, y[i]))

plt.rc('font', size=10)
plt.show()  # 展示箱形图
```

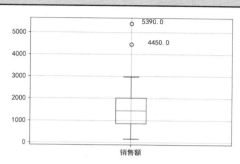

图 3-1 异常值检测箱形图

由图 3-1 可知，箱形图中超过上界的两个销售额数据 4450.0 和 5390.0 为异常值。

3.2 数据特征分析

当对数据进行校验后，可以通过绘制图表、计算某些特征量等手段进行数据特征分析，从而从数据中挖掘出所需的信息。数据特征分析包括描述性统计分析、分布分析、对比分析、周期性分析、贡献度分析和相关性分析 6 个方面。

3.2.1 描述性统计分析

描述性统计分析是用于概括、表述事物整体状况及事物之间的关联、类属关系的统计方法。通过统计处理，可以简洁地用几个统计值来表示一组数据的集中性和离散性（波动性大小），通常从集中趋势和离中趋势两个方面进行分析。

1. 集中趋势度量

集中趋势是指总体中各单位的数量分布从两边向中间集中的趋势，用于对比同类现象在不同的时间、地点和条件下的一般水平，反映同一总体的某类现象在不同时间下变化的规律性，分析现象之间的依存关系。其中，平均水平的指标是对个体集中趋势的度量，使用较为广泛的有均值、中位数和众数。

（1）均值

均值为所有数据的平均值，如果求 n 个原始观测数据的均值，那么计算公式如式（3-1）所示。

$$\text{mean}(x) = \overline{x} = \frac{\sum x_i}{n} \tag{3-1}$$

有时，为了反映均值中不同成分的不同重要程度，可以为数据集中的每一个值 x_i 赋予 w_i，得到式（3-2）所示的加权均值的计算公式。

$$\text{mean}(x) = \overline{x} = \frac{\sum w_i x_i}{\sum w_i} = \frac{w_1 x_1 + w_2 x_2 + \cdots + w_n x_n}{w_1 + w_2 + \cdots + w_n} \tag{3-2}$$

类似地，频率分布表的均值可以使用式（3-3）进行计算。

$$\text{mean}(x) = \overline{x} = \sum f_i x_i = f_1 x_1 + f_2 x_2 + \cdots + f_k x_k \qquad (3\text{-}3)$$

在式（3-3）中，$x_1, x_2, \cdots, x_k$ 分别为 k 个组段的组中值，$f_1, f_2, \cdots, f_k$ 分别为 k 个组段的频率，f_i 起权重的作用。

均值作为一个统计量，主要问题是对极端值很敏感。如果数据中存在极端值或数据是偏态分布的，那么均值将不能很好地度量数据的集中趋势。为了消除少数极端值的影响，可以使用截断均值或中位数来度量数据的集中趋势。截断均值是去除高、低极端值之后的均值。

（2）中位数

将一组观测值从小到大进行排列，位于中间的数据就是中位数。也就是说，在全部数据中，小于和大于中位数的数据个数相等。

将某一数据集 $\{x_1, x_2, \cdots, x_n\}$ 中的元素从小到大排序得到 $\{x_{(1)}, x_{(2)}, \cdots, x_{(n)}\}$，当 n 为奇数时，中位数的计算公式如式（3-4）所示；当 n 为偶数时，中位数的计算公式如式（3-5）所示。

$$M = x_{\left(\frac{n+1}{2}\right)} \qquad (3\text{-}4)$$

$$M = \frac{1}{2}\left(x_{\left(\frac{n}{2}\right)} + x_{\left(\frac{n}{2}+1\right)}\right) \qquad (3\text{-}5)$$

（3）众数

众数是指数据集中出现最频繁的值，是可以表示集中程度的统计特征数。众数适用于定性变量，但并不适合用于度量定性变量的中心位置。众数不具有唯一性。

2. 离中趋势度量

离中趋势是指总体中各单位标志值背离分布中心的规模或程度，用于衡量和比较均值的代表性、反映社会经济活动过程的均衡性和节奏性、衡量风险程度。其中，变异程度的指标是对个体离开平均水平的度量，使用较广泛的有极差、标准差（方差）、变异系数和四分位数间距。

（1）极差

极差可度量数据的离散程度，对数据集的极端值非常敏感，并且忽略了位于最大值与最小值之间的数据是如何进行分布的。极差的计算公式如式（3-6）所示。

$$\text{极差} = \text{最大值} - \text{最小值} \qquad (3\text{-}6)$$

（2）标准差

标准差可度量数据偏离均值的程度，标准差的计算公式如式（3-7）所示。

$$s = \sqrt{\frac{\sum(x_i - \overline{x})^2}{n}} \qquad (3\text{-}7)$$

（3）变异系数

变异系数可度量标准差相对于均值的离中趋势，主要用于比较两个或多个具有不同单位或不同波动幅度的数据集的离中趋势，变异系数的计算公式如式（3-8）所示。

$$CV = \frac{s}{\bar{x}} \times 100\% \tag{3-8}$$

（4）四分位数间距

四分位数包括上四分位数和下四分位数。将所有数值由小到大排列并分成四等份，处于第一个分割点位置的数值是下四分位数，处于第二个分割点位置（中间位置）的数值是中位数，处于第三个分割点位置的数值是上四分位数。

四分位数间距是上四分位数 Q_U 与下四分位数 Q_L 之差，这个区间包含了全部观测值的二分之一。其值越大，说明数据的变异程度越大；反之，说明变异程度越小。

pandas 库的 describe()方法可以给出一些基本的统计量，包括均值、标准差、最大值、最小值、四分位数等。describe()方法的基本使用格式如下。

```
pandas.DataFrame.describe(percentiles=None, include=None, exclude=None,
datetime_is_numeric=False)
```

describe()方法常用的参数及其说明如表 3-18 所示。

表 3-18　describe()方法常用的参数及其说明

参数名称	参数说明
percentiles	接收 int 类型的值。表示要包含在输出中的百分比，取值范围为 0~1。默认值为 None
include	接收类似 dtype 的列表。表示包含在结果中的数据类型的白名单。默认值为 None
exclude	接收类似 dtype 的列表。表示从结果中忽略的数据类型的黑名单。默认值为 None
datetime_is_numeric	接收 bool 类型的值。表示是否将 datetime dtypes 视为数字。默认值为 False

以某服装店的服装销量数据为例，部分数据如表 3-19 所示。对数据进行描述性统计分析，其结果如表 3-20 所示。

表 3-19　某服装店服装部分销量数据

日期	服装类型	销量（件）	日期	服装类型	销量（件）
2020/10/01	短裤	123	2020/10/06	衬衫	23
2020/10/02	半身裙	231	2020/10/07	马甲	6
2020/10/03	T恤	125	2020/10/08	背心	135
2020/10/04	牛仔裤	98	2020/10/09	卫衣	7
2020/10/05	风衣	5	……	……	……

表 3-20　描述性统计分析结果

统计量名称	值	统计量名称	值	统计量名称	值
count	15	25%	14.5	range	340
mean	123.666667	50%	123	var	0.947737
std	117.203527	75%	197	dis	182.5
min	5	max	345		

实现表 3-20 所示的描述性统计分析结果，如代码 3-5 所示。

代码 3-5　服装销量数据描述性统计分析

```python
# 服装销量数据描述性统计分析
# 计算基本统计量
import pandas as pd
data = pd.read_excel('../data/某服装店各类服装销量.xlsx', index_col='日期')  # 指
定 "日期" 列为索引列
data = data[(data['销量'] > 0) & (data['销量'] < 400)]  # 过滤异常数据
statistics = data.describe()  # 保存基本统计量

# 计算其他的统计量
statistics.loc['range'] = statistics.loc['max'] - statistics.loc['min']  # 计
算极差
statistics.loc['var'] = statistics.loc['std'] / statistics.loc['mean']  # 计
算变异系数
statistics.loc['dis'] = statistics.loc['75%'] - statistics.loc['25%']  # 计
算四分位数间距
```

3.2.2　分布分析

分布分析可以揭示数据的分布特征和分布类型。对于定量数据，当需要了解其分布形式是否对称，或者某些特大或特小的可疑值时，可通过频率分布表、频率分布直方图、茎叶图来直观地分析；对于定性数据，可通过饼图和柱形图来直观地显示分布情况。

1. 定量数据的分布分析

对于定量数据，选择组数和组距是做频率分布分析时最主要的问题。对定量数据做分布分析时，一般按照以下步骤进行。

（1）求极差。

（2）决定组距与组数。

（3）决定分布区间。

（4）列出频率分布表。

（5）绘制频率分布直方图。

决定组距与组数时需遵循以下主要原则。

（1）各组之间必须是相互排斥的。

（2）所有的数据必须包含在内。

（3）各组之间的组距最好相等。

表 3-21 所示为某品牌沐浴露在 2020 年 1 月份销售数量的部分数据，需要根据该数据绘制销售数量的频率分布表、频率分布直方图，并对该定量数据做出相应的分析，操作步骤如下。

表 3-21　某品牌沐浴露销售数量的部分数据

日期	销售数量（瓶）	日期	销售数量（瓶）
2020/1/1	254	2020/1/6	125
2020/1/2	546	2020/1/7	198
2020/1/3	642	2020/1/8	657
2020/1/4	351	2020/1/9	1068
2020/1/5	235	2020/1/10	254

（1）求极差

极差的计算如式（3-9）所示。

$$极差=最大值-最小值=1354-102=1252 \qquad (3\text{-}9)$$

（2）决定组距与组数

对数据进行分组时，并没有固定的分组规定，可根据实际情况来确定分组。这里自定义组距为 170，则组数如式（3-10）所示。

$$组数=\frac{极差}{组距}=\frac{1252}{170}=7.365\approx8 \qquad (3\text{-}10)$$

（3）决定分布区间

根据组距和组数，可得出分布区间，如表 3-22 所示。

表 3-22　分布区间

分布区间	分布区间	分布区间	分布区间
[0,170)	[170,340)	[340,510)	[510,680)
[680,850)	[850,1020)	[1020,1190)	[1190,1360)

（4）列出频率分布表

根据分布区间统计出各区间的频率分布，如表 3-23 所示。第 1 列将数据所在的范围分成若干组段，其中第 1 个组段需要包括最小值，最后一个组段需要包括最大值。通常将各组段设为左闭右开的半开区间，如第 1 个组段为[0,170)。第 2 列组中值为各组段的代表值。第 3 列和第 4 列分别为频数和频率。第 5 列为累计频率，是否需要计算该列可视情况而定。

表 3-23　频率分布表

组段	组中值 x	频数	频率 f	累计频率
[0,170)	85	4	6.67%	6.67%
[170,340)	255	10	16.67%	23.33%
[340,510)	425	10	16.67%	40%
[510,680)	595	13	21.67%	61.67%
[680,850)	765	15	25%	86.67%
[850,1020)	935	3	5%	91.67%
[1020,1190)	1105	2	3.33%	95%
[1190,1360)	1275	3	5%	100%

（5）绘制频率分布直方图

绘制销售数量区间频率分布直方图，所得图形如图 3-2 所示。

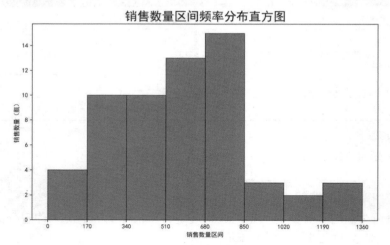

图 3-2　销售数量区间频率分布直方图

统计每个组段的销售数量，并绘制销售数量区间频率分布直方图，如代码 3-6 所示。

代码 3-6　统计每个组段的销售数量并绘制销售数量区间频率分布直方图

```
import pandas as pd
# 读取数据
data = pd.read_excel('../data/某品牌沐浴露销售数量情况.xlsx', names=['data',
'quantity'])
bins = [0, 170, 340, 510, 680, 850, 1020, 1190, 1360]
# 绘制销售数量区间频率分布直方图
import matplotlib.pyplot as plt
plt.figure(figsize=(10, 6))  # 设置图框大小
plt.hist(data['quantity'],8,range=[0,1360],alpha=0.8,edgecolor='black')
plt.rcParams['font.sans-serif'] = ['SimHei']  # 用于正常显示中文标签
plt.title('销售数量区间频率分布直方图', fontsize=20)
plt.xlabel('销售数量区间')
plt.ylabel('销售数量（瓶）')
plt.xticks(bins)
plt.show()
```

2. 定性数据的分布分析

对于定性数据，常根据数据的分类类型进行分组，可以采用饼图和柱形图对定性数据进行分布分析。

以某餐馆的各菜系在某段时间内的销售额为例，采用定性数据的分布分析方法进行分析。该餐馆各菜系销售额的部分数据如表 3-24 所示。绘制得到的饼图如图 3-3 所示，柱形图如图 3-4 所示。

表 3-24　某餐馆各菜系销售额的部分数据

日期	菜系	销售额（元）
2020/1/1	川菜	2356
2020/1/1	苏菜	5625
2020/1/1	粤菜	1687
2020/1/1	闽菜	4623
2020/1/1	鲁菜	3574

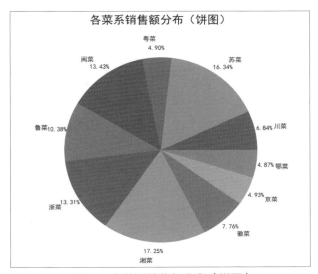

图 3-3　各菜系销售额分布（饼图）

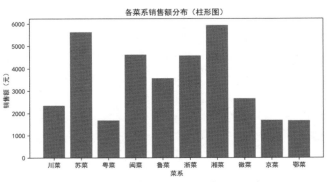

图 3-4　各菜系销售额分布（柱形图）

　　图 3-3 所示的饼图中的每一个扇形代表的是每一类菜系在销售额中所占的百分比，并且根据定性数据的类型数目将饼图分成几个部分，每一个部分的大小与每一种类型的频数成正比（因精度损失，占比之和不是 100%）。图 3-4 所示的柱形图中的每一个柱形的高度代表每一类菜系的频数，而宽度没有实际意义。

　　计算各菜系在某段时间内的销售额分布情况，并绘制相应的饼图及柱形图，如代码 3-7所示。

代码 3-7　计算各菜系在某段时间内的销售额分布情况并绘图

```
import pandas as pd
import matplotlib.pyplot as plt
data = pd.read_excel('../data/不同菜系在某段时间内的销售额.xlsx')  # 读取数据

# 绘制各菜系销售额分布饼图
x = data['销售额']
labels = data['菜系']
plt.figure(figsize=(8, 6))  # 设置画布大小
plt.pie(x, labels=labels, labeldistance=1.2, autopct='%1.2f%%', pctdistance
=1.1)  # 绘制饼图
plt.rcParams['font.sans-serif'] = 'SimHei'
plt.title('各菜系销售额分布（饼图）', y=1.1, fontsize=18)  # 设置饼图的标题
plt.axis('equal')
plt.show()

# 绘制各菜系销售额分布柱形图
x = data['菜系']
y = data['销售额']
plt.figure(figsize=(8, 4))  # 设置画布大小
plt.bar(x, y)
plt.rcParams['font.sans-serif'] = 'SimHei'
plt.xlabel('菜系')  # 设置 x 轴标题
plt.ylabel('销售额（元）')  # 设置 y 轴标题
plt.title('各菜系销售额分布（柱形图）')  # 设置柱形图的标题
plt.show()  # 展示图片
```

3.2.3　对比分析

对比分析是指将两个相互联系的指标进行比较，从数量上展示和说明研究对象规模的大小、水平的高低、速度的快慢，以及各种关系是否协调，适用于指标间的横纵向比较分析、时间序列的比较分析。在对比分析过程中，选择合适的对比标准是十分关键的步骤。若选择合适，则可以做出客观的评价；若选择不合适，则评价时可能会得出错误的结论。

对比分析主要有以下两种形式。

（1）绝对数比较

绝对数比较是利用绝对数进行对比，从而寻找差异的一种方法。

（2）相对数比较

相对数比较是将两个相互联系的指标进行对比计算的一种对比方法，用于反映客观现象之间的数量联系程度，其数值表现为相对数。由于研究目的和对比基础不同，相对数可以分为以下几种。

① 结构相对数：将同一总体内的部分数值与全部数值对比求得比重，用于说明事物的性质、结构或质量，如居民食品支出额占消费支出总额的比重、产品合格率等。

② 比例相对数：将同一总体内不同部分的数值对比，用于说明总体内各部分的比例关系，如人口性别比例、投资与消费比例等。

③ 比较相对数：将同一时期两个性质相同的指标数值对比，用于说明同类现象在不同空间条件下的数量对比关系，如不同地区商品价格对比，不同行业、不同企业间某项指标对比等。

④ 强度相对数：将两个性质不同但有一定联系的总量指标对比，用于说明现象的强度、密度和普遍程度。例如，人均国内生产总值用"元/人"表示，人口出生率用"‰"表示。

⑤ 计划完成程度相对数：将某一时期实际完成数与计划数对比，用于说明计划的完成程度。

⑥ 动态相对数：将同一现象在不同时期的指标数值对比，用于说明发展方向和变化的速度，如发展速度、增长速度等。

这里以某公司各部门销售额为例，部分数据如表 3-25 所示。

表 3-25　某公司各部门销售额的部分数据　　　　　　　　　单位：万元

月份	销售部	事业部	月份	销售部	事业部
1 月	1.6	2.1	6 月	6.3	5.1
2 月	3.8	4.5	7 月	3.2	3.8
3 月	4.9	5.7	8 月	5.7	6.2
4 月	2.7	3.6	9 月	7.5	7.9
5 月	5.4	4.3	10 月	4.6	3.7

利用各部门的销售数据，从时间的维度上分析，可以看到销售部和事业部部门之间的销售额随时间的变化趋势，了解在此期间哪个部门的销售额较高、哪个部门的趋势比较平稳，绘制的图形如图 3-5 所示；也可以对单一部门做分析，了解该部门各年份各月份的销售对比情况，绘制的图形如图 3-6 所示。

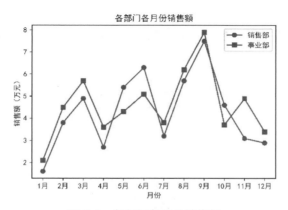

图 3-5　各部门各月份销售额

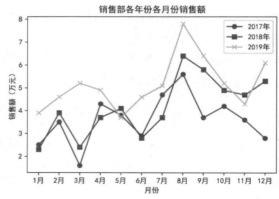

图 3-6　销售部各年份各月份销售额

　　由图 3-5 可知，两个部门销售额的波动趋势十分相似，且无较明显的变化趋势。由图 3-6 可知，在 2017—2019 年期间销售部每年销售额的波动趋势存在一定的相似性。

　　绘制不同部门各月份和销售部各年份各月份的销售额对比情况折线图，如代码 3-8 所示。

代码 3-8　绘制不同部门各月份和销售部各年份各月份的销售额对比情况折线图

```
# 绘制不同部门的各月份销售额折线图
import pandas as pd
import matplotlib.pyplot as plt
data = pd.read_excel('../data/各月份各部门销售额.xlsx')
plt.figure(figsize=(6, 4))
plt.plot(data['月份'], data['销售部'], color='green', label='销售部', marker='o')
plt.plot(data['月份'], data['事业部'], color='red', label='事业部', marker='s')
plt.rcParams['font.sans-serif']='Sim Hei'
plt.legend()  # 显示图例
plt.title('各部门各月份销售额')
plt.ylabel('销售额（万元）')
plt.xlabel('月份')
plt.show()

# 绘制销售部各年份各月份的销售额折线图
data = pd.read_excel('../data/销售部在各年份各月份中的销售额.xlsx')
plt.figure(figsize=(6, 4))
plt.plot(data['月份'], data['2017 年'], color='green', label='2017 年', marker=
'o')
plt.plot(data['月份'], data['2018 年'], color='red', label='2018 年', marker=
's')
plt.plot(data['月份'], data['2019 年'], color='skyblue', label='2019 年',
marker='x')
plt.legend()  # 显示图例
plt.title('销售部各年份各月份销售额')
plt.ylabel('销售额（万元）')
plt.xlabel('月份')
plt.show()
```

3.2.4　周期性分析

周期性分析是探索某个变量是否随着时间变化而呈现出某种周期性变化趋势。时间跨度相对较长的周期性趋势有年度周期性趋势、季节性周期趋势，相对较短的有月度周期性趋势、周度周期性趋势，甚至更短的有天周期性趋势、小时周期性趋势。

以某景区 2019 年 3 月份的人流量数据为例，部分人流量数据如表 3-26 所示。根据人流量数据绘制时序图，并分析景区人流量的变化趋势，其时序图如图 3-7 所示。

表 3-26　某景区部分人流量数据

日期	人流量	日期	人流量
2019/3/1	7485	2019/3/6	8754
2019/3/2	10243	2019/3/7	9145
2019/3/3	14211	2019/3/8	9451
2019/3/4	8541	2019/3/9	14442
2019/3/5	9452	2019/3/10	13471

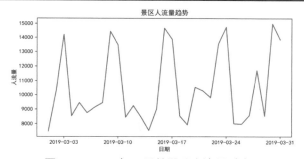

图 3-7　2019 年 3 月份景区人流量时序图

由图 3-7 可知，该景区在 2019 年 3 月份内，日人流量呈现出周期性的趋势，以周为周期。在周末（即非工作日），景区的人流量比工作日的人流量大。

绘制 2019 年 3 月份景区人流量时序图，如代码 3-9 所示。

代码 3-9　绘制 2019 年 3 月份景区人流量时序图

```
import pandas as pd
import matplotlib.pyplot as plt
# 绘制 2019 年 3 月份景区人流量时序图
normal = pd.read_excel('../data/某观光景区 2019 年 3 月份人流量.xlsx')
plt.figure(figsize=(8, 4))
plt.plot(normal['日期'], normal['人流量'])
plt.xlabel('日期')
x_major_locator = plt.MultipleLocator(7)  # 设置 x 轴刻度间隔
ax = plt.gca()
ax.xaxis.set_major_locator(x_major_locator)
plt.ylabel('人流量')
plt.title('景区人流量趋势')
plt.rcParams['font.sans-serif'] = ['SimHei']  # 用于正常显示中文标签
plt.show()  # 展示图片
```

3.2.5 贡献度分析

贡献度分析又称帕累托分析，贡献度分析的原理是帕累托法则（又称二八定律），即同样的投入放在不同的地方会产生不同的效益。例如，对于一个公司，其 80% 的利润常来自于 20% 最畅销的产品，而其他 80% 的产品只产生了 20% 的利润。

以服装企业为例，贡献度分析可分析出占盈利额 80% 的服装类型，然后重点发展相关的部门，而分析出的结果还可通过帕累托图直观地呈现出来。某服装企业的秋装盈利数据如表 3-27 所示。根据该数据绘制服装类型盈利额的帕累托图，所得图形如图 3-8 所示。

表 3-27 某服装企业秋装盈利数据

服装编号	服装类型	盈利额（元）	服装编号	服装类型	盈利额（元）
20095	开衫	8742	20096	西装	3861
20097	衬衫	7685	20092	半身裙	3016
20093	毛衣	6812	20094	长袖衫	2358
20091	牛仔裤	5972	20099	卫衣	1942
20098	连衣裙	4832	20090	连体裤	1324

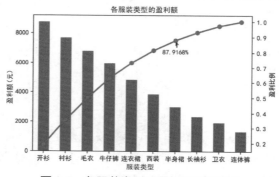

图 3-8 各服装类型盈利额的帕累托图

由图 3-8 可知，从开衫到半身裙，这 7 个服装类型占服装总类数的 70%，其盈利额占总盈利额的 87.9168%。根据帕累托法则，应该增加从开衫到半身裙这 7 个服装类型的成本投入，减少从长袖衫到连体裤这 3 个服装类型的成本投入，以实现更高的盈利额。

利用该服装企业秋装盈利数据绘制各服装类型盈利额的帕累托图，如代码 3-10 所示。

代码 3-10 绘制各服装类型盈利额的帕累托图

```
import pandas as pd
# 初始化数据参数
data = pd.read_excel('../data/服装企业秋装盈利数据.xlsx', index_col='服装名')
data = data['盈利'].copy()
data.sort_values(ascending=False)

# 绘制各服装类型盈利额的帕累托图
import matplotlib.pyplot as plt
plt.rcParams['font.sans-serif'] = ['SimHei']  # 用于正常显示中文标签
```

```
plt.rcParams['axes.unicode_minus'] = False  # 用于正常显示负号
plt.figure()
data.plot(kind='bar')
plt.ylabel('盈利额（元）')
p = 1.0 * data.cumsum() / data.sum()
p.plot(color='r', secondary_y=True, style='-o', linewidth=2)
plt.annotate(format(p[6], '.4%'), xy=(6, p[6]), xytext=(6 * 0.9, p[6] * 0.9),
             arrowprops=dict(arrowstyle='->', connectionstyle='arc3', rad='.2'))
plt.ylabel('盈利比例')
plt.title('各服装类型的盈利额')
plt.show()
```

3.2.6　相关性分析

分析连续变量之间的线性相关程度，并用适当的统计指标表示出来的过程称为相关性分析。

1.　直接绘制散点图

判断两个变量是否具有线性相关关系最直接的方法是绘制散点图，如图 3-9 所示。

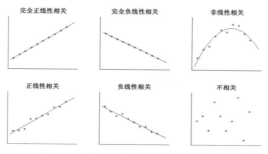

图 3-9　线性相关关系的散点图示例

2.　绘制散点图矩阵

当需要同时考察多个变量间的相关关系时，逐一绘制变量间的散点图将会十分麻烦。此时可利用散点图矩阵同时绘制各变量间的散点图，从而快速发现多个变量间的主要相关性，这在进行多元线性回归时显得尤为重要。散点图矩阵示例如图 3-10 所示。

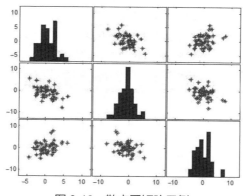

图 3-10　散点图矩阵示例

3.　计算相关系数

为了更加准确地描述变量之间的线性相关关系，可以通过计算相关系数来进行相关性分析。在二元变量的相关性分析过程中比较常用的相关系数有 Pearson 相关系数、Spearman 相关系数和判定系数。

（1）Pearson 相关系数

Pearson 相关系数一般可用于分析两个连续性变量之间的关系，其计算公式如式（3-11）所示。

$$r = \frac{\sum_{i=1}^{n}(x_i - \overline{x})(y_i - \overline{y})}{\sqrt{\sum_{i=1}^{n}(x_i - \overline{x})^2 \sum_{i=1}^{n}(y_i - \overline{y})^2}} \quad\quad (3\text{-}11)$$

相关系数 r 的取值范围为 $-1 \leqslant r \leqslant 1$，其中：

$$\begin{cases} r > 0 \text{ 为正相关，} r < 0 \text{ 为负相关} \\ |r| = 0 \text{ 表示不存在线性关系} \\ |r| = 1 \text{ 表示完全线性相关} \end{cases}$$

$0 < |r| < 1$ 表示存在不同程度的线性相关关系，其中：

$$\begin{cases} |r| \leqslant 0.3 \text{ 为极弱线性相关或不存在线性相关} \\ 0.3 < |r| \leqslant 0.5 \text{ 为低度线性相关} \\ 0.5 < |r| \leqslant 0.8 \text{ 为显著线性相关} \\ |r| > 0.8 \text{ 为高度线性相关} \end{cases}$$

（2）Spearman 相关系数

Pearson 相关系数要求连续变量的取值服从正态分布。不服从正态分布的变量、分类或等级变量之间的关联性可采用 Spearman 相关系数（也称等级相关系数）来描述。

Spearman 相关系数计算公式如式（3-12）所示。

$$r_s = 1 - \frac{6\sum_{i=1}^{n}(R_i - Q_i)^2}{n(n^2 - 1)} \quad\quad (3\text{-}12)$$

对两个变量成对地取值并分别按照从小到大（或从大到小）的顺序编秩，R_i 代表 x_i 的秩次，Q_i 代表 y_i 的秩次，$R_i - Q_i$ 为 x_i、y_i 的秩次之差。

一个变量 $x(x_1, x_2, ..., x_i,)$ 的秩次的计算过程如表 3-28 所示。

表 3-28　秩次的计算过程

x_i 从小到大排序	从小到大排序时的位置	秩次 R_i
0.5	1	1
0.8	2	2
1.0	3	3
1.2	4	(4+5)/2=4.5
1.2	5	(4+5)/2=4.5
2.3	6	6
2.8	7	7

因为一个变量相同的取值必须有相同的秩次，所以在计算中采用的秩次是变量所在位置的平均值。而如果两个变量具有严格单调的函数关系，那么这两个变量就是完全 Spearman 相关的。这与 Pearson 相关不同，Pearson 相关只有在变量具有线性关系时才是完全相关的。

Spearman 和 Pearson 这两种相关系数在实际应用计算中都要进行假设检验，使用 t 检验方法可检验其显著性水平以确定其相关程度。研究表明，在正态分布的假设下，Spearman 相关系数与 Pearson 相关系数在效率上是等价的，而对于连续测量的数据，用 Pearson 相关系数来进行分析更合适。

（3）判定系数

判定系数是相关系数的平方，可用 r^2 表示，用于衡量回归方程对 y 的解释程度。判定系数的取值范围为 $0 \leqslant r^2 \leqslant 1$。$r^2$ 越接近于 1，表明两个变量之间的相关性越强；r^2 越接近于 0，表明两个变量之间越没有直线相关关系。

pandas 库的 corr()方法可计算出列与列、变量与变量之间的成对相关系数，但不包括空值。corr()方法的基本使用格式如下。

```
pandas.DataFrame.corr(method = 'pearson', min_periods = 1)
```

corr()方法常用的参数及其说明如表 3-29 所示。

表 3-29　corr()方法常用的参数及其说明

参数名称	参数说明
method	接收方法的名称。表示计算相关系数要使用的方法，可选 pearson、kendall、spearman。默认值为 pearson
min_periods	接收 int 类型的值。表示每对列必须具有有效结果的最小观测数。默认值为 1

餐饮系统中含有不同菜品的日销量数据，示例数据如表 3-30 所示。分析这些菜品销量之间的相关性可以得到不同菜品之间的关系，如是替补菜品、互补菜品或没有关系，为采购原材料提供参考。计算菜品"铁板烧豆腐"与其他菜品是否存在关系，计算结果如表 3-31 所示。

表 3-30　菜品日销量示例数据　　　　　　　　　单位：份

日期	粉蒸排骨	玻璃菜心	翡翠香饺	酱香凤爪	铁板烧豆腐	原味菜心	蜜汁盐焗鸡	香煎年糕	生煎晶饺	佛跳墙
2020/6/1	26	10	9	35	26	15	13	8	10	26
2020/6/2	18	14	17	40	29	16	14	6	12	19
2020/6/3	12	9	12	29	19	9	4	9	13	24
2020/6/4	8	14	5	32	27	6	9	15	15	15
2020/6/5	14	12	19	24	21	14	11	12	11	22

表 3-31　菜品"铁板烧豆腐"与其他菜品的相关系数

菜品名称	相关系数	菜品名称	相关系数
粉蒸排骨	0.284106	原味菜心	0.234203
玻璃菜心	0.711998	蜜汁盐焗鸡	0.741757
翡翠香饺	−0.246246	香煎年糕	−0.167600
酱香凤爪	0.833686	生煎晶饺	0.080094
铁板烧豆腐	1.000000	佛跳墙	−0.498782

由表 3-31 可知，菜品"铁板烧豆腐"与"粉蒸排骨""翡翠香饺""原味菜心""香煎年糕""生煎晶饺""佛跳墙"等菜品的相关性比较低，与"玻璃菜心""酱香凤爪""蜜汁盐焗鸡"等菜品的相关性较高。

计算相关系数，如代码 3-11 所示。

代码 3-11　菜品日销量数据相关性分析

```
import pandas as pd
data = pd.read_excel('../data/餐饮菜品.xlsx', index_col='日期')  # 读取数据，指定"日期"列为索引列
print(data.corr())  # 相关系数矩阵，即给出了任意两款菜品之间的相关系数
print(data.corr()['铁板烧豆腐'])  # 只显示"铁板烧豆腐"与其他菜品的相关系数
```

小结

本章从数据校验和数据特征分析两个方面对数据进行探索，介绍了数据校验中的一致性校验、缺失值校验和异常值校验，还介绍了数据特征分析中的描述性统计分析、分布分析、对比分析、周期性分析、贡献度分析和相关性分析，并结合了相应小案例进行演示。

实训

实训 1　分布分析、描述性统计分析和贡献度分析

1. 训练要点

（1）掌握分布分析的方法。

（2）掌握描述性统计分析的方法。

（3）掌握贡献度分析的方法。

2. 需求说明

某企业为查看新投放的几台新零售智能销售设备在 2020 年 6 月份的商品销售情况，需要通过分布分析、描述性统计分析和贡献度分析 3 个方面对销售数据进行分析，并输出相应的图形或数值结果。该企业的新零售智能销售设备 2020 年 6 月份销售商品的部分数据如表 3-32 所示。

表 3-32　新零售智能销售设备 2020 年 6 月份销售商品的部分数据

日期	商品名称	销售数量（包/瓶）	销售额（元）	盈利额（元）
2020/6/1	泡椒凤爪	40	242	123
2020/6/2	迷你小香肠	78	314	210
2020/6/3	怡宝饮用水	348	696	393
2020/6/4	小面筋	34	153	81
2020/6/5	肉松饼	30	171	67

3．实现思路及步骤

（1）使用分布分析方法，统计各销售额区间（可在满足分组原则的条件下自定义销售额区间）的销售额频率，并绘制频率分布直方图。

（2）使用描述性统计分析方法，计算销售数量的基本统计量，并对结果进行分析。

（3）使用贡献度分析方法，计算各商品的销售数量贡献率，绘制各商品的帕累托图并进行分析。

实训 2　对比分析、相关性分析和周期性分析

1．训练要点

（1）掌握对比分析的方法。

（2）掌握相关性分析的方法。

（3）掌握周期性分析的方法。

2．需求说明

某化妆品店的店长为分析 2020 年 3 月各种化妆品的销售数量情况，需要通过对比分析、相关性分析和周期性分析 3 个方面的分析，并输出相应的图形或数值，从而根据分析出来的结果，对未来的化妆品进货数量做出合理决策。各类化妆品的部分销售数量数据如表 3-33 所示。

表 3-33　各类化妆品的部分销售数量数据　　　　　　　　　单位：套

日期	肤用化妆品	发用化妆品	美容化妆品	疗效化妆品	总销量
2020/3/1	562	454	654	351	2021
2020/3/2	456	323	527	236	1542
2020/3/3	423	313	503	264	1503
2020/3/4	464	302	537	294	1597
2020/3/5	468	298	549	243	1558

3．实现思路及步骤

（1）使用对比分析方法，对各化妆品类别每日的销售数量走势进行对比，绘制出折线图并进行分析。

（2）使用相关性分析方法，计算各化妆品类别之间的相关性，并对输出结果进行分析。

（3）使用周期性分析方法，绘制化妆品每日的总销量折线图，并对图形进行分析。

课后习题

1. 选择题

（1）关于一致性校验的说法正确的是（　　）。

    A. 一致性校验包含了时间校验和字段信息校验

    B. 一致性校验是最好的校验方法

    C. 一致性校验是唯一的校验方法

    D. 一致性校验主要用于数据处理

（2）下列不是缺失值校验常用函数或方法的是（　　）。

    A. isnull()　　　　　　　　　　　　B. notnull()

    C. count()　　　　　　　　　　　　D. mean()

（3）异常值校验常用的分析方法是（　　）。

    A. IQR 准则　　　　　　　　　　　B. 4σ原则

    C. 牛顿插值法　　　　　　　　　　D. 等宽法

（4）不属于数据特征分析的分析方法是（　　）。

    A. 贡献度分析　　　　　　　　　　B. 对比分析

    C. 相关性分析　　　　　　　　　　D. 杜邦分析

（5）在分布分析中，数据类型被划分为（　　）种。

    A. 1　　　　　　　　　　　　　　　B. 2

    C. 3　　　　　　　　　　　　　　　D. 4

2. 操作题

某家电卖场 2020 年 9 月份各家电产品销售额的部分数据如表 3-34 所示，2020 年 9 月份各部门产品销售数量的部分数据如表 3-35 所示。

表 3-34　2020 年 9 月份各家电产品销售额的部分数据

日期	家电名称	销售额（元）
2020/9/1	洗衣机	48720
2020/9/2	微波炉	22520
2020/9/3	电磁炉	55678
2020/9/4	空调	53766
2020/9/5	冰箱	50772

表 3-35　2020 年 9 月份各部门产品销售数量的部分数据

日期	销售部	产品部	市场部
2020/9/1	246	224	156
2020/9/2	364	268	151
2020/9/3	349	225	167
2020/9/4	387	264	152
2020/9/5	463	364	243

为了解家电产品的销售额和各部门的售卖情况，需要对数据进行以下操作。

（1）使用分布分析方法，绘制各家电产品的销售额柱形图并进行分析。

（2）使用贡献度分析方法，绘制各家电产品的销售额帕累托图并进行分析。

（3）使用对比分析方法，绘制各部门 2020 年 9 月份的家电产品销售数量折线图并进行分析。

第 4 章 数据预处理

在数据分析中,当海量的原始数据中存在大量不完整(有缺失值)、不一致、异常的数据时,将严重影响数据分析建模的效率,甚至可能导致分析结果出现偏差,所以进行数据预处理就显得尤为重要。数据预处理一方面是要提高数据的质量;另一方面是要让数据能够更好地支持特定的分析技术或工具。本章介绍数据预处理的主要内容,包括数据清洗、数据变换和数据合并。

学习目标

(1)了解重复值产生的原因、影响,掌握处理重复值的常见方法。
(2)了解缺失值产生的原因、影响,掌握处理缺失值的常见方法。
(3)掌握常见的异常值分析和处理方法。
(4)了解函数变换的概念和作用,掌握常见的数据标准化和数据离散化方法。
(5)熟悉独热编码的原理和实现过程。
(6)掌握多表合并和分组聚合的方法。

4.1 数据清洗

数据清洗主要是删除原始数据集中的重复数据,平滑噪声数据,筛选掉与分析主题无关的数据,处理重复值、缺失值和异常值等。

4.1.1 重复值处理

重复值主要有记录重复和属性内容重复两种,在进行可视化分析前,通常需要处理重复值,以避免重复值对可视化结果造成影响。

1. 记录重复

记录重复是指数据中某条记录的一个或多个属性的值完全相同。在某企业的母婴用品发货记录表中,包括母婴用品名称、品牌名称两个属性。为查看所有品牌名称,可利用列表(list)去重,如代码 4-1 所示。

代码 4-1 利用列表(list)去重

```
import pandas as pd
data = pd.read_excel('../data/mb.xls')
```

```
# 定义去重函数
def delRep(list1):
    list2 = []
    for i in list1:
        if i not in list2:
            list2.append(i)
    return list2
names = list(data['品牌名称'])  # 提取品牌名称
print('去重前的品牌总数为: ', len(names))
name = delRep(names)  # 使用自定义的去重函数去重
print('去重后的品牌总数为: ', len(name))
```

运行代码 4-1 得到的结果是：去重前的品牌总数为 697，去重后的品牌总数为 14。

除了利用列表去重之外，还可以利用集合（set）的特性（元素唯一）去重，如代码 4-2 所示。

代码 4-2　利用集合（set）的特性去重

```
print('去重前品牌总数为: ', len(names))
name_set = set(names)  # 利用集合的特性去重
print('去重后品牌总数为: ', len(name_set))
```

运行代码 4-2 得到的结果是：去重前品牌总数为 697，去重后品牌总数为 14。

比较利用列表去重和利用集合去重这两种方法可以发现，列表去重的代码明显冗长，会拖慢数据分析的整体进度。集合去重虽然代码看似简单了许多，但是这种方法的最大问题是会导致数据的排列顺序发生改变。为解决以上问题，pandas 库提供了一个名为 drop_duplicates() 的去重方法，此方法只对 DataFrame 或 Series 类型的数据有效。这种方法不会改变数据的原始排列顺序，并且兼具代码简洁和运行稳定的特点。drop_duplicates() 方法的基本使用格式如下。

```
pandas.DataFrame.drop_duplicates(subset=None, keep='first', inplace=False)
```

使用 drop_duplicates() 方法去重时，当且仅当 subset 参数中的属性重复时才会执行去重操作，去重时可以选择保留哪一个属性，甚至可以都不保留。该方法常用的参数及其说明如表 4-1 所示。

表 4-1　drop_duplicates() 方法常用的参数及其说明

参数名称	参数说明
subset	接收字符串或序列。表示进行去重的列。默认值为 None
keep	接收特定字符串。表示存在重复值时保留第几个数据。 first：保留第一个。 last：保留最后一个。 false：只要重复都不保留。 默认值为 first
inplace	接收 bool 类型的值。表示是否在原表上进行操作。默认值为 False

利用 drop_duplicates()方法对母婴用品发货记录表中的品牌名称进行去重操作，如代码 4-3 所示。

代码 4-3　利用 drop_duplicates()方法去重

```
name_mb = data['品牌名称'].drop_duplicates()
print('使用 drop_duplicates()方法去重后的品牌总数为：', len(name_mb))
```

事实上 drop_duplicates()方法不仅支持单一属性的数据去重，还能够依据 DataFrame 的其中一个或几个属性进行去重操作，如代码 4-4 所示。

代码 4-4　利用 drop_duplicates()方法对多列去重

```
print('去重前记录表的形状为：', data.shape)
shape = data.drop_duplicates(subset=['母婴用品名称', '品牌名称']).shape
print('依照母婴用品名称、品牌名称去重后的记录表大小为：', shape)
```

运行代码 4-4 得到的结果是：去重前记录表的形状为(697, 5)，依照母婴用品名称、品牌名称去重后的记录表大小为(291, 5)。

2. 属性内容重复

属性内容重复是指数据中存在一个或多个属性，它们的名称不同，但数据完全相同。当需要去除连续型重复属性时，可以利用属性间的相似度，去除两个相似度为 1 的属性的其中一个。在 pandas 库中计算相似度的方法有 corr()方法，该方法支持 pearson、spearman 和 kendall 这 3 种计算相似度的方法，可以通过 method 参数调节，默认值为 pearson。利用 kendall 法求出母婴用品发货记录表中"仓库标签"属性和"品牌标签"属性的相似度矩阵，如代码 4-5 所示。得到的相似度矩阵如表 4-2 所示。

代码 4-5　利用 kendall 法计算相似度矩阵

```
corr_ = data[['品牌标签', '仓库标签']].corr(method='kendall')
print('kendall 相似度为：\n', corr_)
```

表 4-2　利用 kendall 法计算得到的相似度矩阵

	仓库标签	品牌标签
仓库标签	1.000000	−0.003389
品牌标签	−0.003389	1.000000

但是通过相似度矩阵去重存在一个弊端，该方法只能对数值型重复属性去重，类别型属性之间无法通过计算相关系数来衡量相似度，因此无法根据相似度矩阵对其进行去重处理。

除了使用相似度矩阵进行属性去重之外，还可以使用 pandas 库的 DataFrame.equals()方法进行属性去重。DataFrame.equals()方法的基本使用格式如下。

```
pandas.DataFrame.equals(other)
```

DataFrame.equals()方法常用的参数及其说明如表 4-3 所示。

表 4-3　DataFrame.equals()方法常用的参数及其说明

参数名称	参数说明
other	接收 Series 或 DataFrame。表示要与第一个内容进行比较的另一个 Series 或 DataFrame。无默认值

使用 DataFrame.equals()方法进行属性去重，如代码 4-6 所示。得到的前两行两列的属性矩阵如表 4-4 所示。

代码 4-6　使用 DataFrame.equals()方法进行属性去重

```
# 定义求取属性是否完全相同的矩阵的函数
def FeatureEquals(df):
    dfEquals = pd.DataFrame([], columns=df.columns, index=df.columns)
    for i in df.columns:
        for j in df.columns:
            dfEquals.loc[i, j] = df.loc[:, i].equals(df.loc[:, j])
    return dfEquals
# 应用上述函数
det = FeatureEquals(data)
print('data 的属性相等矩阵的前 2 行 2 列为：\n', det.iloc[:2, :2])
```

表 4-4　属性矩阵

	母婴用品名称	品牌名称
母婴用品名称	True	False
品牌名称	False	True

再通过遍历的方式筛选出完全重复的属性，如代码 4-7 所示。

代码 4-7　筛选出完全重复的属性

```
# 遍历所有数据
l = det.shape[0]
d = []
for k in range(l):
    for l in range(k + 1, l):
        if det.iloc[k, l] & (det.columns[l] not in d):
            d.append(det.columns[l])
# 进行去重操作
print('需要删除的列是：', d)
data.drop(d, axis=1, inplace=True)
print('删除多余列后 data 的属性数目为：', data.shape[1])
```

运行代码 4-7 得到的结果是：需要删除的列是[]，删除多余列后 data 的属性数目为 5。

4.1.2　缺失值处理

数据的缺失主要包括记录的缺失和记录中某个属性信息的缺失，两者都会造成分析结果的不准确。因此，在分析结果之前，通常需要对缺失值进行处理。处理缺失值的方法可分为 3 类：删除记录、数据插补和不处理。其中常用的数据插补方法如表 4-5 所示。

表 4-5　常用的数据插补方法

插补方法	方法描述
平均数、中位数、众数插补	根据属性值的类型，用该属性取值的平均数、中位数、众数进行插补
使用固定值	将缺失的属性值用一个常量替换
最近邻插补	在记录中找到与缺失样本最接近的样本对应属性值进行插补
回归方法	对带有缺失值的变量，根据已有数据和与其有关的其他变量（因变量）的数据建立拟合模型来预测缺失的属性值
插值法	利用已知点建立合适的插值函数 $f(x)$，未知值由对应点 x_i 求出的函数值 $f(x_i)$ 近似代替

　　如果简单地删除小部分记录就可以达到既定的目标，那么删除含有缺失值的记录这种方法是最有效的。然而，这种方法却有很大的局限性，它以减少历史数据来换取数据的完备性，丢弃了大量隐藏在这些记录中的信息，会造成资源的大量浪费。尤其在数据集中的记录本来就很少的情况下，删除少量记录就可能会影响分析结果的客观性和正确性。有一些模型可以将缺失值视为一种特殊的取值，允许直接在含有缺失值的数据上进行建模。

　　本章主要介绍拉格朗日插值法和牛顿插值法，其他的插值方法还有 Hermite 插值法、分段插值法、样条插值法等。

1. 拉格朗日插值法

拉格朗日插值法的基本实现步骤如下。

（1）确定原始数据中的因变量和自变量。

（2）取缺失值前后各 k 个数据，将剔除缺失值后的 $2k$ 个数据组成一组，再将剩下的数据依次排序，并基于拉格朗日插值多项式，对全部缺失值依次进行插补。

拉格朗日插值法在理论分析中很方便，但是当插值节点发生增减时，插值多项式就会随之变化，这在实际计算中是很不方便的。为了克服这一缺点，提出了牛顿插值法。

2. 牛顿插值法

牛顿插值法的基本实现步骤如下。

（1）计算差商（差商是函数增量与其自变量增量的比）。

（2）计算牛顿插值多项式。

（3）利用所得多项式计算所需插入缺失部分的值。

牛顿插值法也是多项式插值，但采用了另一种构造插值多项式的方法，与拉格朗日插值法相比，牛顿插值法具有承袭性和易于变动节点的特点。从本质上来说，两者给出的结果是一样的（相同次数、相同系数的多项式），只不过表示的形式不同。因此，在 Python 的 SciPy 库中，只提供了拉格朗日插值法的函数（因为实现上比较容易），而如果要使用牛顿插值法，则需要自行编写函数。

以某便利店一段时间的销售额数据为例，如表 4-6 所示，可以发现 2016 年 5 月 5 日的数据是缺失的。

表 4-6　某便利店一段时间的销售额数据

时间	2016/05/01	2016/05/02	2016/05/03	2016/05/04	2016/05/05	2016/05/06
销售额（元）	732	1357	1650	1980		1170
时间	2016/05/07	2016/05/08	2016/05/09	2016/05/10	2016/05/11	2016/05/12
销售额（元）	600	687	1570	1650	2119	1383

根据拉格朗日插值法，使用缺失值前后各 5 个未缺失的数据对 2016 年 5 月 5 日的数据进行插补，如代码 4-8 所示。插值后的结果如表 4-7 所示。

代码 4-8　用拉格朗日插值法对缺失值进行插补

```
import pandas as pd  # 导入数据分析库 pandas
from scipy.interpolate import lagrange  # 导入拉格朗日插值函数

data = pd.read_excel('../data/food.xls')  # 读入数据

# 自定义列向量插值函数
# s 为列向量，n 为被插值的位置，k 为取前后的数据个数，默认值为 5
def ployinterp_column(s, n, k=5):
    y = s.reindex(list(range(n -k , n)) + list(range(n + 1, n + 1 + k)))  # 取数
    y = y[y.notnull()]  # 剔除空值
    return lagrange(y.index, list(y))(n)  # 插值并返回插值结果

# 逐个元素判断是否需要插值
for i in data.columns:
    for j in range(len(data)):
        if (data[i].isnull())[j]:  # 如果为空则插值
            data[i][j] = ployinterp_column(data[i], j)
print(data)
```

表 4-7　数据插值结果

时间	原始值	插值
2016/05/05		1806.928571

由表 4-7 可知 2016 年 5 月 5 日插补的结果是 1806.928571，这一天是工作日，而工作日的销售额一般要比周末多，所以插值结果比较符合实际情况。

4.1.3　异常值处理

异常值是指样本中的个别数值明显偏离其余的观测值。忽视异常值是十分危险的，不加处理地将异常值包括进数据的计算分析过程中，会对结果产生不良影响。

在数据预处理时，是否剔除异常值需视具体情况而定，因为有些异常值可能蕴含着有用的信息。异常值处理的常用方法如表 4-8 所示。

表 4-8　异常值处理的常用方法

异常值处理方法	方法描述
删除含有异常值的记录	直接将含有异常值的记录删除
视为缺失值	将异常值视为缺失值,利用处理缺失值的方法进行处理
平均值修正	用前后两个观测值的平均值修正该异常值
不处理	直接在含有异常值的数据集上进行分析建模

将含有异常值的记录直接删除这种方法虽然简单易行,但缺点也很明显,在观测值很少的情况下,直接删除异常值会造成样本量不足,可能会改变变量的原有分布,从而导致分析结果不准确。视为缺失值处理的好处是可以利用现有变量的信息,对异常值(缺失值)进行填补。

很多情况下,需要先分析出现异常值的可能原因,再判断是否应该舍弃异常值。如果都是正确的数据,那么可以直接在含有异常值的数据集上进行分析建模。

4.2　数据变换

数据变换主要是对数据进行函数变换、标准化、离散化和属性构造等处理,将数据转换成"适当的"形式,以满足分析任务及算法的需要。

4.2.1　简单函数变换

简单函数变换是指对原始数据进行某些数学函数变换,常用的包括平方、开方、取对数、差分运算等,分别如式(4-1)~式(4-4)所示。

$$x' = x^2 \tag{4-1}$$

$$x' = \sqrt{x} \tag{4-2}$$

$$x' = \log(x) \tag{4-3}$$

$$\Delta f(x_k) = f(x_{k+1}) - f(x_k) \tag{4-4}$$

简单的函数变换常用于将不具有正态分布的数据变换成具有正态分布的数据,在时间序列分析中,有时简单的对数变换或差分运算即可将非平稳序列转换成平稳序列。在数据分析中,简单的函数变换可能更有必要,如个人年收入的取值范围为 1 万~10 亿元,这是一个很大的区间,使用对数变换对其进行压缩是一种常用的变换处理方式。

4.2.2　数据标准化

数据标准化(归一化)处理是数据分析的一项基础工作。不同的评价指标往往具有不同的量纲,因此数值间的差别可能很大,不进行处理可能会影响数据分析的结果。为了消除指标之间的量纲和取值范围差异的影响,需要对数据进行标准化处理,将数据按照比例进行缩放,使其落入一个特定的区域,便于进行综合分析,如将工资收入属性值映射到[−1,1]或[0,1]区间内。

数据标准化对基于距离的分析算法尤为重要。

1．最小-最大标准化

最小-最大标准化也称离差标准化，是对原始数据的线性变换，将数值映射到[0,1]区间内，其计算公式如式（4-5）所示。

$$x^* = \frac{x - \min}{\max - \min}$$

（4-5）

其中，max 为样本数据的最大值，min 为样本数据的最小值，max-min 为极差。最小-最大标准化保留了原来数据中存在的关系，是消除量纲和数据取值范围差异的简单方法。这种处理方法的缺点是若数值集中某个数值很大，则规范化后大部分值会接近于 0，并且将会相差不大。若遇到超过目前属性[min,max]取值范围的时候，会引起系统出错，需要重新确定 min 和 max。

2．零-均值标准化

零-均值标准化也称标准差标准化，经过处理的数据的均值为 0，标准差为 1，其计算公式如式（4-6）所示。

$$x^* = \frac{x - \bar{x}}{\sigma}$$

（4-6）

其中 $\bar{x}$ 为原始数据的均值，σ 为原始数据的标准差，零-均值标准化是当前用得较多的数据标准化方法。

3．小数定标标准化

通过移动属性值的小数位数，将属性值映射到[-1,1]区间内，移动的小数位数取决于属性值绝对值的最大值。小数定标标准化的转化公式如式（4-7）所示。

$$x^* = \frac{x}{10^k}$$

（4-7）

以某网店店主记录的商品销售数据为例，其数据集含有 7 个记录、4 个属性，如表 4-9 所示。

表 4-9 某网店店主记录的商品销售数据

Index＼Column	0	1	2	3
0	65	−520	321	2834
1	122	322	−321	−2325
2	78	−457	−468	−1283
3	56	432	695	2024
4	187	−427	632	2251
5	111	532	472	−2321
6	143	601	335	3211

对商品销售数据中每一个属性的取值分别用最小-最大标准化、零-均值标准化、小数定标标准化进行标准化，如代码 4-9 所示。得到的最小-最大标准化后的表、零-均值标准

Python 数据分析与挖掘实战

化后的表、小数定标标准化后的表分别如表 4-10～表 4-12 所示。

代码 4-9　数据标准化

```python
import pandas as pd
import numpy as np
data = pd.read_excel('../data/sdata.xls', header = None)  # 读取数据
print(data)

print((data - data.min()) / (data.max() - data.min()))  # 最小-最大标准化
print((data - data.mean()) / data.std())  # 零-均值标准化
print(data / 10 ** np.ceil(np.log10(data.abs().max())))  # 小数定标标准化
```

表 4-10　最小–最大标准化

Column Index	0	1	2	3
0	0.068702	0.000000	0.678418	0.931900
1	0.503817	0.751115	0.126397	0.000000
2	0.167939	0.056200	0.000000	0.188223
3	0.000000	0.849242	1.000000	0.785585
4	1.000000	0.082962	0.945830	0.826590
5	0.419847	0.938448	0.808255	0.000723
6	0.664122	1.000000	0.690456	1.000000

表 4-11　零–均值标准化

Column Index	0	1	2	3
0	−0.937925	−1.154095	0.182131	0.886357
1	0.281072	0.495732	−1.226644	−1.185826
2	−0.659908	−1.030652	−1.549214	−0.767292
3	−1.130398	0.711267	1.002820	0.561009
4	1.671156	−0.971869	0.864576	0.652187
5	0.045827	0.907209	0.513479	−1.184219
6	0.730176	1.042408	0.212852	1.037784

表 4-12　小数定标标准化

Column Index	0	1	2	3
0	0.065	−0.520	0.321	0.2834
1	0.122	0.322	−0.321	−0.2325
2	0.078	−0.457	−0.468	−0.1283

续表

Index＼Column	0	1	2	3
3	0.056	0.432	0.695	0.2024
4	0.187	−0.427	0.632	0.2251
5	0.111	0.532	0.472	−0.2321
6	0.143	0.601	0.335	0.3211

4.2.3 数据离散化

一些数据分析算法，特别是某些分类算法，如 ID3 算法、KNN 算法等，要求使用类别属性形式的数据，因此常常需要将连续属性变换成类别属性，即连续属性离散化。

1. 离散化的过程

连续属性的离散化就是在数据的取值范围内设定若干个离散的划分点，将取值范围划分为一些离散化的区间，最后用不同的符号或整数值代表落在每个子区间中的数据值。所以数据离散化涉及两个子任务：确定类别数及将连续属性值映射到这些类别中。

2. 常用的离散化方法

常用的离散化方法有等宽法、等频法和（一维）聚类。

（1）等宽法

等宽法将属性的值域分成具有相同宽度的区间，区间的个数由数据本身的特点决定或由用户指定，类似于制作频率分布表。

（2）等频法

等频法将相同数量的记录放进每个区间。

等宽法和等频法都比较简单，易于操作，但都需要人为地规定区间的个数。同时，等宽法的缺点在于它对离群点比较敏感，倾向于不均匀地将属性值分布到各个区间，从而导致有些区间包含许多数据，而另外一些区间的数据极少，这样会严重损坏建立的决策模型。等频法虽然可以避免上述问题，但是可能会将相同的数据值分到不同的区间，以满足每个区间具有固定的数据个数。

（3）（一维）聚类

（一维）聚类的方法包括两个步骤，首先将连续属性的值用聚类算法（如 K-Means 算法）进行聚类，然后再对聚类得到的簇进行处理，合并到一个簇的连续属性值做同一标记。聚类分析的离散化方法也需要用户指定簇的个数，从而决定产生的区间数。

以某餐馆员工的年龄数据为例，分别使用上述 3 种离散化方法对员工年龄数据进行属性离散化的对比，数据如表 4-13 所示。

表 4-13　某餐馆员工的部分年龄数据

员工姓名	叶亦凯	张建涛	莫子建	易子歆	郭仁泽	唐莉
年龄	27	33	25	20	35	46

分别用等宽法、等频法和（一维）聚类对数据进行离散化，将数据分成 4 类，然后将每一类记为同一个标记，如分别记为 A1、A2、A3、A4，再进行建模，如代码 4-10 所示。得到的等宽法、等频法和（一维）聚类离散化后的结果分别如图 4-1、图 4-2、图 4-3 所示。

代码 4-10　数据离散化

```python
import pandas as pd
import numpy as np
data = pd.read_excel('../data/information.xlsx')  # 读取数据
data = data['年龄'].copy()
k = 4  # 类别数目
# 等宽法离散化，各个类别依次命名为 0、1、2、3
d1 = pd.cut(data, k, labels=range(k))

# 等频法离散化
w = [1.0 * i / k for i in range(k + 1)]
# 使用 describe 函数自动计算类别数
w = data.describe(percentiles=w)[4: 4 + k + 1]
w[0] = w[0] * (1-1e-10)
d2 = pd.cut(data, w, labels=range(k))

# （一维）聚类离散化
from sklearn.cluster import KMeans  # 引入 K-Means
kmodel = KMeans(n_clusters=k, n_jobs=4)
kmodel.fit(np.array(data).reshape((len(data), 1)))  # 训练模型
c = pd.DataFrame(kmodel.cluster_centers_).sort_values(0)  # 输出聚类中心，并且
排序
w = c.rolling(2).mean()  # 相邻两项求中点，作为边界点
w = w.dropna()
w = [0] + list(w[0]) + [data.max()]  # 将首末边界点加上
d3 = pd.cut(data, w, labels=range(k))
# 自定义作图函数，用来显示聚类结果
def cluster_plot(d, k):
    import matplotlib.pyplot as plt
    plt.rcParams['font.sans-serif'] = ['SimHei']  # 用于正常显示中文标签
    plt.rcParams['axes.unicode_minus'] = False  # 用于正常显示负号
    plt.figure(figsize=(8, 3))
    for j in range(0, k):
        plt.plot(data[d==j], [j for i in d[d==j]], 'o')
    plt.ylim(-0.5, k-0.5)
    plt.rc('font', size=12)
    return plt

cluster_plot(d1, k).show()
cluster_plot(d2, k).show()
cluster_plot(d3, k).show()
```

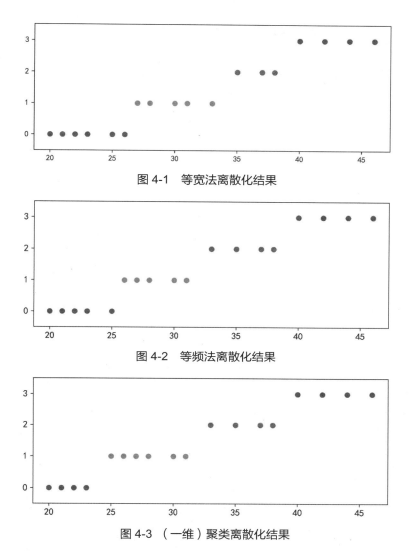

图 4-1　等宽法离散化结果

图 4-2　等频法离散化结果

图 4-3　（一维）聚类离散化结果

4.2.4　独热编码

在处理数据时，经常会遇到类型数据，如性别分为男、女，手机运营商分为移动、联通和电信。在这种情况下，通常会选择将类型数据转化为数值并代入模型，如 0、1 或 –1、0、1，这些数值往往会被默认为连续型数值进行处理，然而这样会影响模型的效果。

独热编码即 One-Hot 编码，又称一位有效编码，是处理类型数据较好的方法，主要使用 N 位状态寄存器来对 N 个状态进行编码，每个状态都有它独立的寄存器位，并且在任意时候都只有一个编码位有效。对于一个属性，如果它有 m 个有限的可能取值，那么经过独热编码后，就变成了 m 个二元属性，并且这些属性之间是互斥的，每一次都只有一个被激活，这时原来的数据经过独热编码后会变成稀疏矩阵。性别男和女经过独热编码后可以表示为 10 和 01，如图 4-4 所示。

	性别
1	男
2	男
3	女
4	男
5	女

独热编码

	性别男	性别女
1	1	0
2	1	0
3	0	1
4	1	0
5	0	1

图 4-4　使用独热编码处理性别属性

独热编码有以下优点。

（1）将离散型属性的取值扩展到欧氏空间，离散型属性的某个取值就对应欧氏空间的某个点。

（2）对离散型属性使用独热编码，可以让属性之间的距离计算更为合理。

在 Python 中，可以使用 scikit-learn 库中 preprocessing 模块的 OneHotEncoder 函数进行独热编码，OneHotEncoder 函数的基本使用格式如下。

```
class sklearn.preprocessing.OneHotEncoder(n_values='auto', categorical_features
='all', dtype=<class 'numpy.float64'>, sparse=True, handle_unknown='error')
```

OneHotEncoder 函数常用的部分参数及其说明如表 4-14 所示。

表 4-14　OneHotEncoder 函数常用的部分参数及其说明

参数名称	参数说明
n_values	接收 int 类型的值或 array of ints。表示每个功能的值数。默认值为 auto
categorical_features	接收 all、array of indices 或 mask。表示将哪些功能视为分类功能。默认值为 all
spares	接收 bool 类型的值。表示返回稀疏矩阵还是数组。默认值为 True
handle_unknown	接收字符串。表示在转换过程中是引发错误还是忽略是否存在未知的分类特征。默认值为 error

采用 OneHotEncoder 函数进行独热编码，如代码 4-11 所示。

代码 4-11　独热编码

```
from sklearn import preprocessing
# 对属性进行整数编码
enc = preprocessing.OneHotEncoder()
enc.fit([[0, 0, 3], [1, 2, 0], [0, 1, 1], [1, 0, 2]])  # 采用 fit()方法进行训练
# 对数据进行编码
print('[0, 0, 0]独热编码结果为：\n', enc.transform([[0, 0, 0]]).toarray(), '\n',
    '[0, 1, 2]独热编码结果为：\n', enc.transform([[0, 1, 2]]).toarray(), '\n',
    '[1, 2, 3]独热编码结果为：\n', enc.transform([[1, 2, 3]]).toarray())
```

运行代码 4-11 所得结果如下。

```
[0, 0, 0]独热编码结果为：
 [[1. 0. 1. 0. 0. 1. 0. 0. 0.]]
 [0, 1, 2]独热编码结果为：
 [[1. 0. 0. 1. 0. 0. 0. 1. 0.]]
 [1, 2, 3]独热编码结果为：
 [[0. 1. 0. 0. 1. 0. 0. 0. 1.]]
```

在代码 4-11 中，OneHotEncoder 函数使用的训练数据集为[[0,0,3],[1,2,0],[0,1,1],[1,0,2]]，每一列代表一个属性，编码时对每一个属性单独编码，如第一列中只有 0 和 1 两个数值，此时 0 的编码为 10，1 的编码为 01，而且不论数值原来的排列顺序如何，编码时均按照从小到大的顺序排列。在代码 4-11 的结果中，[1,2,3]编码后的前两位(0,1)表示 1 的编码，(0,0,1)表示 2 的编码，(0,0,0,1)表示 3 的编码，如图 4-5 所示。

	x	y	z
1	0	0	0
2	0	1	2
3	1	2	3

独热编码后

	0	1	0	1	2	0	1	2	3
1	1	0	1	0	0	1	0	0	0
2	1	0	0	1	0	0	0	1	0
3	0	1	0	0	1	0	0	0	1

图 4-5　独热编码结果

4.3　数据合并

数据合并作为数据预处理中的重要组成部分，主要包括多表合并和分组聚合两部分内容。

4.3.1　多表合并

多表合并是指通过堆叠合并、主键合并、重叠合并等多种合并方式，将关联的数据信息合并在一张表中。

1. 堆叠合并数据

堆叠就是简单地将两张表拼在一起，也被称作轴向连接、绑定或连接。根据连接轴的方向，堆叠可分为横向堆叠和纵向堆叠。

（1）横向堆叠

横向堆叠即将两张或多张表在 x 轴方向上拼接在一起，可以使用 pandas 库的 concat 函数完成。concat 函数的基本使用格式如下。

```
pandas.concat(objs, axis=0, join='outer', join_axes=None, ignore_index=False,
keys=None, levels=None, names=None, verify_integrity=False, copy=True)
```

concat 函数常用的部分参数及其说明如表 4-15 所示。

表 4-15　concat 函数常用的部分参数及其说明

参数名称	参数说明
objs	接收多个 Series、DataFrame、Panel 的组合。表示参与连接的 pandas 对象的列表的组合。无默认值

续表

参数名称	参数说明
axis	接收 0 或 1。表示连接的轴。默认值为 0
join	接收 inner 或 outer。表示其他轴上的索引是按交集（inner）还是并集（outer）进行合并。默认值为 outer
join_axes	接收 Index（索引）对象。表示用于其他 *n*–1 条轴的索引，不执行并集或交集运算。默认值为 None
ignore_index	接收 bool 类型的值。表示是否不保留连接轴上的索引，并产生一组新索引 range(total_length)。默认值为 False
keys	接收序列。表示与连接对象有关的值，用于形成连接轴上的层次化索引。默认值为 None
levels	接收包含多个序列的列表。表示在指定 keys 参数后，指定用作层次化索引各级别上的索引。默认值为 None
names	接收列表。表示在设置了 keys 和 levels 参数后，用于创建分层级别的名称。默认值为 None
verify_integrity	接收 bool 类型的值。检查新连接的轴是否包含重复项。如果发现重复项，那么将会引发异常。默认值为 False

当 axis=1 的时候，concat 函数进行行对齐操作，将不同列名称的两张或多张表合并。当两张表索引不完全一样时，可以使用 join 参数选择是内连接还是外连接。在内连接的情况下，仅仅返回索引重叠部分的数据；在外连接的情况下，则返回索引并集部分的数据，不足的地方则使用缺失值填补，其原理示例如图 4-6 所示。

表1

	A	B	C	D
1	A1	B1	C1	D1
2	A2	B2	C2	D2
3	A3	B3	C3	D3
4	A4	B4	C4	D4

表2

	B	D	F
2	B2	D2	F2
4	B4	D4	F4
6	B6	D6	F6
8	B8	D8	F8

合并后的表3

	A	B	C	D	B	D	F
1	A1	B1	C1	D1	NaN	NaN	NaN
2	A2	B2	C2	D2	B2	D2	F2
3	A3	B3	C3	D3	NaN	NaN	NaN
4	A4	B4	C4	D4	B4	D4	F4
6	NaN	NaN	NaN	NaN	B6	D6	F6
8	NaN	NaN	NaN	NaN	B8	D8	F8

图 4-6　横向堆叠外连接示例

当两张表完全一样时，不论 join 参数的取值是 inner 还是 outer，结果都是将两张表完全按照 *x* 轴拼接起来。某餐馆有 2016 年 8 月 28 日和 2016 年 8 月 29 日一部分菜品的详情数据，基于这份数据对索引完全相同的两张表进行横向堆叠，如代码 4-12 所示。横向堆叠前后的表大小如表 4-16 所示。

代码 4-12　索引完全相同的表的横向堆叠

```
import numpy as np
import pandas as pd
meal = pd.read_excel('../data/meal.xlsx')
df1 = meal.iloc[:, :5]  # 取出meal的前5列数据
df2 = meal.iloc[:, 5:]  # 取出meal的后4列数据
print('df1的大小为%s, df2的大小为%s。'%(df1.shape, df2.shape))
print('外连接横向堆叠后的表大小为: ', pd.concat([df1, df2],
        axis=1, join='outer').shape)
print('内连接横向堆叠后的表大小为: ', pd.concat([df1, df2],
        axis=1, join='inner').shape)
```

表 4-16　横向堆叠前后的表大小

数据	行数	列数
df1 表	32	5
df2 表	32	4
外连接横向堆叠后的表	32	9
内连接横向堆叠后的表	32	9

（2）纵向堆叠

对比横向堆叠，纵向堆叠是将两张或多张表在 y 轴方向上进行拼接。concat 函数和 append()方法都可以实现纵向堆叠。

使用 concat 函数时，在默认情况下（即 axis=0），concat 进行列对齐操作，将不同行索引的两张或多张表纵向合并。在两张表的列名并不完全相同的情况下，可以使用 join 参数：取值为 inner 时，返回的仅仅是列名的交集所代表的列；取值为 outer 时，返回的是列名的并集所代表的列。纵向堆叠外连接示例如图 4-7 所示。

表1

	A	B	C	D
1	A1	B1	C1	D1
2	A2	B2	C2	D2
3	A3	B3	C3	D3
4	A4	B4	C4	D4

表2

	B	D	F
2	B2	D2	F2
4	B4	D4	F4
6	B6	D6	F6
8	B8	D8	F8

合并后的表3

	A	B	C	D	F
1	A1	B1	C1	D1	NaN
2	A2	B2	C2	D2	NaN
3	A3	B3	C3	D3	NaN
4	A4	B4	C4	D4	NaN
2	NaN	B2	NaN	D2	F2
4	NaN	B4	NaN	D4	F4
6	NaN	B6	NaN	D6	F6
8	NaN	B8	NaN	D8	F8

图 4-7　纵向堆叠外连接示例

不论 join 参数的取值是 inner 还是 outer，结果都是将两张表完全按照 y 轴拼接起来。对索引不相同的两张表进行纵向堆叠，如代码 4-13 所示。纵向堆叠前后的表大小如表 4-17 所示。

代码 4-13　索引不相同的表的纵向堆叠

```
df3 = meal.iloc[:10, :]  # 取出 meal 前 10 行数据
df4 = meal.iloc[10:, :]  # 取出 meal 第 10 行后的数据
print('df3 的大小为%s，df4 的大小为%s。'%(df3.shape, df4.shape))
print('内连接纵向堆叠后的表大小为：', pd.concat([df3, df4],
    axis=1, join='outer').shape)
print('外连接纵向堆叠后的表大小为：', pd.concat([df3, df4],
    axis=1, join='inner').shape)
```

表 4-17　纵向堆叠前后的表大小

数据	行数	列数
df3 表	10	9
df4 表	22	9
内连接纵向堆叠后的表	32	18
外连接纵向堆叠后的表	0	18

除了 concat 函数之外，pandas 库的 append() 方法也可以用于纵向堆叠两张表。但是使用 append() 方法实现纵向堆叠有一个前提条件，那就是两张表的列名需要完全一致。append() 方法的基本使用格式如下。

```
pandas.DataFrame.append(other, ignore_index=False, verify_integrity= False)
```

append() 方法常用的参数及其说明如表 4-18 所示。

表 4-18　append() 方法常用的参数及其说明

参数名称	参数说明
other	接收 DataFrame 或 Series。表示要添加的新数据。无默认值
ignore_index	接收 bool 类型的值。如果设置为 True，就会对新生成的 DataFrame 使用新的索引（自动产生），而忽略原来数据的索引。默认值为 False
verify_integrity	接收 bool 类型的值。如果设置为 True，那么当 ignore_index 为 False 时，会检查添加的数据索引是否冲突，如果冲突，那么会添加失败。默认值为 False

以索引不相同的两张表为例，对数据使用 append() 方法进行纵向堆叠，如代码 4-14 所示。纵向堆叠前后的表大小如表 4-19 所示。

代码 4-14　使用 append() 方法进行纵向堆叠

```
print('堆叠前 df3 的大小为%s，df4 的大小为%s。'%(df3.shape, df4.shape))
print('使用 append() 方法进行纵向堆叠后的表大小为：', df3.append(df4).shape)
```

表 4-19 使用 append()方法进行纵向堆叠前后的表大小

数据	行数	列数
df3 表	10	9
df4 表	22	9
使用append()方法纵向堆叠后的表	32	19

2. 主键合并数据

主键合并，即通过一个或多个键将两个数据集的行连接起来，类似于 SQL 中的 join。针对两张包含不同属性的表，将其根据某几个属性一一对应拼接起来，结果集的列数为两个原数据集的列数和减去连接键的数量，如图 4-8 所示。

左表1

	A	B	Key
1	A1	B1	k1
2	A2	B2	k2
3	A3	B3	k3
4	A4	B4	k4

右表2

	C	D	Key
1	C1	D1	k1
2	C2	D2	k2
3	C3	D3	k3
4	C4	D4	k4

合并后的表3

	A	B	Key	C	D
1	A1	B1	k1	C1	D1
2	A2	B2	k2	C2	D2
3	A3	B3	k3	C3	D3
4	A4	B4	k4	C4	D4

图 4-8 主键合并示例

pandas 库中的 merge 函数和 join()方法都可以实现主键合并，但两者的实现方式并不相同。merge 函数的基本使用格式如下。

```
pandas.merge(left, right, how='inner', on=None, left_on=None, right_on=None,
left_index=False, right_index=False, sort=False, suffixes=('_x', '_y'), copy
=True, indicator=False)
```

和 SQL 中的 join 一样，merge 函数也有左连接（left）、右连接（right）、内连接（inner）和外连接（outer）。但比起 SQL 中的 join，merge 函数还有其独到之处，如可以在合并过程中对数据集中的数据进行排序等。根据 merge 函数的参数说明，按照需求修改相关参数，即可使用多种方法实现主键合并。merge 函数常用的部分参数及其说明如表 4-20 所示。

表 4-20 merge 函数常用的部分参数及其说明

参数名称	参数说明
left	接收 DataFrame 或 Series。表示要添加的新数据 1。无默认值
right	接收 DataFrame 或 Series。表示要添加的新数据 2。无默认值
how	接收 inner、outer、left 或 right。表示数据的连接方式。默认值为 inner
on	接收字符串或序列。表示两个数据合并的主键（必须一致）。默认值为 None
left_on	接收字符串或序列。表示 left 参数接收数据用于合并的主键。默认值为 None
right_on	接收字符串或序列。表示 right 参数接收数据用于合并的主键。默认值为 None
left_index	接收 bool 类型的值。表示是否将 left 参数接收数据的 index 作为连接主键。默认值为 False

参数名称	参数说明
right_index	接收 bool 类型的值。表示是否将 right 参数接收数据的 index 作为连接主键。默认值为 False
sort	接收 bool 类型的值。表示是否根据连接键对合并后的数据进行排序。默认值为 False
suffixes	接收元组。表示当 left 和 right 参数接收数据列名相同时，为列名添加后缀。默认值为('_x', '_y')

以菜品详情表和菜品信息表为例，使用 merge 函数对数据进行合并，如代码 4-15 所示。合并前后的表大小如表 4-21 所示。

代码 4-15　使用 merge 函数合并数据

```
info = pd.read_csv('../data/info.csv', sep=',', encoding='gb18030')  # 读取
菜品信息表
# 将 info_id 转换为字符串格式，为合并做准备
info['info_id'] = info['info_id'].astype('str')
meal['order_id'] = meal['order_id'].astype('str')
# 菜品详情表和菜品信息表都有订单编号
# 在菜品详情表中为 order_id，在菜品信息表中为 info_id
order_detail = pd.merge(meal, info, left_on='order_id', right_on='info_id')
print('meal 表的原始大小为：', meal.shape)
print('info 表的原始大小为：', info.shape)
print('主键合并后的表大小为：', order_detail.shape)
```

表 4-21　使用 merge 函数进行合并前后的表大小

数据	行数	列数
meal（菜品详情）表	32	9
info（菜品信息）表	16	12
主键合并后的表	27	21

通过 merge 函数将菜品详情表和菜品信息表进行数据合并的时候分别指定表中的 order_id、info_id 属性作为主键，然后通过主键匹配到其中要合并在一起的值。主键合并表的行数变少，是因为两张表中的 order_id 和 info_id 属性具有相同的值。

除了使用 merge 函数以外，join()方法也可以实现部分主键合并的功能。但是使用 join()方法时，两个主键的名字必须相同。join()方法的基本使用格式如下。

```
pandas.DataFrame.join(other, on=None, how='left', lsuffix='', rsuffix='', sort=False)
```

join()方法常用的参数及其说明如表 4-22 所示。

表 4-22　join()方法常用的参数及其说明

参数名称	参数说明
other	接收 DataFrame、Series 或包含了多个 DataFrame 的列表。表示参与连接的其他 DataFrame。无默认值

参数名称	参数说明
on	接收列名或包含列名的列表或元组。表示用于连接的列名。默认值为 None
how	接收特定字符串。取值为 inner 时代表内连接；取值为 outer 时代表外连接；取值为 left 时代表左连接；取值为 right 时代表右连接。默认值为 inner
lsuffix	接收字符串。表示用于追加到左侧重叠列名的尾缀。无默认值
rsuffix	接收字符串。表示用于追加到右侧重叠列名的尾缀。无默认值
sort	接收 bool 类型的值。表示是否根据连接键对合并后的数据进行排序。默认值为 False

以菜品详情表和菜品信息表为例，使用 join()方法对数据进行主键合并，如代码 4-16 所示，主键合并前后的表大小如表 4-23 所示。

代码 4-16　使用 join()方法实现主键合并

```
info.rename(columns={'info_id':'order_id'}, inplace=True)
meal['order_id'] = meal['order_id'].astype('int')
order_detail1 = meal.join(info, on='order_id', rsuffix='1')
print('meal 表的原始大小为: ', meal.shape)
print('info 表的原始大小为: ', info.shape)
print('使用 join()方法进行主键合并后的表大小为: ', order_detail1.shape)
```

表 4-23　使用 join()方法进行主键合并前后的表大小

数据	行数	列数
meal（菜品详情）表	32	9
info（菜品信息）表	16	12
主键合并表	32	21

3. 重叠合并数据

数据分析和处理过程中偶尔会出现两份数据的内容几乎一致的情况，但是某些属性的数据在其中一张表上是完整的，而在另外一张表上则是缺失的。这时除了使用将数据一对一比较，然后进行填充的方法外，还有一种方法就是重叠合并。重叠合并在其他工具或语言中并不常见，但是 pandas 库的开发者希望 pandas 能够解决几乎所有的数据分析问题，因此提供了 combine_first()方法来对数据进行重叠合并，其示例如图 4-9 所示。

表8

	0	1	2
0	NaN	3.0	5.0
1	NaN	4.6	NaN
2	NaN	7.0	NaN

表9

	0	1	2
1	42	NaN	8.2
2	10	7.0	4.0

合并后表10

	0	1	2
0	NaN	3.0	5.0
1	42	4.6	8.2
2	10	7.0	4.0

图 4-9　重叠合并示例

combine_first()方法的基本使用格式如下。

```
pandas.DataFrame.combine_first(other)
```

combine_first()方法常用的参数及其说明如表 4-24 所示。

表 4-24　combine_first()方法常用的参数及其说明

参数名称	参数说明
other	接收 DataFrame。表示参与重叠合并的另一个 DataFrame。无默认值

这里新建两个 DataFrame 来介绍重叠合并，如代码 4-17 所示。重叠合并后的数据如表 4-25 所示。

代码 4-17　重叠合并

```
# 建立两个字典，ID 相同
a1 = {'ID': [1, 2, 3, 4, 5, 6, 7, 8, 9],
    'System': ['win7', 'win10', np.nan, 'win10', np.nan, np.nan, 'win10',
'win7', 'win8'],
    'CPU': ['i5', 'i5', np.nan, 'i7', np.nan, np.nan, 'i5', 'i7', 'i3']}
a2 = {'ID': [1, 2, 3, 4, 5, 6, 7, 8, 9],
    'System' :['win7', np.nan, np.nan, np.nan, 'win10', 'win7', np.nan,
np.nan, np.nan],
    'CPU': ['i3', np.nan, 'i5', np.nan, 'i7', 'i5', np.nan, np.nan, np.nan]}
# 转换两个字典为 DataFrame
df5 = pd.DataFrame(a1)
df6 = pd.DataFrame(a2)
print('重叠合并后的数据为: \n', df5.combine_first(df6))
```

表 4-25　重叠合并后的数据

Index	ID	System	CPU
0	1	win7	i5
1	2	win10	i5
2	3	NaN	i5
3	4	win10	i7
4	5	win10	i7
5	6	win7	i5
6	7	win10	i5
7	8	win7	i7
8	9	win8	i3

4.3.2　分组聚合

根据某个或某几个属性对数据集进行分组，并对各组应用一个函数，无论是使用聚合函数还是使用转换函数，都是数据分析的常用操作。pandas 库提供了一个灵活高效的

groupby()方法，配合 agg()方法、transform()方法或 apply()方法，能够实现分组聚合的操作。分组聚合的原理示例如图 4-10 所示。

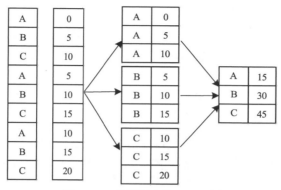

图 4-10　分组聚合的原理示例

1. 使用 groupby()方法拆分数据

groupby()方法提供的是分组聚合步骤中的拆分功能，它能够根据索引或属性对数据进行分组，其基本使用格式如下。

```
pandas.DataFrame.groupby(by=None, axis=0, level=None, as_index=True, sort=True,
group_keys=True, squeeze=False, **kwargs)
```

groupby()方法常用的参数及其说明如表 4-26 所示。

表 4-26　groupby()方法常用的参数及其说明

参数名称	参数说明
by	接收列表、字符串、mapping 或 generator。用于确定进行分组的依据。如果传入的是一个函数，那么对索引进行计算并分组；如果传入的是一个字典或 Series，那么将字典或 Series 的值作为分组依据；如果传入的是一个 NumPy 数组，那么将数组的元素作为分组依据；如果传入的是字符串或字符串列表，那么将这些字符串所代表的属性作为分组依据。无默认值
axis	接收 int 类型的值。表示操作的轴，默认对 y 轴进行操作，即默认值为 0
level	接收 int 类型的值或索引名。表示标签所在级别。默认值为 None
as_index	接收 bool 类型的值。表示聚合后的聚合标签是否以 DataFrame 索引形式输出。默认值为 True
sort	接收 bool 类型的值。表示是否对分组依据、分组标签进行排序。默认值为 True
group_keys	接收 bool 类型的值。表示是否显示分组标签的名称。默认值为 True
squeeze	接收 bool 类型的值。表示是否在允许的情况下对返回数据进行降维。默认值为 False

以菜品详情表为例，根据订单编号对数据进行分组，如代码 4-18 所示。

代码 4-18　根据订单编号对菜品详情表进行分组

```
import pandas as pd
import numpy as np
detail = pd.read_excel('../data/meal.xlsx')
detailGroup = detail[['order_id', 'counts', 'amounts']].groupby(by='order_id')
print('分组后的菜品详情表为:', detailGroup)
```

在代码 4-18 中，分组后的结果并不能直接查看，而是被存在内存中，输出的是内存地址。实际上，分组后的数据对象 GroupBy 类似于 Series 和 DataFrame，是 pandas 库提供的一种对象。GroupBy 对象常用的描述性统计方法及其说明如表 4-27 所示。

表 4-27　GroupBy 对象常用的描述性统计方法及其说明

方法名称	说明	方法名称	说明
count	计算分组的数目，包括缺失值	cumcount	对每个分组中的组员进行标记，标号为 0～（n-1），n 为组员个数
head	返回每组的前 n 个值	size	返回每组的大小
max	返回每组的最大值	min	返回每组的最小值
mean	返回每组的均值	std	返回每组的标准差
median	返回每组的中位数	sum	返回每组的和

表 4-27 所示的这些方法为查看每一组数据的整体情况、分布状态提供了良好的支持。基于某餐馆的菜品详情表，求分组后前 5 组每组的均值、标准差、大小，如代码 4-19 所示。得到分组后前 5 组每组的均值、标准差、大小的结果，分别如表 4-28、表 4-29、表 4-30 所示。

代码 4-19　使用 GroupBy 对象求均值、标准差、大小

```
print('菜品详情表分组后前 5 组每组的均值为：\n',
      detailGroup.mean(). head())
print('菜品详情表分组后前 5 组每组的标准差为：\n',
      detailGroup.std().head())
print('菜品详情表分组后前 5 组每组的大小为：\n',
      detailGroup.size().head())
```

表 4-28　菜品详情表分组后前 5 组每组的均值

order_id	counts（菜品销量）	amounts（菜品售价）
176	1.5	27.5
179	1.0	67.0
180	4.0	4.0
236	3.0	35.0
322	1.0	89.0

表 4-29　菜品详情表分组后前 5 组每组的标准差

order_id	counts（菜品销量）	amounts（菜品售价）
176	0.707107	28.991378
179	0.000000	59.396970
180	NaN	NaN
236	NaN	NaN
322	NaN	NaN

表 4-30　菜品详情表分组后前 5 组每组的大小

order_id	大小
176	2
179	2
180	1
236	1
322	1

2. 使用 agg()方法聚合数据

agg()方法和 aggregate()方法都支持对每个分组应用某函数，包括 Python 内置函数或自定义函数。同时，这两个方法也能够直接对 DataFrame 进行函数应用操作。但是有一点值得注意，agg()方法能够对 DataFrame 对象进行操作是从 pandas 0.20 开始的，在之前的版本中，agg()方法并无此功能。针对 DataFrame 的 agg()方法与 aggregate()方法的基本使用格式如下。

```
pandas.DataFrame.agg(func, axis=0, *args, **kwargs)
pandas.DataFrame.aggregate(func, axis=0, *args, **kwargs)
```

agg()方法和 aggregate()方法常用的参数及其说明如表 4-31 所示。

表 4-31　agg()方法和 aggregate()方法常用的参数及其说明

参数名称	参数说明
func	接收列表、字典或函数。表示应用于每行或每列的函数。无默认值
axis	接收 0 或 1。代表操作的轴。默认值为 0

在正常使用过程中，agg()方法和 aggregate()方法对 DataFrame 对象操作时的功能几乎完全相同，因此只需要掌握其中一个。以菜品详情表为例，对当前数据使用 agg()方法一次性求出所有菜品销量和菜品售价的总和与均值，如代码 4-20 所示。得到菜品销量与菜品售价的总和与均值，如表 4-32 所示。

75

代码 4-20　使用 agg()方法求出当前数据对应的统计量

```
print('菜品详情表的菜品销量与菜品售价的总和与均值为：\n',
    detail[['counts', 'amounts']].agg([np.sum, np.mean]))
```

表 4-32　菜品详情表的菜品销量与菜品售价的总和与均值

属性	sum	mean
counts（菜品销量）	44.000	1.375
amounts（菜品售价）	1563.00000	48.84375

在代码 4-20 中，使用求和与求均值的函数求出 counts 和 amounts 两个属性的总和与均值。但在某些时候，对某个属性希望只求均值，而对另一个属性则希望只求和。以菜品详情表为例，仅计算表中菜品销量的总和与菜品售价的均值，此时需要使用字典的方式，将两个属性名分别作为字典的键，然后将 NumPy 库的求和与求均值的函数分别作为字典的值，如代码 4-21 所示。

代码 4-21　使用 agg()方法分别求属性的不同统计量

```
print('菜品详情表的菜品销量的总和与菜品售价的均值为：\n',
    detail.agg({'counts': np.sum, 'amounts': np.mean}))
```

运行代码 4-21 得到的结果是：菜品销量的总和为 44，菜品售价的均值为 48.84375。

在某些时候还希望求出某个属性的多个统计量，对某些属性则只需要求一个统计量，此时只需要将字典对应键的值转换为列表，将列表元素转换为多个目标的统计量即可。以菜品详情表为例，使用 agg()方法求不同属性的不同数目统计量，如代码 4-22 所示。得到菜品销量总和与菜品售价的总和与均值，如表 4-33 所示。

代码 4-22　使用 agg()方法求不同属性的不同数目统计量

```
print('菜品详情表的菜品销量总和与菜品售价的总和与均值为：\n',
    detail.agg({'counts': np.sum, 'amounts': [np.mean, np.sum]}))
```

表 4-33　菜品详情表的菜品销量总和与菜品售价的总和与均值

属性	mean	sum
counts（菜品销量）	NaN	44.0
amounts（菜品售价）	48.84375	1563.00000

无论是代码 4-20、代码 4-21，还是代码 4-22，使用的都是 NumPy 库的统计函数。以菜品详情表为例，可在 agg()方法中通过传入用户自定义的函数来求菜品销量两倍总和，如代码 4-23 所示。

代码 4-23　在 agg()方法中使用自定义函数

```
# 自定义函数求两倍总和
def DoubleSum(data):
    s = data.sum() * 2
    return s
```

```
print('菜品详情表的菜品销量两倍总和为：\n',
    detail.agg({'counts': DoubleSum}, axis=0))
```

运行代码 4-23，得到菜品销量两倍总和为 88。此处使用的是自定义函数，需要注意的是，NumPy 库中的 mean、median、prod、sum、std 和 var 函数能够在 agg()方法中直接使用。但是在自定义函数中使用 NumPy 库中的这些函数时，若计算的是单个序列，则无法得出想要的结果；若是多列数据同时计算，则不会出现问题。以菜品详情表为例，可在 agg()方法中，对数据使用含 NumPy 库中的函数的自定义函数来求菜品销量、菜品售价的两倍总和，如代码 4-24 所示。得到的结果如表 4-34、表 4-35 所示。

代码 4-24　在 agg()方法中使用含 NumPy 库中的函数的自定义函数

```
# 自定义函数求两倍总和
def DoubleSum1(data):
    s = np.sum(data) * 2
    return s
print('菜品详情表的菜品销量两倍总和为：\n',
    detail.agg({'counts': DoubleSum1}, axis=0).head())
print('菜品详情表的菜品销量、菜品售价两倍总和为：\n',
    detail[['counts', 'amounts']].agg(DoubleSum1))
```

表 4-34　菜品详情表前 5 行的菜品销量两倍总和

index（索引）序号	counts（菜品销量）
0	2
1	2
2	2
3	2
4	2

表 4-35　菜品详情表的菜品销量、菜品售价两倍总和

数据	counts（菜品销量）	amounts（菜品售价）
菜品详情表	88	3126

以菜品详情表为例，使用 agg()方法也能够实现对每一个属性的每一组数据使用相同的函数，如代码 4-25 所示。菜品详情表分组后前 3 组每组的均值、标准差分别如表 4-36、表 4-37 所示。

代码 4-25　使用 agg()方法做简单的聚合

```
print('菜品详情表分组后前 3 组每组的均值为：\n',
    detailGroup.agg(np.mean).head(3))
print('菜品详情表分组后前 3 组每组的标准差为：\n',
    detailGroup.agg(np.std).head(3))
```

表 4-36　菜品详情表分组后前 3 组每组的均值

order_id	counts（菜品销量）	amounts（菜品售价）
176	1.5	27.5
179	1.0	67.0
180	4.0	7.0

表 4-37　菜品详情表分组后前 3 组每组的标准差

order_id	counts（菜品销量）	amounts（菜品售价）
176	0.707107	28.991378
179	0.000000	59.396970
180	NaN	NaN

若需要对不同的属性应用不同的函数，则与在 DataFrame 中使用 agg()方法的操作相同。以菜品详情表为例，对分组后的菜品详情表求取每组菜品销量总数和菜品售价均值，如代码 4-26 所示，得到前 3 组菜品销量总数和菜品售价均值，如表 4-38 所示。

代码 4-26　使用 agg()方法对分组数据使用不同的聚合函数

```
print('菜品详情分组前 3 组每组菜品销量总数和菜品售价均值为：\n',
    detailGroup.agg({'counts': np.sum,
    'amounts': np.mean}).head(3))
```

表 4-38　菜品详情分组后前 3 组每组菜品销量总数和菜品售价均值

order_id	counts（菜品销量）	amounts（菜品售价）
176	3	27.5
179	2	67.0
180	4	7.0

3．使用 apply()方法聚合数据

apply()方法类似于 agg()方法，能够将函数应用于每一列。不同之处在于，apply()方法传入的函数只能够作用于整个 DataFrame 或 Series，而无法像 agg()方法那样能够对不同的属性应用不同的函数来获取不同的结果。apply()方法的基本使用格式如下。

```
pandas.DataFrame.apply(func, axis=0, broadcast=False, raw=False, reduce=None,
args=(), **kwds)
```

apply()方法常用的参数及其说明如表 4-39 所示。

表 4-39　apply()方法常用的参数及其说明

参数名称	参数说明
func	接收函数。表示应用于每行或每列的函数。无默认值
axis	接收 0 或 1。表示操作的轴。默认值为 0

参数名称	参数说明
broadcast	接收 bool 类型的值。表示是否进行广播。默认值为 False
raw	接收 bool 类型的值。表示是否直接将 ndarray 对象传递给函数。默认值为 False
reduce	接收 bool 类型的值或 None。表示返回值的格式。默认值为 None

apply()方法的使用方式和 agg()方法相同，以菜品详情表为例，使用 pandas 库的 apply()方法分别求表中菜品销量与菜品售价的均值，如代码 4-27 所示。

代码 4-27　apply()方法的使用

```
print('菜品详情表的菜品销量与菜品售价的均值为：\n',
    detail[['counts', 'amounts']].apply(np.mean))
```

运行代码 4-27 所得的结果是：菜品销量的均值为 1.375，菜品售价的均值为 48.84375。

使用 apply()方法对 GroupBy 对象进行聚合操作的方法和 agg()方法也相同，只是使用 agg()方法能够实现对不同的属性应用不同的函数，而 apply()方法则不行。以菜品详情表为例，使用 apply()方法对数据进行聚合，如代码 4-28 所示。得到菜品详情表分组后前 3 组每组的均值、标准差，如表 4-40、表 4-41 所示。

代码 4-28　使用 apply()方法进行聚合

```
print('菜品详情表分组后前 3 组每组的均值为：\n',
    detailGroup.apply(np.mean).head(3))
print('菜品详情表分组后前 3 组每组的标准差为：\n',
    detailGroup.apply(np.std).head(3))
```

表 4-40　菜品详情表分组后前 3 组每组的均值

order_id	counts（菜品销量）	amounts（菜品售价）
176	1.5	27.5
179	1.0	67.0
180	4.0	7.0

表 4-41　菜品详情表分组后前 3 组每组的标准差

order_id	counts（菜品销量）	amounts（菜品售价）
176	0.5	20.5
179	0.0	42.0
180	0.0	0.0

4. 使用 transform()方法聚合数据

transform()方法能够对整个 DataFrame 的所有元素进行聚合。transform()方法只有一个参数 func，表示操作 DataFrame 的函数。以菜品详情表为例，对菜品销量和菜品售价使用 pandas 库的 transform()方法进行翻倍，如代码 4-29 所示。得到菜品销量与菜品售价的两倍，如表 4-42 所示。

代码 4-29　使用 transform()方法将菜品销量和菜品售价翻倍

```
print('菜品详情表的菜品销量与菜品售价的两倍为：\n',
    detail[['counts', 'amounts']].transform(lambda x: x * 2).head(4))
```

表 4-42　菜品详情表的菜品销量与菜品售价的两倍

order_id	counts（菜品销量）	amounts（菜品售价）
0	2	58
1	2	90
2	2	90
3	2	98

小结

本章介绍了数据预处理的数据清洗、数据变换和数据合并 3 个主要任务。数据清洗部分主要介绍了对重复值、缺失值和异常值的处理；数据变换部分介绍了如何从不同的应用角度对已有属性进行简单的函数变换、数据标准化、数据离散化和独热编码；数据合并部分主要介绍了多表合并和分组聚合。通过对原始数据进行相应的处理，为后续的分析建模操作打下了良好的数据基础。

实训

实训 1　数据清洗

1. 训练要点

（1）掌握处理重复值的方法。

（2）掌握处理缺失值的方法。

（3）掌握处理异常值的方法。

2. 需求说明

某移动运营商拥有其用户的基础信息和行为信息数据，属性说明如表 4-43 所示。这些数据中存在重复值、缺失值和异常值，因此需要做重复值、缺失值和异常值处理。

表 4-43　属性说明

属性	属性描述
MONTH_ID	月份
USER_ID	用户 ID
INNET_MONTH	在网时长
IS_AGREE	是否为合约有效用户
AGREE_EXP_DATE	合约计划到期时间

续表

属性	属性描述
CREDIT_LEVEL	信用等级
VIP_LVL	VIP 等级
ACCT_FEE	本月费用（元）
CALL_DURA	通话时长（秒）
NO_ROAM_LOCAL_CALL_DURA	本地通话时长（秒）
NO_ROAM_GN_LONG_CALL_DURA	国内长途通话时长（秒）
GN_ROAM_CALL_DURA	国内漫游通话时长（秒）
CDR_NUM	通话次数（次）
NO_ROAM_CDR_NUM	非漫游通话次数（次）
NO_ROAM_LOCAL_CDR_NUM	本地通话次数（次）
NO_ROAM_GN_LONG_CDR_NUM	国内长途通话次数（次）
GN_ROAM_CDR_NUM	国内漫游通话次数（次）
P2P_SMS_CNT_UP	短信发送数（条）
TOTAL_FLUX	上网流量（MB）
LOCAL_FLUX	本地非漫游上网流量（MB）
GN_ROAM_FLUX	国内漫游上网流量（MB）
CALL_DAYS	有通话天数
CALLING_DAYS	有主叫天数
CALLED_DAYS	有被叫天数
CALL_RING	语音呼叫圈
CALLING_RING	主叫呼叫圈
CALLED_RING	被叫呼叫圈
CUST_SEX	性别
CERT_AGE	年龄
CONSTELLATION_DESC	星座
MANU_NAME	手机品牌名称
MODEL_NAME	手机型号名称
OS_DESC	操作系统描述
TERM_TYPE	终端硬件类型（0=无法区分，4=4G、3=3G、2=2G）
IS_LOST	用户在 3 月是否流失标记（1=是，0=否），1 月和 2 月的值为空

3. 实现思路及步骤

（1）运用 duplicated() 方法查看数据的重复情况。

（2）运用 drop_duplicates() 方法删除重复值。

（3）查看数据缺失值，将性别缺失的赋值为 3，年龄缺失的赋值为 0，删除含有其他缺失值的记录。

（4）查找出在网时长小于 0，本月费用大于 4 万元，通话时长比本地通话时长、国内长途通话时长和国内漫游通话时长的和大 100 的数据并删除。

实训 2　数据变换

1. 训练要点

（1）掌握数据标准化的方法。

（2）掌握数据离散化的方法。

2. 需求说明

基于实训 1 处理后的数据，发现移动运营商的数据中某些属性间的数值差异较大，为了使分析结果更为准确，需要对数据进行标准化处理（注：由于数据标准化不能处理字符型数据，且一般情况下类别型数据不需要进行标准化，所以需要删除字符型和类别型数据），同时对年龄属性的数据进行离散化处理，查看移动运营商各年龄阶段的用户数。

3. 实现思路及步骤

（1）删除类别型数据和字符型数据。

（2）使用零-均值标准化对删除后的数据进行标准化处理。

（3）使用基于聚类分析的方法对年龄属性的数据进行离散化处理。

实训 3　数据合并

1. 训练要点

掌握分组聚合的多种方法。

2. 需求说明

基于实训 1 处理后的数据，为了解各用户的上网时长及上网费用的情况，使用分组聚合的方法计算用户的平均在网时长和平均费用。

3. 实现思路及步骤

（1）使用 groupby()方法划分信用等级数据。

（2）分别使用 agg()方法、apply()方法计算用户的平均在网时长和平均费用。

课后习题

1. 选择题

（1）以下不属于处理缺失值的插补方法的是（　　　）。

　　A. 拉格朗日插值法　　　　　　　　B. 分段插值法

　　C. 牛顿插值法　　　　　　　　　　D. 切分数据法

（2）以下属于异常值分析方法的是（　　　）。

　　A. 权重法　　　　　　　　　　　　B. 箱形图分析

　　C. 归一法　　　　　　　　　　　　D. 插补法

（3）以下不属于多表合并的方法的是（　　　）。

  A.　堆叠合并   B.　主键合并

  C.　附件合并   D.　重叠合并

（4）以下说法正确的是（　　　）。

  A.　等宽法将属性值域分成相同宽度的区间

  B.　聚类分析的离散化方法不需要用户指定簇的个数

  C.　独热编码是唯一有效的处理类型数据的方法

  D.　将类型数据默认为连续数据进行建模不会影响模型效果

（5）以下关于 agg() 方法的说法正确的是（　　　）。

  A.　agg() 方法可用于拆分数据

  B.　agg() 方法可用于聚合数据

  C.　agg() 方法中没有 func 参数

  D.　agg() 方法与 aggregate() 方法不同

2. 操作题

某企业有湖南省的物流信息表，该信息表记录的是湖南省的物流业务信息，包括发货数量、发货金额、发货净重、发货体积、发货时间等 200 多条体现物流特征的物流业务属性，数据的时间范围是 2019 年 12 月 31 日—2020 年 1 月 1 日，其中部分属性说明如表 4-44 所示。

表 4-44　信息表部分属性说明

属性	属性说明
平台	当前物流项目所处的物流平台
仓库	当前物流项目所处的物流仓库
发货金额	当前物流项目的发货金额
发货净重	当前物流项目的发货净重
发货体积	当前物流项目的发货体积
发货时间	当前物流项目的发货时间

经观察发现，数据中存在缺失值等异常数据，因此需要对数据进行数据预处理，具体操作步骤如下。

（1）查看重复值情况，若有重复值，则做删除处理。

（2）删除缺失值过多的列。

（3）按数据类型对数据进行拆分，拆分为离散型数据、连续型数据和时间类型的数据。

（4）对数据做缺失值处理：对于连续型数据，以均值填充；对于离散型数据，通过向前插补法填充缺失值。

（5）将处理后的拆分数据进行数据合并。

第5章 数据挖掘算法基础

完成数据探索与数据预处理操作后,就得到了适合用于建模的数据。在正式建模之前,先要了解数据挖掘的算法。根据挖掘目标和数据形式,数据挖掘算法可分为分类与回归、聚类、关联规则、智能推荐、时间序列等算法。这些算法能够帮助企业提取数据中蕴含的商业价值,提高企业的竞争力。

学习目标

(1)熟悉常用的分类与回归算法的原理和评价方法,以及实现方法。
(2)熟悉常用的聚类算法的原理和评价方法,以及实现方法。
(3)熟悉常用的关联规则算法的原理以及实现方法。
(4)熟悉常用的智能推荐算法的原理和评价方法,以及实现方法。
(5)熟悉常用的时间序列算法的原理以及实现方法。

5.1 分类与回归

分类与回归是预测问题的两种主要类型,分类主要预测分类类别(离散属性),而回归主要建立连续值函数模型,预测给定自变量对应的因变量的值。

5.1.1 常用的分类与回归算法

分类算法是先构造一个分类模型,模型的输入为样本的属性值,输出为对应的类别,然后将每个样本映射到预先定义好的类别。回归算法则是先建立两种或两种以上变量间相互依赖的函数模型,然后使用函数模型预测目标的值。

分类模型和回归模型的实现过程类似,以分类模型为例,其实现步骤如图5-1所示。

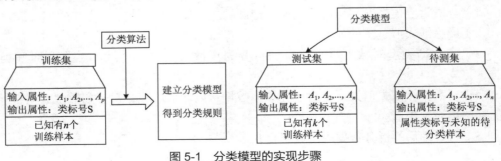

图 5-1 分类模型的实现步骤

分类模型的具体实现步骤分为两步：第一步是训练，通过归纳分析训练样本集来建立分类模型得到分类规则；第二步是预测，先用已知的测试样本集评估分类模型的准确率，如果准确率是可以接受的，则使用该模型对待测样本集进行预测。

与分类模型类似，回归模型的实现步骤也有两步：第一步是通过训练集建立数值型的预测属性的函数模型，第二步是在模型通过检验后进行预测或控制。

常用的分类与回归算法如表 5-1 所示。

表 5-1　常用的分类与回归算法

算法名称	算法描述
回归分析	回归分析是在确定预测属性（数值型）与其他变量间相互依赖的定量关系时常用的统计学方法，包括线性回归、非线性回归、Logistic 回归、岭回归、主成分回归、偏最小二乘回归等模型
决策树	决策树采用自顶向下的递归方式，在内部节点进行属性值的比较，并根据不同的属性值从该节点向下分支，最终得到的叶节点是学习划分的类
最近邻分类	最近邻分类是一种典型的"懒惰学习"算法，基于指定的距离度量，找出测试样本的最近邻，并基于投票法对测试样本进行分类
支持向量机	支持向量机的基本思想是在样本空间或特征中，构造出最优超平面，使得超平面与不同类样本集之间的距离最大，从而达到最大化泛化能力的目的
人工神经网络	人工神经网络是一种模仿大脑神经网络结构和功能而建立的信息处理系统，是表示神经网络的输入与输出变量之间关系的模型
集成学习	集成算法使用多种算法的组合进行预测，比单一分类器具有更高的准确率和更好的鲁棒性，通常分为 Bagging（聚合）、Boosting（提升）和 Stacking（堆叠）3 种模式

5.1.2　分类与回归模型评价

分类与回归模型对训练集进行预测而得出的准确率并不能很好地反映预测模型未来的性能，为了有效地判断一个预测模型的性能表现，需通过评价指标对模型的预测效果进行评价。

1．分类模型评价指标

对于分类模型，常用的模型评价指标包括准确率、精确率、反馈率、混淆矩阵和 ROC 曲线等。

（1）准确率

准确率（Accuracy）可计算出预测正确的结果占总样本的百分比。准确率的计算公式如式（5-1）所示。

$$\text{Accuracy} = \frac{\text{TP+TN}}{\text{TP+TN+FP+FN}} \times 100\% \tag{5-1}$$

式（5-1）中各项的说明如下。

① TP（True Positives）：正确地将正样本预测为正样本的分类数。

② TN（True Negatives）：正确地将负样本预测为负样本的分类数。

③ FP（False Positives）：错误地将负样本预测为正样本的分类数。

④ FN（False Negatives）：错误地将正样本预测为负样本的分类数。

（2）精确率

精确率（Precision）可计算出所有被预测为正的样本中实际为正样本的概率。精确率的计算公式如式（5-2）所示。

$$Precision=\frac{TP}{TP+FP}\times100\%$$ （5-2）

（3）反馈率

反馈率（Recall）可计算出正确预测为正的样本占实际正样本的百分比。反馈率的计算公式如式（5-3）所示。

$$Recall=\frac{TP}{TP+FN}\times100\%$$ （5-3）

（4）混淆矩阵

混淆矩阵（Confusion Matrix）是模式识别领域中一种常用的表达形式。它用于描绘样本数据的真实属性与识别结果类型之间的关系，是评价分类模型性能的一种常用方法。

以一个二分类任务为例，可将样本根据真实类别与预测的分类结果的组合划分为 TP、FP、FN、TN 共 4 种情形，对应其样本数，则有总样本数=TP+FP+FN+TN。分类结束后的混淆矩阵如表 5-2 所示。

表 5-2　混淆矩阵

真实结果	预测结果	
	正类	反类
正类	TP	FN
反类	FP	TN

而根据 4 种情形的预测结果，可得出预测结果的准确率和错误率（Fallibility），计算公式分别如式（5-1）、式（5-4）所示。

$$Fallibility=\frac{FP+FN}{TP+TN+FP+FN}\times100\%$$ （5-4）

以 90 个样本数据为例，将其分成 3 类，每类含有 30 个样本数据，对应混淆矩阵中应用于实际数据得到的分类情况如表 5-3 所示。

表 5-3　混淆矩阵示例

真实结果	预测结果		
	类 1	类 2	类 3
类 1	26	3	1
类 2	1	27	2
类 3	1	0	29

第 1 行的数据说明有 26 个样本被正确分类，有 3 个样本应属于类 1，却被错误地分到了类 2，有 1 个样本应属于类 1，却被错误地分到了类 3；第 2 行的数据说明有 27 个样本被正确分类，有 1 个样本应属于类 2，却被错误地分到了类 1，有 2 个样本应属于类 2，却被错误地分到了类 3；第 3 行的数据同理。

（5）ROC 曲线

接收者操作特征曲线（Receiver Operating Characteristic Curve，ROC 曲线）是一种非常有效的模型评价方法，可为选定临界值给出定量提示。ROC 曲线图如图 5-2 所示。

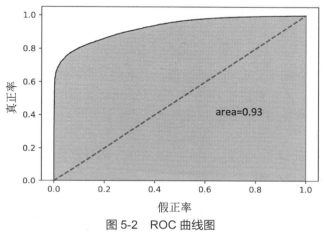

图 5-2　ROC 曲线图

在图 5-2 中，真正率（纵坐标），即正确地将正样本预测为正样本的概率；假正率（横坐标），即错误地将负样本预测为正样本的概率。该曲线下的面积（area）为 0.93，面积的大小与每种算法的优劣程度密切相关，可反映分类模型预测正确的统计概率，因此，其值越接近 1 说明该算法的效果越好。

2. 回归模型评价指标

对于回归模型，常用的模型评价指标包括绝对误差与相对误差、误差分析中的综合指标（平均绝对误差、均方误差、均方根误差）、平均绝对百分误差和 Kappa 统计量等。

（1）绝对误差与相对误差

设 Y 为实际值，$\hat{Y}$ 为预测值，则 E 为绝对误差（Absolute Error），计算公式如式（5-5）所示。

$$E = Y - \hat{Y} \tag{5-5}$$

e 为相对误差（Relative Error），计算公式如式（5-6）所示。

$$e = \frac{Y - \hat{Y}}{Y} \tag{5-6}$$

有时相对误差也用百分数表示，如式（5-7）所示。

$$e = \frac{Y - \hat{Y}}{Y} \times 100\% \tag{5-7}$$

这是一种直观的误差表示方法。

（2）平均绝对误差

平均绝对误差（Mean Absolute Error，MAE）的计算公式如式（5-8）所示。

$$\text{MAE} = \frac{1}{n}\sum_{i=1}^{n}|E_i| = \frac{1}{n}\sum_{i=1}^{n}|Y_i - \hat{Y}_i| \tag{5-8}$$

E_i 表示第 i 个实际值与预测值的误差，Y_i 表示第 i 个实际值，$\hat{Y}_i$ 表示第 i 个预测值。

由于预测误差有正有负，为了避免正负相抵消，故取误差的绝对值进行综合并取平均值。

（3）均方误差

均方误差（Mean Squared Error，MSE）的计算公式如式（5-9）所示。

$$\text{MSE} = \frac{1}{n}\sum_{i=1}^{n}E_i^2 = \frac{1}{n}\sum_{i=1}^{n}(Y_i - \hat{Y}_i)^2 \tag{5-9}$$

均方误差是预测误差平方之和的平均值，它避免了正负误差不能相加的问题，且可用于还原平方失真程度。由于对误差 E_i 进行了平方，所以加强了数值大的误差在指标中的作用，从而提高了这个指标的灵敏性，这是一大优点。

（4）均方根误差

均方根误差（Root Mean Squared Error，RMSE）的计算公式如式（5-10）所示。

$$\text{RMSE} = \sqrt{\frac{1}{n}\sum_{i=1}^{n}E_i^2} = \sqrt{\frac{1}{n}\sum_{i=1}^{n}(Y_i - \hat{Y}_i)^2} \tag{5-10}$$

这是均方误差的平方根，代表了预测值的离散程度，也叫标准误差，最佳拟合情况为 RMSE = 0。

（5）平均绝对百分误差

平均绝对百分误差（Mean Absolute Percentage Error，MAPE）的计算公式如式（5-11）所示。

$$\text{MAPE} = \frac{1}{n}\sum_{i=1}^{n}|E_i / Y_i| = \frac{1}{n}\sum_{i=1}^{n}|(Y_i - \hat{Y}_i) / Y_i| \tag{5-11}$$

一般认为，MAPE 小于 10 时预测精度较高。

（6）Kappa 统计量

Kappa 统计是比较两个或多个观测者对同一事物，或观测者对同一事物的两次或多次观测结果是否一致，将由随机造成的一致性与实际观测的一致性之间的差别大小作为评价基础的统计指标。Kappa 统计量和加权 Kappa 统计量不仅可以用于无序和有序分类变量资料的一致性、重现性检验，而且能给出一个反映一致性大小的"量"值。

Kappa 的取值在区间[–1,1]内，其值的大小均有不同的意义，具体如下。

① 当 Kappa=1 时，说明两次或多次判断的结果完全一致。

② 当 Kappa=–1 时，说明两次或多次判断的结果完全不一致。

③ 当 Kappa=0 时，说明两次或多次判断的结果是随机造成的。

④ 当 –1<Kappa<0 时，说明一致性比随机造成的还差，两次的检查结果很不一致，在实际应用中无意义。

⑤ 当 0<Kappa<1 时，说明有意义，Kappa 的值越大，说明一致性越好。

⑥ 当 0.75≤Kappa<1 时，说明已经取得相当满意的一致性。

⑦ 当 0<Kappa<0.4 时，说明一致性不够好。

5.1.3 线性模型

大部分事物的变化都围绕着均值而波动，理论上线性模型可以模拟物理世界中的绝大多数现象。线性模型是对特定变量之间的关系进行建模、分析最常用的手段之一。

1. 线性回归模型

如果回归模型中只包括一个自变量和一个因变量，且二者的关系可用一条直线近似地表示，则其称为一元线性回归模型。如果回归模型中包括两个或两个以上的自变量，且因变量和自变量之间是线性关系，则其称为多元线性回归模型。

对于由 d 个属性组成的样本集 $x = (x_1, x_2, ..., x_d)$，其中 x_i 是 x 在第 i 个属性上的取值，线性模型即通过学习得到一个属性的线性组合来预测样本标签的函数，如式（5-12）所示。

$$y = \omega_1 x_1 + \omega_2 x_2 + ... + \omega_d x_d + b \tag{5-12}$$

式（5-12）一般表示为式（5-13）。

$$y = \boldsymbol{\omega}^{\mathrm{T}} \boldsymbol{x} + b \tag{5-13}$$

在式（5-13）中，$\boldsymbol{\omega}^{\mathrm{T}} = (\omega_1, \omega_2, ..., \omega_d)^{\mathrm{T}}$ 表示回归系数的集合，其中回归系数 ω_i 表示属性 x_i 在预测目标变量时的重要性，b 为常数。

线性模型形式简单、易于构建，其函数形式及求解过程蕴含了数据挖掘中的一些重要思想，许多高级的算法都是在线性模型的基础上引入层级结构而得到的。

使用 scikit-learn 库中 linear_model 模块的 LinearRegression 类可以建立线性回归模型，LinearRegression 类的基本使用格式如下。

```
class sklearn.linear_model.LinearRegression(fit_intercept=True, normalize=False,
copy_X = True, n_jobs = 1)
```

LinearRegression 类常用的参数及其说明如表 5-4 所示。

表 5-4 LinearRegression 类常用的参数及其说明

参数名称	说明
fit_intercept	接收 bool 类型的值。表示是否有截距，若没有则直线过原点。默认值为 True
normalize	接收 bool 类型的值。表示是否将数据归一化。默认值为 False
copy_X	接收 bool 类型的值。表示是否复制数据表进行运算。默认值为 True
n_jobs	接收 int 类型的值。表示计算时使用的核数。默认值为 1

使用 LinearRegression 类对某市财政收入数据集构建线性回归模型，如代码 5-1 所示。

代码 5-1 构建线性回归模型

```
import pandas as pd
data = pd.read_csv('../data/financial.csv')
# 加载所需函数
from sklearn.linear_model import LinearRegression
from sklearn.datasets import load_boston
```

```
from sklearn.model_selection import train_test_split
# 将数据划分为训练集和测试集
x = data.loc[:, 'x1':'x13'].values
y = data.iloc[:, -1].values
x_train, x_test, y_train, y_test = train_test_split(x, y, test_size=0.2,
random_state=125)
# 建立线性回归模型
clf = LinearRegression().fit(x_train, y_train)
# 预测测试集结果
y_pred = clf.predict(x_test)
print('预测前 4 个结果为: \n', y_pred[:4])
from sklearn.metrics import explained_variance_score, mean_absolute_error, \
mean_squared_error, median_absolute_error, r2_score
print('Boston 数据线性回归模型的平均绝对误差为: ',
    mean_absolute_error(y_test, y_pred))
print('Boston 数据线性回归模型的均方误差为: ',
    mean_squared_error(y_test, y_pred))
print('Boston 数据线性回归模型的中值绝对误差为: ',
    median_absolute_error(y_test, y_pred))
print('Boston 数据线性回归模型的可解释方差值为: ',
    explained_variance_score(y_test, y_pred))
print('Boston 数据线性回归模型的 R 平方值为: ',
    r2_score(y_test, y_pred))
```

运行代码 5-1 所得结果如下。

```
预测前 4 个结果为:
 [ 206.93864763  136.28669594 1439.51040357  116.61276679]
Boston 数据线性回归模型的平均绝对误差为: 51.78425491376683
Boston 数据线性回归模型的均方误差为: 4548.381406813709
Boston 数据线性回归模型的中值绝对误差为: 55.237059582991066
Boston 数据线性回归模型的可解释方差值为: 0.9923838372695905
Boston 数据线性回归模型的 R 平方值为: 0.9870204638748431
```

平均绝对误差、均方误差和中值绝对误差越接近 0，则模型的预测效果越好；而可解释方差值、R 平方值越接近 1，则模型的预测效果越好。从代码 5-1 的运行结果来看，建立的线性回归模型的 R 平方值约为 0.99，说明预测效果较好。

2. 逻辑回归模型

式（5-13）介绍了线性回归的一般形式，给出了自变量 x 与因变量 y 成线性关系时所建立的函数关系。但是，现实场景中更多的情况是 x 不与 y 成线性关系，而与 y 的某个函数成线性关系，此时需要引入逻辑回归模型。

需要注意的是，逻辑回归虽然称作"回归"，但实际上是一种分类算法。具体的分类方法为：设定一个分类阈值，将预测结果 y 大于分类阈值的样本归为正类，反之归为反类。

（1）逻辑回归模型的表示

逻辑回归模型如式（5-14）所示。

$$h(y) = \ln\frac{y}{1-y} = \boldsymbol{\omega}^{\mathrm{T}}\boldsymbol{x} + b \qquad (5\text{-}14)$$

其中，$\ln\dfrac{y}{1-y}$ 的取值范围是 $(-\infty, +\infty)$，$\boldsymbol{\omega}^{\mathrm{T}}$、$b$ 的含义与线性回归模型中的一致。

（2）逻辑回归模型解释

式（5-14）经过变形，转换为标准逻辑回归形式，如式（5-15）所示。

$$y = \frac{1}{1 + \mathrm{e}^{-(\omega^{\mathrm{T}}x + b)}} \qquad (5\text{-}15)$$

（3）逻辑回归模型的建模步骤

逻辑回归模型的建模步骤如图 5-3 所示。

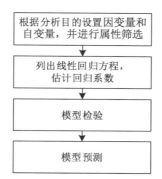

图 5-3 逻辑回归模型的建模步骤

具体的步骤如下。

① 根据分析目的设置因变量和自变量，然后收集数据，根据收集到的数据进行属性筛选。

② y 取 1 的概率是 $y = P(y=1|x)$，取 0 的概率是 $1-y$。根据自变量列出线性回归方程，估计出模型中的回归系数。

③ 模型检验。模型有效性的检验指标有很多，最基本的有准确率，其次有混淆矩阵、ROC 曲线、KS 值等。

④ 模型预测。输入自变量的取值，就可以得到预测变量的值。

使用 scikit-learn 库中 linear_model 模块的 LogisticRegression 类可以建立逻辑回归模型，LogisticRegression 类的语法格式如下。

```
class sklearn.linear_model.LogisticRegression(penalty = 'l2', dual = False,
tol = 0.0001, C = 1.0, fit_intercept = True, intercept_scaling = 1, class_weight
= None, random_state = None, solver = 'liblinear', max_iter = 100, multi_class
= 'ovr', verbose = 0, warm_start = False, n_jobs = 1)
```

LogisticRegression 类常用的部分参数及其说明如表 5-5 所示。

表 5-5 LogisticRegression 类常用的部分参数及其说明

参数名称	说明
penalty	接收字符串。表示正则化选择参数，可选 l1 或 l2。默认值为 l2

参数名称	说明
solver	接收字符串。表示优化算法选择参数，可选参数有 newton-cg、lbfg、liblinear、sag，当 penalty='l2'时，4 种都可选；当 penalty='l1'时，只能选 liblinear。默认值为 liblinear
multi_class	接收字符串。表示分类方式选择参数，可选 ovr 或 multinomial。默认值为 ovr
class_weight	接收 balanced 及字典，表示类型权重参数，如对于因变量取值为 0 或 1 的二元模型，可以定义 class_weight={0:0.9, 1:0.1}，这样类型 0 的权重为 90%，而类型 1 的权重为 10%。默认值为 None
n_jobs	接收 int 类型的值。表示计算时使用的核数。默认值为 1

基于 scikit-learn 库中自带的鸢尾花数据集（iris），使用 LogisticRegression 类构建逻辑回归模型，如代码 5-2 所示。

代码 5-2　构建逻辑回归模型

```python
import numpy as np
from sklearn import datasets
from sklearn.linear_model import LogisticRegression
from sklearn import preprocessing
from sklearn.preprocessing import StandardScaler, LabelEncoder, OneHotEncoder
from sklearn.pipeline import Pipeline
from sklearn.model_selection import train_test_split

lris = datasets.load_iris()
x = lris.data
y = lris.target
# 文本编码
label_encode = LabelEncoder()
y = label_encode.fit_transform(y)
x_train, x_test, y_train, y_test = train_test_split(x, y, test_size=0.2,
random_state=42)
# 使用生产线
lr = Pipeline([('sc', StandardScaler()), ('clf', LogisticRegression())])
lr.fit(x_train, y_train.ravel())

# 得到预测值
y_pred = lr.predict(x_test)
num_accu=np.sum(y_test == y_pred)
print('预测正确数: ', num_accu)
print('预测错误数: ', y_test.shape[0] - num_accu)
print('准确率: ', num_accu / y_test.shape[0])
```

运行代码 5-2 所得结果如下。

```
预测正确数: 30
预测错误数: 0
准确率: 1.0
```

代码 5-2 的运行结果显示逻辑回归模型预测结果的准确率约为 100%，说明模型分类效果比较理想，但是有过拟合的风险。

5.1.4　决策树

决策树算法在分类、回归、规则提取等方面有着广泛应用。在 20 世纪 70 年代后期和 20 世纪 80 年代初期，研究者罗斯昆（J.Ross Quinlan）提出了 ID3 算法以后，决策树在机器学习、数据挖掘领域得到了极大的发展。罗斯昆后来又提出了 C4.5 算法，该算法成为新的决策树分类算法。1984 年，几位统计学家提出了 CART（Classification And Regression Trees，分类与回归树）算法。ID3 和 CART 算法采用类似的方法从训练样本中学习决策树。

决策树是树状结构，它的每一个叶节点对应着一个分类，非叶节点对应着在某个属性上的划分，根据样本在该属性上的不同取值将其划分成若干个子集。对于非纯的叶节点，多数类的标记会给出到达这个节点的样本所属的类。构造决策树的核心问题是如何在每一步选择恰当的属性来拆分样本。对于一个分类问题，从已知类标记的训练样本中学习并构造出决策树是一个自上而下、分而治之的过程。

常用的决策树算法如表 5-6 所示。

表 5-6　常用的决策树算法

决策树算法	算法描述
ID3 算法	ID3 算法的核心是在决策树的各级节点上，使用信息增益方法作为属性的选择标准，以帮助确定生成每个节点时应采用的合适属性
C4.5 算法	C4.5 算法相对于 ID3 算法的重要改进是使用信息增益率来选择节点属性。C4.5 算法可以克服 ID3 算法存在的不足：ID3 算法只适用于离散的描述属性；而 C4.5 算法既能够处理离散的描述属性，也可以处理连续的描述属性
CART 算法	CART 算法是一种十分有效的非参数分类和回归方法，通过构建树、修剪树、评估树来构建一个二叉树。当终节点是连续变量时，该树为回归树；当终节点是分类变量时，该树为分类树
SLIQ 算法	SLIQ 算法对 C4.5 算法的实现方法进行了改进，能处理比 C4.5 算法大得多的训练集，在一定范围内具有良好的可伸缩性

本小节将详细介绍 ID3 算法，它是一种较为经典的决策树分类算法。

1．ID3 算法简介及基本原理

ID3 算法采用信息增益值作为决策的标准，而信息熵用于评估样本集的纯度。样本集中的样本可能属于多个不同的类别，也可能只属于一个类别。如果样本集中的样本都属于一个类别，则这个样本集为纯，否则为不纯。ID3 算法选择当前样本集中具有最大信息增益值的属性作为测试属性，信息增益值表示某个属性的信息熵与其他属性的信息熵之和的差值。样本集的划分则依据测试属性的取值进行，测试属性有多少不同的取值就将样本集划分为多少个子样本集，同时决策树上相对应样本集的节点长出新的叶节点。ID3 算法根据信息论理论，采用划分后样本集的不确定性作为衡量分类好坏的标准，用信息增益值度量不确定性：信息增益值越大，不确定性越小。因此，ID3 算法在每个非叶节点选择信息增益值最大的属性作为测试属性，这样可以得到当前情况下最纯的拆分，从而得到较小的决策树。

ID3 算法作为一个典型的决策树学习算法，其核心是在决策树的各级节点上都使用信息增益值作为判断标准来进行属性的选择，使得在每个非叶节点上进行划分时，都能获得最大的类别分类增益，使分类后的数据集的熵最小。这样的处理方法可使得树的平均深度较小，从而能有效地提高分类效率。由于 ID3 算法采用了信息增益值作为选择测试属性的标准，因此会偏向于选择取值较多的属性，即高度分支属性，而这类属性并不一定是最优的属性。同时 ID3 算法只能处理离散型属性，对于连续型属性，在分类前需要对其进行离散化。为了解决 ID3 算法倾向于选择高度分支属性的问题，人们采用信息增益率作为选择测试属性的标准，信息增益率为节点的信息增益值与节点分裂信息度量的比值，这样便得到了 C4.5 算法。

2. ID3 算法具体流程

ID3 算法的具体实现步骤如下。

（1）计算当前样本集的所有属性的信息增益值。

（2）选择信息增益值最大的属性作为测试属性，将测试属性中值相同的样本划为同一个子样本集。

（3）若子样本集的类别属性只含有单个类别，则分支为叶节点，判断其属性值并标上相应的符号，然后返回调用处；否则对子样本集递归调用本算法。

使用 scikit-learn 库中 tree 模块的 DecisionTreeClassifier 类可以建立决策树模型。DecisionTreeClassifier 类的语法格式如下。

```
class sklearn.tree.DecisionTreeClassifier(*, criterion='gini', splitter='best',
max_depth=None, min_samples_split=2, min_samples_leaf=1, min_weight_fraction_
leaf=0.0, max_features=None, random_state=None, max_leaf_nodes=None, min_
impurity_decrease=0.0, min_impurity_split=None, class_weight=None, ccp_alpha
=0.0)
```

DecisionTreeClassifier 类常用的部分参数及其说明如表 5-7 所示。

表 5-7　DecisionTreeClassifier 类常用的部分参数及其说明

参数名称	参数说明
criterion	接收 gini 或 entropy。表示衡量分割质量的功能。默认值为 gini
splitter	接收 best 或 random。表示用于每个节点的拆分策略。默认值为 best
max_depth	接收 int 类型的值。表示树的最大深度。默认值为 None
min_samples_split	接收 int 或 float 类型的值。表示拆分内部节点所需的最少样本数。默认值为 2

某超市为了了解周末和非周末、天气、促销活动等因素是否对当天销售数量具有较大的影响，需要构建模型来分析。以超市的销售情况数据为基础，使用 ID3 算法构建决策树模型。

对于天气属性，数据源中存在多种不同的值，将那些属性值相近的值进行类别整合。

例如，"多云""多云转晴""晴"等均是适宜外出的天气，并且不会对商品销售数量有太大影响，因此将这些属性归为一类，天气属性值设置为"好"；而"雨""小到中雨""大雨"等均是不适宜外出的天气，并且会对商品销售数量造成一定的影响，因此将其归为一类，天气属性值设置为"坏"。

对于周末属性，周末设置为"是"，非周末则设置为"否"。

对于促销活动属性，有促销活动设置为"是"，无促销活动则设置为"否"。

由于商品的销售数量为数值型属性，因此需要对其进行离散化，将销售数量划分为"高""低"两类。将平均值作为分界点，销售数量大于平均值的划分到类别"高"，销售数量小于平均值的划分到类别"低"。

经过上述处理后，部分数据如表 5-8 所示。

表 5-8　处理后的部分数据

序号	天气	是否周末	是否有促销	销售数量	序号	天气	是否周末	是否有促销	销售数量
1	坏	是	是	高	6	坏	否	是	高
2	坏	是	是	高	7	坏	是	否	高
3	坏	是	是	高	8	好	是	是	高
4	坏	否	是	高	9	好	是	否	高
5	坏	是	是	高	10	好	是	是	高

使用 scikit-learn 库建立基于 ID3 算法的决策树模型以预测销售数量的高低，如代码 5-3 所示。

代码 5-3　使用 ID3 算法预测销售数量的高低

```
import pandas as pd
sales_data = pd.read_excel('../data/sales_data.xls', index_col='序号')

# 数据是类别标签，要转换为数值
# 用1表示"好""是""高"这 3 个属性值，用-1表示"坏""否""低"这 3 个属性值
sales_data[sales_data == '好'] = 1
sales_data[sales_data == '是'] = 1
sales_data[sales_data == '高'] = 1
sales_data[sales_data != 1] = -1
x = sales_data.iloc[:, :3].astype(int)
y = sales_data.iloc[:, 3].astype(int)

from sklearn.tree import DecisionTreeClassifier as DTC
dtc = DTC(criterion='entropy')   #基于信息熵建立决策树模型
dtc.fit(x, y)  # 训练模型
y1 = dtc.predict(x)  # 预测

# 导入相关函数，可视化决策树
```

```
from sklearn.tree import export_graphviz
x = pd.DataFrame(x)
# 输出的结果是一个.dot 文件, 需要安装 Graphviz 才能将它转换为.pdf 或.png 等格式
with open('../tmp/tree.dot', 'w') as f:
  f = export_graphviz(dtc, feature_names=x.columns, out_file=f)
```

运行代码 5-3 后, 将会输出一个名为 tree.dot 的文本文件, 其部分内容如下。

```
digraph Tree {
edge [fontname="SimHei"];  /*添加这两行, 指定中文字体 (这里是黑体)*/
node [fontname="SimHei"];  /*添加这两行, 指定中文字体 (这里是黑体)*/
0 [label="是否周末 <= 0.0000\nentropy = 0.997502546369\nsamples = 34", shape=
"box"] ;
1 [label="是否有促销 <= 0.0000\nentropy = 0.934068055375\nsamples = 20", shape=
"box"] ;
...
}
```

为了进一步将代码 5-3 的运行结果转换为可视化格式, 需要安装 Graphviz (跨平台的基于命令行的绘图工具), 在命令行程序中输入 "dot -Tpdf tree.dot –o tree.pdf" 命令进行编译, 生成的结果如图 5-4 所示。

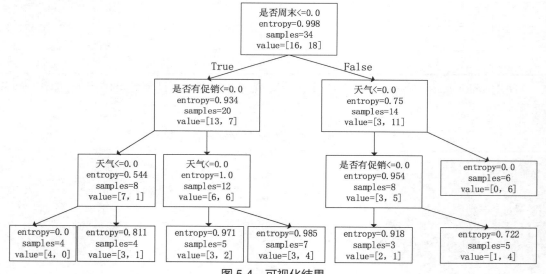

图 5-4　可视化结果

以最左边的分支为例, 在根节点中, 数据总记录数为 34, 销售数量为 "高" 的数据有 18 条, "低" 的有 16 条, 总信息熵为 0.998; 当是否周末属性为 "否" 时, 此时是否周末的数值小于 0, 依据分支条件 "是否周末 <= 0.0", 应当判别为 True, 因此销售数量为 "高" 的数据有 7 条, 销售数量为 "低" 的数据有 13 条, 信息熵为 0.934; 当是否有促销属性为 "否" 时, 其数值小于 0, 因此销售数量为 "高" 的数据有 1 条, 销售数量为 "低" 的数据有 7 条, 信息熵为 0.544; 当天气属性为 "否" 时, 其数值小于 0, 因此销售数量为 "高" 的数据有 0 条, 销售数量为 "低" 的数据有 4 条, 信息熵为 0.0。

5.1.5　最近邻分类

K 最近邻（K-Nearest Neighbor，KNN）分类算法是一种常用的监督学习方法，是最近邻分类算法中的一种。其原理非常简单：对于给定测试样本，基于指定的距离度量找出训练集中与其最近的 k 个样本，然后基于这 k 个 "邻居" 的信息来进行预测。通常，在分类任务中用的是 "投票法"，即选择 k 个 "邻居" 中出现最多的类别标记作为预测结果；在回归任务中使用的是 "平均法"，即取 k 个 "邻居" 的实际值，输出标记的平均值作为预测结果；还可根据距离远近进行加权投票或加权平均，距离越近的样本权重越大。

距离度量一般采用欧氏距离，对于 n 维欧氏空间中的两点 $x_1(x_{11}, x_{12}, ..., x_{1n})$、$x_2(x_{21}, x_{22}, ..., x_{2n})$，两点间的欧氏距离计算公式如式（5-16）所示。

$$\text{dist}(x_1, x_2) = \sqrt{\sum_{i=1}^{n}(x_{1i} - x_{2i})^2} \tag{5-16}$$

在式（5-16）中，$\text{dist}(x_1, x_2)$ 为点 x_{1i} 与点 x_{2i} 之间的欧氏距离，其中，i 从 1 取到 n，表示第 i 个坐标的点。

与其他学习算法相比，K 最近邻分类算法有一个明显的不同之处：接收训练集之后没有显式的训练过程。实际上，它是 "懒惰学习"（Lazy Learning）的典型代表，此类学习算法在训练阶段只是将样本保存起来，训练时间为零，待接收到测试样本后再进行处理。

K 最近邻分类器的示意图如图 5-5 所示，其中虚线表示等距线，"+""–" 表示样本的类别为正或负。

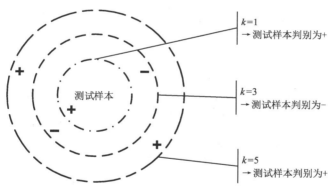

图 5-5　K 最近邻分类器示意图

在 k 取不同值的情况下，对应的测试样本在图 5-5 中被判定为如下类别。

（1）当 $k = 1$ 时，根据最近邻分类算法中的 "投票法" 规则，在指定的 k 所代表的等距线的范围中，"+" 样本的个数为 1，"–" 样本的个数为 0。"+" 样本在范围内的样本中占比高于 "–" 样本，因此会将测试样本判给占比更高的 "+" 类别。

（2）当 $k = 3$ 时，在对应的等距线的范围中，"+" 样本在范围内的样本中所占的比例为 $\frac{1}{3}$，"–" 样本所占的比例为 $\frac{2}{3}$。此时，"–" 样本的占比高于 "+" 样本，因此会将测试样本判给占比更高的 "–" 类别。

（3）当 $k = 5$ 时，同理，在对应的等距线的范围中，"+" 样本在范围内的样本中所占的比例为 $\frac{3}{5}$，"–" 样本所占的比例为 $\frac{2}{5}$。此时，"+" 样本的占比高于 "–" 样本，因此会将测试样本判给占比更高的"+"类别。

综上所述,当 $k=1$ 或 $k=5$ 时测试样本被判别为正样本, $k=3$ 时被判别为负样本。显然, k 是一个重要参数,当 k 取不同值时,分类结果会显著不同。在实际的学习环境中要取不同的 k 值进行多次测试,选择误差最小的 k 值。

使用 scikit-learn 库中 neighbors 模块的 KNeighborsClassifier 类可以实现 K 最近邻分类算法对数据进行分类,KNeighborsClassifier 类的基本使用格式如下。

```
class sklearn.neighbors.KNeighborsClassifier(n_neighbors=5, *, weights='uniform',
algorithm='auto', leaf_size=30, p=2, metric='minkowski', metric_params=None,
n_jobs=None, **kwargs)
```

KNeighborsClassifier 类常用的部分参数及其说明如表 5-9 所示。

表 5-9　KNeighborsClassifier 类常用的部分参数及其说明

参数名称	说明
n_neighbors	接收 int 类型的值。表示"邻居"数。默认值为 5
weights	接收字符串。表示分类判断时最近邻的权重,可选参数有 uniform 和 distance,uniform 表示权重相等,distance 表示按距离的倒数赋予权重。默认值为 uniform
algorithm	接收字符串。表示分类时采取的算法,可选参数有 auto、ball_tree、kd_tree 和 brute,一般选择 auto(自动选择最优的算法)。默认值为 auto
p	接收 int 类型的值。表示 Minkowski 指标的功率参数,p=1 表示曼哈顿距离,p=2 表示欧氏距离。默认值为 2
metric	接收字符串。表示距离度量。默认值为 minkowski
n_jobs	接收 int 类型的值。表示计算时使用的核数。默认值为 None

对于 scikit-learn 库中自带的手写数字数据集(digits),使用 KNeighborsClassifier 类构建 K 最近邻分类模型,得到的预测结果的准确率为 98.1%,说明模型效果较好。

使用 K 最近邻分类算法构建分类模型,如代码 5-4 所示。

代码 5-4　构建 K 最近邻分类模型

```
# 加载需要的函数
from sklearn.neighbors import KNeighborsClassifier
from sklearn.datasets import load_digits
from sklearn.model_selection import train_test_split
digits = load_digits()  # 加载数据
data = digits.data  # 属性列
target = digits.target  # 标签列
# 划分训练集、测试集
traindata, testdata, traintarget, testtarget = train_test_split(
    data, target, test_size=0.2, random_state=123)
model_knn = KNeighborsClassifier(n_neighbors=5)  # 确定算法参数
model_knn.fit(traindata, traintarget)  # 拟合数据
```

```
# 输出预测的测试集结果
testtarget_pre = model_knn.predict(testdata)
print('前 10 条记录的预测值为：\n', testtarget_pre[:10])
print('前 10 条记录的实际值为：\n', testtarget_pre[:10])

# 计算预测的准确率
from sklearn.metrics import accuracy_score
print('预测结果准确率为：', accuracy_score(testtarget, testtarget_pre))
```

5.1.6　支持向量机

支持向量机（Support Vector Machines，SVM）是一种二分类的分类算法。除了进行线性分类之外，支持向量机还可以使用核函数有效地进行非线性分类，将样本从原始空间映射到高维的特征空间中。

1. 支持向量机简介

对于给定数据集 $D = \{(x_1, y_1), (x_2, y_2), ..., (x_n, y_n)\}$，$y_i \in \{-1, +1\}$，支持向量机的思想是在样本空间中找到一个划分超平面，将不同类别的样本分开。能将数据集分开的划分超平面可能有很多，如图 5-6 所示。从图 5-6 中可以直观地看出应该选择位于两类样本"正中间"的划分超平面（即图中加粗的划分超平面），因为该超平面对训练样本的鲁棒性是最强的。例如，训练集外的样本可能落在两个类的分隔线附近，这会使很多划分超平面出现错误，而加粗的超平面受到的影响最小。支持向量机的目的就是找到这个最优的划分超平面。

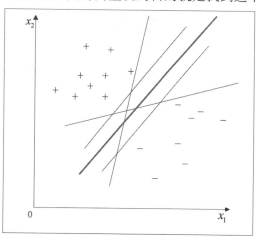

图 5-6　存在多个划分超平面将两类样本分开

在样本空间中，划分超平面可通过线性方程来描述，如式（5-17）所示。

$$\boldsymbol{\omega}^\mathrm{T}\boldsymbol{x} + b = 0 \tag{5-17}$$

在式（5-17）中，$\boldsymbol{\omega} = (\omega_1, \omega_2, ..., \omega_m)$ 为法向量，决定了超平面的方向；b 为位移项，决定了超平面与原点之间的距离。

2. 线性支持向量机

如果存在一个超平面将两类样本完全分开，则称为数据线性可分，如图 5-6 所示。而在数据线性可分的情况下，对应的线性支持向量机的基本步骤如下。

（1）将原问题转化为凸优化问题。

（2）通过构建拉格朗日函数，将原问题对偶化。

（3）利用 SMO 算法对对偶化后的问题进行求解。

其中，对偶问题是对拉格朗日函数先最小化，再最大化。所以对偶化后的问题实际上是调换原问题中拉格朗日函数最大化、最小化的顺序，得到与原问题等价的优化问题。对偶化后的问题其实是一个二次规划问题，可使用二次规划算法求解；然而，对对偶化问题的规模与训练样本数成正比，这会在实际的训练过程中造成很大的开销，使用 SMO 算法就可以解决训练过程中对偶化问题开销过大的问题，提高运算效率。

3．非线性支持向量机

而在现实场景应用中，样本空间中很可能并不存在一个能正确划分样本的划分超平面。这类问题的常用解决方法就是：将样本从原始空间映射到一个更高维的特征空间，使得样本在这个特征空间内线性可分。这里存在一个数学定理：如果原始空间是有限维的，那么一定存在一个高维空间能使样本线性可分。因此，非线性支持向量机的流程比线性支持向量机多了一个映射的步骤。

然而由于映射后的特征空间维数可能很高，直接计算通常是很困难的，为了避开这个障碍，可利用已知的核函数映射后再进行计算。几种常用的核函数如表 5-10 所示。

表 5-10　常用的核函数

核函数名称	表达式	说明
线性核	$\kappa(\boldsymbol{x}_i, \boldsymbol{x}_j) = \boldsymbol{x}_i^{\mathrm{T}} \boldsymbol{x}_j$	κ 为核函数，$\boldsymbol{x}_i$ 和 $\boldsymbol{x}_j$ 为样本
多项式核	$\kappa(\boldsymbol{x}_i, \boldsymbol{x}_j) = (\boldsymbol{x}_i^{\mathrm{T}} \boldsymbol{x}_j)^d$	d 为多项式次数，$d \geqslant 1$
高斯核	$\kappa(\boldsymbol{x}_i, \boldsymbol{x}_j) = \exp\left(-\dfrac{\left\|\boldsymbol{x}_i - \boldsymbol{x}_j\right\|^2}{2\sigma^2}\right)$	σ 为高斯核的带宽（Width），$\sigma > 0$
拉普拉斯核	$\kappa(\boldsymbol{x}_i, \boldsymbol{x}_j) = \exp\left(-\dfrac{\left\|\boldsymbol{x}_i - \boldsymbol{x}_j\right\|}{\sigma}\right)$	$\sigma > 0$
Sigmoid 核	$\kappa(\boldsymbol{x}_i, \boldsymbol{x}_j) = \tanh(\beta \boldsymbol{x}_i^{\mathrm{T}} \boldsymbol{x}_j + \theta)$	$\tanh$ 为双曲正切函数，$\beta > 0$，$\theta < 0$

其中，高斯核函数是最常用的一种核函数，是径向基核函数的一种。在数据非线性可分的情况下，可通过特定的核函数将样本映射到线性可分的特征空间进行处理。

使用 scikit-learn 库中 svm 模块的 SVC 类可以实现支持向量机算法对数据进行分类，SVC 类的基本使用格式如下。

```
class sklearn.svm.SVC(*, C=1.0, kernel='rbf', degree=3, gamma='scale', coef0=0.0,
shrinking=True, probability=False, tol=0.001, cache_size=200, class_weight=None,
verbose=False, max_iter=-1, decision_function_shape='ovr', break_ties=False,
random_state=None)
```

SVC 类常用的部分参数及其说明如表 5-11 所示。

表 5-11　SVC 类常用的部分参数及其说明

参数名称	说明
C	接收 float 类型的值。表示对错误分类的惩罚参数。默认值为 1.0
kernel	接收字符串。表示核函数，可选参数有 linear、poly、rbf、sigmoid、precomputed。默认值为 rbf
degree	接收 int 类型的值。表示多项式核函数 poly 的维度。默认值为 3
gamma	接收字符串。表示 rbf、poly、sigmoid 核函数的参数，若是 auto，则自动设置参数。默认值为 auto
coef0	接收 int 或 float 类型的值。表示核函数的常数项，对 poly 和 sigmoid 有效，默认值为 0.0
tol	接收 float 类型的值。表示停止训练的误差大小。默认值为 0.001
max_iter	接收 int 类型的值。表示最大迭代次数，–1 表示无限制。默认值为–1

对 scikit-learn 库中自带的手写数字数据集（digits），使用 SVC 类构建支持向量机模型，得到的预测结果的准确率为 99.2%，说明预测效果很好，但是存在过拟合的风险，因此需要在更多的样本上进行测试。

使用非线性支持向量机构建模型，如代码 5-5 所示。

代码 5-5　构建非线性支持向量机模型

```python
from sklearn.svm import SVC
from sklearn.datasets import load_digits
from sklearn.model_selection import train_test_split
digits = load_digits()  # 加载数据
data = digits.data  # 属性列
target = digits.target  # 标签列
traindata, testdata, traintarget, testtarget = train_test_split(
    data, target, test_size=0.2, random_state=1234)  # 划分训练集、测试集

model_svc = SVC()
model_svc.fit(traindata, traintarget)  # 模型训练

# 输出预测的测试集结果
testtarget_pre = model_svc.predict(testdata)
print('前10条记录的预测值为：\n', testtarget_pre[:10])
print('前10条记录的实际值为：\n', testtarget[:10])
# 计算预测的准确率
from sklearn.metrics import accuracy_score
print('预测结果准确率为：', accuracy_score(testtarget, testtarget_pre))
```

5.1.7　神经网络

神经网络（Neural Networks）能在外界信息的基础上改变内部结构，是一个具备学习功能的自适应系统。和其他分类与回归算法一样，神经网络已经被用来解决各种各样的问题，如机器视觉和语音识别。

1. 神经网络介绍

神经网络是由具有适应性的简单单元组成的广泛并行互联网络，它的组织能够模拟生物神经系统对真实世界物体所作出的交互反应。将多个神经元按一定的层次结构连接起来，就得到了神经网络。使用神经网络模型需要确定网络连接的拓扑结构、神经元的特征和学习规则等，常见的神经网络的层级结构如图 5-7 所示，每层神经元与下一层的神经元全部互连，神经元之间不存在同层连接，也不存在跨层连接。

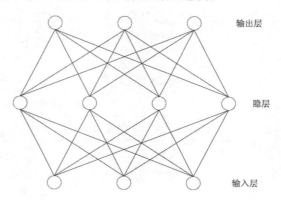

图 5-7　常见的神经网络的层级结构

图 5-7 所示的网络为多层前馈神经网络（Multilayer Feed Forward Neural Networks），其中输入层神经元对信号进行接收，最终结果由输出层神经元输出。输入层神经元只接收输入，不进行函数处理，而隐层和输出层包含功能神经元。神经网络的学习过程，就是根据训练数据调整神经元之间的连接权重（Connection Weight）和每个神经元的阈值的过程，神经网络"学"到的信息蕴含在连接权重和阈值中。值得注意的是，如果单隐层网络不能满足实际生产需求，可在网络中设置多个隐层。

常用于实现分类与回归的神经网络算法如表 5-12 所示。

表 5-12　常用于实现分类与回归的神经网络算法

算法名称	算法描述
BP 神经网络	BP 神经网络是一种按误差逆传播算法训练的多层前馈神经网络，学习算法是 δ 学习规则，是目前应用最广泛的神经网络模型之一
LM 神经网络	LM 神经网络是基于梯度下降法和牛顿法的多层前馈神经网络，特点为迭代次数少、收敛速度快、精确度高
RBF（径向基）神经网络	RBF 神经网络能够以任意精度逼近任意连续函数，从输入层到隐层的变换是非线性的，而从隐层到输出层的变换是线性的，特别适合于解决分类问题
FNN（模糊神经网络）	FNN 是具有模糊权系数或者输入信号是模糊量的神经网络，它是模糊系统与神经网络相结合的产物，具有神经网络与模糊系统的优点，集联想、识别、自适应及模糊信息处理于一体

续表

算法名称	算法描述
GMDH 神经网络	GMDH 神经网络也称多项式网络，它是前馈神经网络中常用的一种用于预测的神经网络。它的特点是网络结构不固定，以及在训练过程中会不断改变
ANFIS 神经网络	ANFIS 神经网络镶嵌在一个全部模糊的结构之中，在不知不觉中向训练数据学习，自动产生、修正并高度概括出最佳的输入与输出变量的隶属函数及模糊规则；另外神经网络的各层结构和参数也都具有明确的、易于理解的物理意义

本小节重点介绍 BP 神经网络。

2．BP 神经网络

BP 神经网络，是指采用误差逆传播（Back Propagation，BP）算法训练的多层前馈神经网络。BP 神经网络算法的流程如下。

（1）在(0,1)范围内随机初始化网络中所有权值和阈值。

（2）将训练样本提供给输入层神经元，然后将信号逐层往前传，直到产生输出层的结果，这一步一般称为信号向前传播。

（3）计算输出层误差，将误差逆向传播至隐层神经元，再根据隐层神经元误差来对权值和阈值进行更新，这一步一般称为误差向后传播。

（4）循环执行步骤（2）和步骤（3），直到满足某个停止条件（一般为训练误差小于设定的阈值或迭代次数大于设定的阈值）。

下面以典型的三层 BP 神经网络为例，描述标准的 BP 算法。图 5-8 所示为一个有 3 个输入节点、4 个隐层节点、1 个输出节点的三层 BP 神经网络。

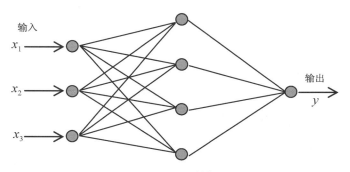

图 5-8　三层 BP 神经网络

BP 算法的学习过程由信号的正向传播与误差的逆向传播两个过程组成。正向传播时，输入信号经过隐层的处理后传向输出层。若输出层节点未能得到期望的输出，则转入误差的逆向传播阶段，将输出误差按某种子形式通过隐层向输入层返回，并"分摊"给隐层的 4 个节点与输入层 x_1、x_2、x_3 的 3 个输入节点，从而获得各层单元的参考误差（误差信号），作为修改各单元权值的依据。这种信号正向传播与误差逆向传播的各层权矩阵的修改过程，是周而复始地进行的。不断修改权值的过程，也就是网络的学习（训练）过程。此过程一直进行到网络输出的误差减少到可接受的程度或达到设定的学习次数为止，学习过程的流程图如图 5-9 所示。

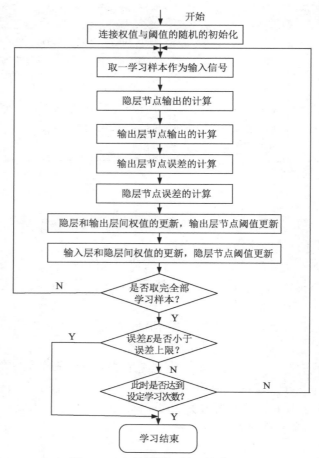

图 5-9　BP 算法学习过程的流程图

　　使用 scikit-learn 库中 neural_network 模块的 MLPClassifier 类可以建立多层感知器分类模型。MLPClassifier 类的使用格式如下。

```
class sklearn.neural_network.MLPClassifier(hidden_layer_sizes=100, activation='relu',
solver='adam', alpha=0.0001, batch_size='auto', learning_rate='constant', learning_
rate_init=0.001, power_t=0.5, max_iter=200, shuffle=True, random_state=None,
tol=0.0001, verbose=False, warm_start=False, momentum=0.9, nesterovs_momentum
=True, early_stopping=False, validation_fraction=0.1, beta_1=0.9, beta_2=0.999,
epsilon=1e-08, n_iter_no_change=10)
```

　　MLPClassifier 类常用的部分参数及其说明如表 5-13 所示。

表 5-13　MLPClassifier 类常用的部分参数及其说明

参数名称	说明
hidden_layer_sizes	接收元组。表示隐层结构，其长度表示隐层层数，元素表示每一个隐层的神经元个数。如(80,90)表示包含两个隐层，第一个隐层有 80 个神经元，第二个隐层有 90 个神经元。默认值为 100

续表

参数名称	说明
activation	接收字符串。表示激活函数，可选参数有以下 4 个。 （1）identity：恒等函数，$f(x)=x$。 （2）logistics：sigmoid 函数，$f(x)=\dfrac{1}{1+\mathrm{e}^{-x}}$。 （3）tanh：tanh 函数，$f(x)=\dfrac{\mathrm{e}^{x}-\mathrm{e}^{-x}}{\mathrm{e}^{x}+\mathrm{e}^{-x}}$。 （4）relu：relu 函数，$f(x)=\max(0,x)$。 默认值为 relu
solver	接收字符串。表示优化算法的类型，可选参数有以下 3 个。 （1）lbfgs：一种拟牛顿法。 （2）sgd：随机梯度下降法。 （3）adam：基于随机梯度的优化器，在大规模数据集上的效果较好。 默认值为 adam
alpha	接收 float 类型的值。表示正则化系数。默认值为 0.0001
max_iter	接收 int 类型的值。表示最大迭代次数。默认值为 200
tol	接收 float 类型的值。表示优化过程的收敛性阈值。默认值为 0.0001
learning_rate_init	接收 float 类型的值。表示初始学习率。默认值为 0.001

使用泰坦尼克号幸存人员数据，调用 scikit-learn 库中的 MLPClassifier 类构建神经网络模型，所得的各模型评价指标如表 5-14 所示。绘制的 ROC 曲线如图 5-10 所示。构建神经网络模型的代码如代码 5-6 所示。

表 5-14　模型评价指标

模型评价指标	指标数值
准确率	86.03%
精确率	90.00%
召回率	69.23%
$F1$ 值	0.783
混淆矩阵	[[109　5] 　[20　45]]
AUC 值	0.824

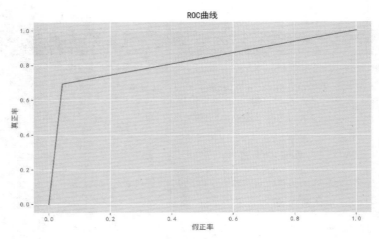

图 5-10　神经网络模型的 ROC 曲线

由表 5-14 可知，模型的准确率为 86.03%，说明预测成功的概率为 86.03%，效果较好；精确率为 90%，说明预测的幸存人员中，有 90%的人实际得以幸存；综合评价的召回率为 69.23%，比较低，说明实际幸存的人当中，有接近 70%的人被成功预测；$F1$ 值为 0.783，说明模型的总体效果较好。由表 5-14 可知，图 5-10 中 ROC 曲线下方部分的面积（Area Under Curve，AUC）为 0.824，说明模型的预测效果较好。

代码 5-6　构建神经网络模型

```python
import pandas as pd
from sklearn.model_selection import train_test_split
from sklearn.neural_network import MLPClassifier
from sklearn.metrics import accuracy_score, precision_score, recall_score
from sklearn.metrics import f1_score, confusion_matrix, roc_curve, auc
import matplotlib.pyplot as plt

# 数据的读取和处理
data = pd.read_csv('../data/titanic_data.csv')
data.loc[data['Sex'] == 'male', 'Sex'] = 1   # 用数值 1 代替 male, 用 0 代替 female
data.loc[data['Sex'] == 'female', 'Sex'] = 0
data.fillna(data['Age'].mean(), inplace=True)

# 数据拆分
y = data.iloc[:, 0]
x = data[['Pclass', 'Sex', 'Age']]
x_train, x_test, y_train, y_test = train_test_split(x, y, test_size=0.2,
                        random_state=123)

# 模型训练
model_network = MLPClassifier(hidden_layer_sizes=(400, 500), max_iter=1000,
                    random_state=123, learning_rate_init=0.01)
model_network.fit(x_train, y_train)   # 模型训练
pre = model_network.predict(x_test)   # 模型预测
```

```
# 模型评价
print('神经网络模型预测的准确率为%.2f%%:'% (accuracy_score(y_test, pre) * 100.0))
print('神经网络模型预测的精确率为%.2f%%: '% (precision_score(y_test, pre) *
100.0))
print('神经网络模型预测的召回率为%.2f%%: '% (recall_score(y_test, pre) * 100.0))
print('神经网络模型预测的 F1 值为: ', round(f1_score(y_test, pre), 3))

# 混淆矩阵
print('神经网络模型预测的混淆矩阵: ', confusion_matrix(y_test, pre, labels=[0,
1]))

# 绘制 ROC 曲线
# 求出 ROC 曲线的 x 轴和 y 轴
fpr, tpr, thresholds = roc_curve(y_test, pre)
# 求出 AUC 值
print('神经网络预测结果的 AUC 值为: ', round(auc(fpr, tpr), 3))
plt.figure(figsize=(10, 6))
plt.title('ROC 曲线')
plt.xlabel('假正率')
plt.ylabel('真正率')
plt.plot(fpr, tpr)
plt.show()
```

5.1.8　集成算法

集成算法通过组合多种学习算法来获得比单独使用某种学习算法更好的预测性能。近年来，随着计算机的计算能力不断提高，集成分类器的应用领域也越来越广泛，包括遥感、计算机安全、人脸识别、情感识别、欺诈检测、金融决策和医学等多个领域。

1. Bagging

假设有个病人去医院看病，希望根据医生做出的诊断进行相应的治疗，他选择多位医生进行诊断，而不是一位医生；如果某种诊断结果比其他诊断结果出现的次数多，则将它作为最终的诊断结果。也就是说，最终的诊断结果是根据多数表决做出的，每位医生都具有相同的权重。将医生换成分类器，就得到 Bagging（Bootstrap aggregating，引导聚集）算法的思想，单个分类器称为基分类器。根据经验可以直观地认为多数分类器的结果比少数分类器的结果更可靠。

对于包含 n 个训练样本的数据集 D，组成的分类器有 k 个，Bagging 算法的具体实现过程如下。

（1）利用自助法生成 k 个训练集 $D_i(i=1,2,...,k)$，即每个 D_i 都是从原数据集中有放回地抽取 n 个样本得到的。

（2）在每个训练集 D_i 上学习一个分类器 M_i。

（3）最终的分类结果由所有分类器投票决定，即取分类结果数最多的类别作为最终的分类结果。

一般 Bagging 算法得到的分类器会比单个分类器更准确，原因是 Bagging 算法处理噪声数据和过拟合问题的表现比单个分类器更好。

随机森林（Random Forest，RF）是 Bagging 算法的一个拓展，它在以决策树为基分类器构建 Bagging 学习器的基础上，进一步在决策树的训练过程中引入了随机属性选择。与一般的 Bagging 算法相比，随机森林对决策树的改进有以下两方面。

（1）每个基分类器都是一棵决策树，通常为 CART。

（2）每个训练集 D_i 除了用自助法抽样之外，还进行了随机属性选择。具体操作是：在决策树的每个节点都随机地从可选属性集合（假定有 d 个属性）中抽取 q 个属性，再从中选择一个最优属性用于划分。一般令 $q = \log_2 d$。

随机森林除了拥有 Bagging 算法的优点外，还有更加重要的一个优点：由于随机森林在每次划分时只考虑很少的属性，所以用它处理大型数据集时的效率很高。

使用 scikit-learn 库中 ensemble 模块的 RandomForestClassifier 类可以建立随机森林模型。RandomForestClassifier 基本使用格式如下。

```
class sklearn.ensemble.RandomForestClassifier(n_estimators=100, *, criterion
='gini', max_depth=None, min_samples_split=2, min_samples_leaf=1, min_weight_
fraction_leaf=0.0, max_features='auto', max_leaf_nodes=None, min_impurity_
decrease=0.0, min_impurity_split=None, bootstrap=True, oob_score=False, n_jobs
=None, random_state=None, verbose=0, warm_start=False, class_weight=None,
ccp_alpha=0.0, max_samples=None)
```

RandomForestClassifier 类常用的部分参数及其说明如表 5-15 所示。

表 5-15　RandomForestClassifier 类常用的部分参数及其说明

参数名称	参数说明
n_estimators	接收 int 类型的值。表示随机森林中决策树的数量。默认值为 100
criterion	接收字符串。表示决策树进行属性选择时的评价标准，可选参数有 gini、entropy。默认值为 gini
max_depth	接收 int 类型的值或 None。表示决策树划分时考虑的最大特征数。默认值为 None
min_samples_split	接收 int 或 float 类型的值。表示内部节点最小的样本数，若是 float 类型的值，则表示百分数。默认值为 2
min_samples_leaf	接收 int 或 float 类型的值。表示叶节点最小的样本数，若是 float 类型的值，则表示百分数。默认值为 1
max_leaf_nodes	接收 int 类型的值或 None。表示最大的叶节点数。默认值为 None
class_weight	接收字典、列表、balanced 或 None。以 {class_label:weight} 的形式表示类的权重。默认值为 None

2. Boosting

Boosting（提升）算法是一个可将弱学习器提升为强学习器的算法。这个算法的工作机制为：给每一个训练样本赋予一个相等的初始权重；迭代地学习 k 个分类器，学习得到分类器 M_i 之后更新权重，使得后面的分类器 M_{i+1} 更关注 M_i 误分类的训练样本；最后的分类器 M^* 组合每个分类器的表决结果，其中每个分类器投票的权重是该分类器准确率对应的函数取值。

Adaboost 算法是一种迭代算法，是对 Boosting 算法进行改进得到的。Adaboost 算法的主要思想是将一系列弱分类器级联组合成一个强分类器，其具体步骤如下。

（1）对于给定数据集 $D=(x_1,y_1),(x_2,y_2),...,(x_n,y_n)$，其中 y_i 是元组 x_i 的类标号，对每个训练样本 x_i 赋予相同的权重。

（2）在训练的第 i 轮过程中，从 D 中有放回地抽取 n 个样本，每个样本被选择的概率由权重决定，产生对应的子训练集称为 D_i。

（3）在子训练集 D_i 上训练分类器 M_i，计算分类器 M_i 的错误率。

（4）根据 M_i 的分类结果调整权重，总体思路是：如果训练样本分类错误，则它的权重增加；如果训练样本分类正确，则它的权重减少。

（5）判断分类器数目是否达到 k 个。若达到，则算法结束，可得到最终分类器 M^*，M^* 由各个基分类器加权求和得到；若未达到，则返回步骤（2）重新迭代。

由于 Boosting 算法更关注误分类样本，所以最终分类器模型比单个分类器模型的准确率更高，但是有过拟合的风险。

梯度提升机（Gradient Boosting Machine，GBM）是一种 Boosting 算法，其提高模型精度的方法与传统 Boosting 算法对正确、错误样本进行加权不同。该算法通过在残差（Residual）减小的梯度（Gradient）方向上建立一个新的模型，从而减小新模型的残差，即每个新模型的建立是为了使之前模型的残差在梯度方向上减小。GBM 算法是 Boosting 算法大家庭中的一员，自诞生起，它就与 SVM 一起被认为是泛化能力（Generalization）较强的算法，近些年来因为被用于构建搜索排序的模型而引起更广泛的关注。除此之外，GBM 算法还是目前竞赛中最为常用的一种算法，因为它不仅适用于多种场景，而且相较于其他算法还有着较为出众的准确率，所以能有效地应用到分类、回归、排序问题中。

GBM 模型可以灵活地处理各种类型的数据，包括连续型数据和离散型数据。相对于 SVM 来说，GBM 在调参时间相对少的情况下，能够获得更高的准确率。GBM 使用了一些健壮的损失函数，如 Huber 损失函数和 Quantile 损失函数，这使得它对异常值的鲁棒性非常强。但由于弱学习器之间存在依赖关系，难以并行地训练数据，因此调参与训练消耗的时间会比强学习器长。

使用 scikit-learn 库中 ensemble 模块的 GradientBoostingClassifier 类可以建立梯度提升决策树模型。GradientBoostingClassifier 类的基本使用格式如下。

```
class sklearn.ensemble.GradientBoostingClassifier(loss='deviance', learning_
rate=0.1, n_estimators=100, subsample=1.0, min_samples_split=2, min_samples_
leaf=1, max_depth=3, init=None, random_state=None, max_features=None, verbose=0,
max_leaf_nodes=None, warm_start=False)
```

GradientBoostingClassifier 类常用的部分参数及其说明如表 5-16 所示。

表 5-16　GradientBoostingClassifier 类常用的部分参数及其说明

参数名称	参数说明
loss	接收字符串。指定要使用的损失函数。deviance 表示使用对数损失函数；exponential 表示使用指数损失函数，此时模型只能用于处理二分类问题。默认值为 deviance

参数名称	参数说明
learning_rate	接收 float 类型的值。表示每一棵树的学习率，该参数设定得越小，所需要的基础决策树的数量就越多。默认值为 0.1
n_estimators	接收 int 类型的值。表示基础决策树数量。默认值为 100
subsample	接收 float 类型的值。表示用于训练基础决策树的子集占样本集的比例。默认值为 1.0
min_samples_split	接收 int 或 float 类型的值。表示每个基础决策树拆分内部节点所需的最小样本数；若是 float 类型的值，则表示拆分所需的最小样本数占样本数的百分比。默认值为 2
min_samples_leaf	接收 int 或 float 类型的值。表示每个基础决策树模型叶节点所包含的最小样本数；若是 float 类型的值，则表示叶节点最小样本数占样本数的百分比。默认值为 1
max_depth	接收 int 类型的值或 None。表示每一个基础决策树模型的最大深度。默认值为 3
max_features	接收 int 或 float 类型的值。表示分裂节点时参与判定的最大特征数；若是 float 类型的值，则表示参与判定的特征数与最大特征数的比例。默认值为 None

3．Stacking

当训练数据很多时，可以用 Stacking（堆叠）算法进行集成学习。Stacking 算法的思想是将一系列初级学习器的训练结果当作特征，输入一个次级学习器中，最终的输出结果由次级学习器产生。Stacking 算法先从初始数据集训练出初级学习器，然后"生成"一个新数据集用于训练次级学习器。在这个新数据集中，初级学习器的输出被当作样本输入特征，而初始样本的标记仍被当作样例标记。

对于训练集 $D=(x_1,y_1),(x_2,y_2),...,(x_n,y_n)$，给定 T 个初级学习算法，Stacking 算法的具体步骤如下。

（1）以 k 折交叉验证为例，将数据集 D 随机划分成 k 个大小相同的集合 $D_1,D_2,...,D_k$，D_j 和 $\bar{D}_j(\bar{D}_j=D-D_j)$ 分别表示第 j 折的测试集和训练集。

（2）针对 T 个初级学习算法，初级学习器 $h_t^{(j)}$ 是通过在 $\bar{D}_j$ 上使用第 t 个学习算法而得的。对 D_j 中的每个样本 x_i，令 $z_{it}=h_t^{(j)}(x_i)$，表示 x_i 在 $h_t^{(j)}$ 上的输出结果，则 x_i 通过 T 个初级学习器得到的输出结果为 $z_i=(z_{i1},z_{i2},...,z_{iT})$，标记部分为 y_i。

（3）在整个交叉验证过程结束后，从这 T 个初级学习器产生的次级训练集是 $D'=\{(z_i,y_i)\}_{i=1}^n$，最终将 D' 用于训练次级学习器。

有研究表明，如果 z_{it} 不采用初级学习器的类输出，而采用次级学习器的类概率输出，则会对次级学习器的结果有较大提升。

使用 scikit-learn 库中 ensemble 模块的 StackingClassifier 类可以建立 Stacking 分类模型。StackingClassifier 类的基本使用格式如下。

```
class sklearn.ensemble.StackingClassifier(estimators, final_estimator=None, *,
cv=None, stack_method='auto', n_jobs=None, passthrough=False, verbose=0)
```

StackingClassifier 类常用的部分参数及其说明如表 5-17 所示。

表 5-17 StackingClassifier 类常用的部分参数及其说明

参数名称	参数说明
estimators	接收列表。表示指定初级学习器。无默认值
final_estimator	接收字符串。表示将用于组合初级学习器结果的分类器,即次级分类器。默认值为 None
cv	接收 int 类型的值或交叉验证生成器。表示训练 final_estimator 时使用的交叉验证策略。默认值为 None
stack_method	接收字符串。表示每个初级学习器所调用的方法,可选值有 auto、predict_proba、decision_function、predict。默认值为 auto

4. 基于集成算法的乳腺癌预测

基于 scikit-learn 库中自带的乳腺癌数据集(breast_cancer),分别构建随机森林模型、梯度提升决策树模型和 Stacking 分类模型对乳腺癌进行预测,各个模型预测结果的准确率如表 5-18 所示。

表 5-18 各个模型预测结果的准确率

模型	准确率
随机森林模型	93.86%
梯度提升决策树模型	91.23%
Stacking 分类模型	96.49%

由表 5-18 可知,随机森林模型、梯度提升决策树模型和 Stacking 分类模型预测结果的准确率均为 90%以上,其中 Stacking 分类模型的准确率比其他两个模型的准确率要高,说明 Stacking 分类模型的预测结果相对较好。

乳腺癌预测如代码 5-7 所示。

代码 5-7 乳腺癌预测

```
# 加载需要的函数
from sklearn.ensemble import RandomForestClassifier
from sklearn.datasets import load_breast_cancer
from sklearn.model_selection import train_test_split
from sklearn.metrics import accuracy_score
from sklearn.ensemble import GradientBoostingClassifier
from sklearn.svm import LinearSVC
from sklearn.linear_model import LogisticRegression
from sklearn.preprocessing import StandardScaler
from sklearn.pipeline import make_pipeline
from sklearn.ensemble import StackingClassifier

breast_cancer = load_breast_cancer()  # 加载数据
data = breast_cancer.data  # 属性列
target = breast_cancer.target  # 标签列
# 划分训练集、测试集
```

```
traindata, testdata, traintarget, testtarget = train_test_split(
    data, target, test_size=0.2, random_state=1234)

# 构建随机森林模型
model_rf = RandomForestClassifier()
model_rf.fit(traindata, traintarget)  # 模型训练
# 随机森林模型预测测试集结果
rf_pre = model_rf.predict(testdata)
# 随机森林模型的准确率
print('随机森林模型准确率为%.2f%%: '% (accuracy_score(testtarget, rf_pre) *
100.0))

# 构建梯度提升决策树模型
model_gbm = GradientBoostingClassifier()
model_gbm.fit(traindata, traintarget)  # 训练模型
# 梯度提升决策树模型预测测试集结果
gbm_pre = model_gbm.predict(testdata)
# 梯度提升决策树模型的准确率
print('梯度提升决策树模型准确率为%.2f%%: '% (accuracy_score(testtarget, gbm_pre)
* 100.0))

# 构建 Stacking 分类模型
estimators = [('rf', RandomForestClassifier(n_estimators=10, random_state=42)),
              ('svr', make_pipeline(StandardScaler(), LinearSVC(random_state=42)))]
clf = StackingClassifier(estimators=estimators, final_estimator=LogisticRegression())
# 模型训练
clf.fit(traindata, traintarget)
# 预测测试集结果
clf_pre = clf.predict(testdata)
# Stacking 分类模型的准确率
print('Stacking 分类模型准确率为%.2f%%: '% (accuracy_score(testtarget, clf_pre)
* 100.0))
```

5.2 聚类

随着高铁、动车等铁路交通的发展，航空公司的业务受到了巨大的冲击，行业内的竞争也愈发激烈。因此，航空公司需要通过采集乘客乘机行为的数据，评判乘客的价值并对乘客进行细分，找到有价值的乘客群体和需要关注的乘客群体，进而对具有不同价值的乘客群体提供个性化服务，制订相应的营销策略，使得航空公司的服务提升空间最大化。这个目标便可通过聚类分析来实现。

5.2.1 常用的聚类算法

与分类分析不同，聚类分析是在没有给定划分类别的情况下，根据数据相似度进行样本分组的一种方法。与分类模型需要使用有类标记的样本构成的训练数据不同，聚类模型可以建立在无类标记的数据上。聚类算法是一种不依赖预设类标记的学习算法。聚类算法的输入数据是一组未被标记的样本，根据数据自身的距离或相似度将它们划分为若干组，

划分的原则是组内样本（内部）距离最小化而组间（外部）距离最大化，如图 5-11 所示。

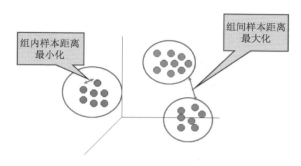

图 5-11　聚类分析划分原则

常用的聚类方法如表 5-19 所示。

表 5-19　常用的聚类方法

类别	主要算法
划分（分裂）方法	K-Means 算法、K-Medoids 算法、CLARANS 算法（基于选择的算法）
层次分析方法	BIRCH 算法（平衡迭代规约和聚类）、CURE 算法（代表点聚类）、CHAMELEON 算法（动态模型）
基于密度的方法	DBSCAN 算法（基于高密度连接区域）、DENCLUE 算法（密度分布函数）、OPTICS 算法（对象排序识别）
基于网格的方法	STING 算法（统计信息网络）、CLIOUE 算法（聚类高维空间）、WAVE-CLUSTER 算法（小波变换）
基于模型的方法	统计学方法、神经网络算法

常用的聚类算法如表 5-20 所示。

表 5-20　常用的聚类算法

算法名称	算法描述
K-Means	K-Means 聚类算法又称为快速聚类算法，在最小化误差函数的基础上将数据划分为预定的类数 K。该算法的原理简单，便于处理大量数据
K-Medoids	K-Medoids 算法不将簇中对象的平均值作为簇中心，而选用簇中离平均值最近的对象作为簇中心
DBSCAN	DBSCAN 算法是指带有噪声的应用程序的基于密度的空间聚类算法，可查找出高密度的核心样本并从中扩展聚类，适用于包含相似密度簇的数据
系统聚类	系统聚类又称为层次聚类，分类的单位由高到低呈树形结构，且所处的位置越低，其包含的对象就越少，但这些对象间的共同属性就越多。该聚类算法只适合在数据量小的时候使用；若在数据量大的时候使用，则速度会非常慢

5.2.2 聚类模型评价

聚类分析仅根据样本数据本身将样本分组，组内的对象相互之间是相似的（相关的），而不同组中的对象是不同的（不相关的）。组内的相似度越大，组间差别越大，聚类效果就越好。

（1）purity 评价法

purity 评价法是极为简单的一种聚类评价方法，只需计算正确聚类数占总数的比例。purity 评价公式如式（5-18）所示。

$$\text{purity}(X,Y)=\frac{1}{n}\sum_{k}\max_{i}|x_k \cap y_i| \tag{5-18}$$

在式（5-18）中，$x=(x_1,x_2,...,x_k)$ 是聚类的集合，x_k 表示第 k 个聚类的集合；$y=(y_1,y_2,...,y_i)$ 表示需要被聚类的集合，y_i 表示第 i 个聚类对象；n 表示被聚类集合对象的总数。

（2）RI 评价法

实际上，RI 评价法是一种用排列组合原理来对聚类进行评价的方法。RI 评价公式如式（5-19）所示。

$$\text{RI}=\frac{R+W}{R+M+D+W} \tag{5-19}$$

在式（5-19）中，R 是指被聚在一类的两个对象被正确地分类的数量，W 是指不应该被聚在一类的两个对象被正确分开的数量，M 是指不应该放在一类的对象被错误地放在了一类的数量，D 是指不应该分开的对象被错误地分开的数量。

（3）F 值评价法

F 值评价法是由上述 RI 评价法衍生出的一个方法。F 值评价公式如式（5-20）所示。

$$F_\alpha=\frac{(1+\alpha^2)pr}{\alpha^2 p+r} \tag{5-20}$$

在式（5-20）中，$p=\frac{R}{R+M}$，$r=\frac{R}{R+D}$。

RI 评价法将准确率 p 和召回率 r 视为同等重要，而事实上，有时候可能需要某一特性更重要一点，这时候就适合使用 F 值评价法。

（4）FM 系数

FM 系数（Fowlkes and Mallows Index，FMI）属于聚类模型评价指标中的一种外部评价指标，这一类评价指标是将聚类结果与某个"参考模型"进行比较，如与领域内专业的划分结果进行比较，从而对模型进行评价。FM 系数的计算公式如式（5-21）所示。

$$\text{FMI}=\sqrt{\frac{a}{a+b}\cdot\frac{a}{a+c}} \tag{5-21}$$

（5）DB 指数

DB 指数（Davies-Bouldin Index，DBI）属于聚类模型评价指标中的一种内部评价指标。这一类评价指标是通过直接考察聚类结果，而不利用任何参考模型进行模型的评价。DB 指数的计算公式如式（5-22）所示。

$$\text{DBI}=\frac{1}{k}\sum_{i=1}^{k}\max_{j\neq i}\left(\frac{avg(C_i)+avg(C_j)}{d_{\text{cen}}(\mu_i,\mu_j)}\right) \tag{5-22}$$

其中，$\mu=\dfrac{1}{|C|}\sum_{1\leqslant i\leqslant|C|}x_i$。聚类结果所形成的簇集合为簇 C，参考模型的簇集合为簇 D，则式（5-21）、式（5-22）中的公式符号说明如表 5-21 所示。

表 5-21　公式符号说明（1）

符号	含义	符号	含义
a	在簇 C 中属于相同簇，且在簇 D 中属于相同簇的样本对的数量	μ	簇 C 的中心点
b	在簇 C 中属于相同簇，但在簇 D 中属于不同簇的样本对的数量	$avg(C_i)$	簇 C_i 内样本之间的平均距离
c	在簇 C 中属于不同簇，但在簇 D 中属于相同簇的样本对的数量	$avg(C_j)$	簇 C_j 内样本之间的平均距离
d	在簇 C 中属于不同簇，且在簇 D 中属于不同簇的样本对的数量	$d_{\text{cen}}(\mu_i,\mu_j)$	簇 C_i 与簇 C_j 的中心点间的距离

5.2.3　K-Means 算法

K-Means 算法是典型的基于距离的非层次聚类算法。该算法在最小化误差函数的基础上将数据划分为预定的类数 K，采用距离作为相似度的衡量指标，即两个对象距离越近，相似度就越大。

1. 算法过程

使用 K-Means 算法聚类的过程如下。

（1）从 N 个样本数据中随机选取 K 个对象作为初始的聚类中心。

（2）分别计算每个样本到各个聚类中心的距离，将对象分配到距离最近的聚类中。

（3）所有对象分配完成后，重新计算 K 个聚类的中心。

（4）与前一次计算得到的 K 个聚类中心比较，如果聚类中心发生了变化，则转至步骤（2），否则转至步骤（5）。

（5）当聚类中心不发生变化时，停止计算并输出聚类结果。

聚类的结果依赖于随机选择的初始聚类中心，因此结果可能会严重偏离全局最优分类。在实践中，为了得到较好的结果，通常会选择不同的初始聚类中心，多次运行 K-Means 算法。值得注意的是，在所有对象分配完成，重新计算 K 个聚类中心时，对于连续属性，聚类中心取该簇的均值；但是当样本的某些属性是类别型变量时，均值可能无定义，这时便需要使用其他算法进行聚类。

2. 数据类型与相似度的度量

（1）连续属性

对于连续属性，要先对各属性值进行零-均值标准化，再进行距离的计算。K-Means 聚类算法中，一般需要计算样本之间的距离、样本与簇之间的距离及簇与簇之间的距离。

度量样本之间的相似度常用的是欧几里得距离、曼哈顿距离和闵可夫斯基距离；样本与簇之间的距离可以用样本到簇中心的距离 $d\left(e_i,x\right)$ 表示；簇与簇之间的距离可以用簇中心之间的距离 $d\left(e_i,e_j\right)$ 表示。

设有 p 个属性来表示 n 个样本的数据矩阵 $\begin{pmatrix} x_{11} & \cdots & x_{1p} \\ \vdots & \ddots & \vdots \\ x_{n1} & \cdots & x_{np} \end{pmatrix}$，则欧几里得距离的计算公式如式（5-23）所示，曼哈顿距离的计算公式如式（5-24）所示，闵可夫斯基距离的计算公式如式（5-25）所示。

$$d\left(i,j\right)=\sqrt{\left(x_{i1}-x_{j1}\right)^2+\left(x_{i2}-x_{j2}\right)^2+\cdots+\left(x_{ip}-x_{jp}\right)^2} \qquad （5\text{-}23）$$

$$d\left(i,j\right)=\left|x_{i1}-x_{j1}\right|+\left|x_{i2}-x_{j2}\right|+\cdots+\left|x_{ip}-x_{jp}\right| \qquad （5\text{-}24）$$

$$d\left(i,j\right)=\sqrt[q]{\left(\left|x_{i1}-x_{j1}\right|\right)^q+\left(\left|x_{i2}-x_{j2}\right|\right)^q+\cdots+\left(\left|x_{ip}-x_{jp}\right|\right)^q} \qquad （5\text{-}25）$$

在式（5-25）中，q 为正整数，$q=1$ 时即为曼哈顿距离；$q=2$ 时即为欧几里得距离。

（2）文档数据

文档数据使用余弦相似度度量，先将文档数据整理成文档-词矩阵格式，如表 5-22 所示。

表 5-22　文档-词矩阵

	lost	win	team	score	music	happy	sad	……	coach
文档一	14	2	8	0	8	7	10	……	6
文档二	1	13	3	4	1	16	4	……	7
文档三	9	6	7	7	3	14	8	……	5

两个文档之间的相似度的计算公式如式（5-26）所示。

$$d\left(i,j\right)=\cos\left(i,j\right)=\frac{ij}{|i||j|} \qquad （5\text{-}26）$$

在式（5-26）中，i 和 j 为空间中的两个向量，$|i|$ 和 $|j|$ 表示向量的模，$\cos\left(i,j\right)$ 则为通过这两个向量计算出的夹角的余弦值，该余弦值即为两个文档之间的相似度 $d\left(i,j\right)$。

3. 目标函数

使用误差平方和（Sum of Squared Error，SSE）作为度量聚类质量的目标函数，对于两种不同的聚类结果，选择误差平方和较小的分类结果。

连续属性的 SSE 计算公式如式（5-27）所示。

$$SSE=\sum_{i=1}^{K}\sum_{x\in E_i}\text{dist}\left(e_i,x\right)^2 \qquad （5\text{-}27）$$

文档数据的 SSE 计算公式如式（5-28）所示。

$$SSE = \sum_{i=1}^{K} \sum_{x \in E_i} \cos(e_i, x)^2 \qquad （5-28）$$

簇 E_i 的聚类中心 e_i 的计算公式如式（5-29）所示。

$$e_i = \frac{1}{n_i} \sum_{x \in E_i} x \qquad （5-29）$$

其中，式（5-27）、式（5-28）、式（5-29）中的公式符号说明如表 5-23 所示。

表 5-23　公式符号说明（2）

符号	含义	符号	含义
K	聚类簇的个数	e_i	簇 E_i 的聚类中心
E_i	第 i 个簇	n	数据集中样本的个数
x	对象（样本）	n_i	第 i 个簇中样本的个数

4．具体实现

部分乘客的乘机行为属性数据如表 5-24 所示，属性字段说明如表 5-25 所示。根据这些数据将乘客聚类成不同的乘客群体，并评价各乘客群体的价值。

表 5-24　乘机行为属性数据

ID	L	R	F	M	C
0	90.200	1	210	580717	0.962
1	86.567	7	140	293678	1.252
2	87.167	11	135	283712	1.255
3	68.233	97	23	281336	1.091
4	60.533	5	152	309928	0.971
5	74.700	79	92	294585	0.968
6	97.700	1	101	287042	0.965
7	48.400	3	73	287230	0.962
8	34.267	6	56	321489	0.828
9	45.500	15	64	375074	0.708

Python 数据分析与挖掘实战

表 5-25 属性字段说明

字段名	含义
ID	乘客的 ID
L	成为会员的时长，值越大表示会员资历越高
R	最近一次乘机距观测窗口结束的月数，值越大表示乘机间隔时间长
F	乘机次数，值越大表示乘机次数越多
M	飞行总里程，值越大表示总里程数越大
C	平均折扣率，值越大表示折扣率越低

采用 K-Means 聚类算法将用户聚类成 5 个群体，得到的各群体属性聚类输出结果如表 5-26 所示。为了进一步观察各乘客群体的属性分布情况，还需要绘制各乘客群体的属性分布雷达图，如图 5-12 所示，从而分析出各乘客群体的价值类别。

表 5-26 各群体属性聚类输出结果

分群类别		乘客群 0	乘客群 1	乘客群 2	乘客群 3	乘客群 4
样本个数		25051	12608	5362	4034	15933
样本个数占比		39.77%	20.02%	8.51%	6.40%	25.30%
聚类中心	L	−0.696270	−0.325766	0.487758	0.098395	1.164470
	R	−0.422107	1.661410	−0.807694	−0.002702	−0.378684
	F	−0.157561	−0.572639	2.495955	−0.211280	−0.086174
	M	−0.158271	−0.536674	2.438505	−0.211761	−0.094064
	C	−0.240605	−0.175429	0.306452	2.252654	−0.152597

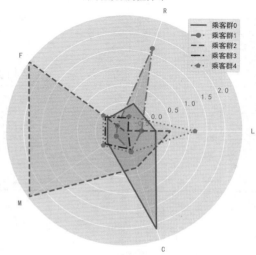

图 5-12 各乘客群体属性分布雷达图

118

由图 5-12 可知，每个乘客群体都有显著不同的表现属性，基于该属性描述和航空公司的实际情况，定义了 5 个等级的乘客群体类别。每个乘客群体类别的属性如下。

（1）重要保持乘客：平均折扣率高（$C\uparrow$），最近有乘机记录（$R\downarrow$），乘机次数多（$F\uparrow$）或总里程多（$M\uparrow$）。

（2）重要发展乘客：平均折扣率高（$C\uparrow$），最近有乘机记录（$R\downarrow$），乘机次数少（$F\downarrow$）或总里程少（$M\downarrow$）。

（3）重要挽留乘客：平均折扣率高（$C\uparrow$），乘机次数多（$F\uparrow$）或总里程多（$M\uparrow$），最近无乘机记录（$R\uparrow$）。

（4）一般乘客：平均折扣率低（$C\downarrow$），最近有乘机记录（$R\downarrow$），乘机次数少（$F\downarrow$）或总里程少（$M\downarrow$），入会时间短（$L\downarrow$）。

（5）低价值乘客：平均折扣率低（$C\downarrow$），最近无乘机记录（$R\uparrow$），乘机次数少（$F\downarrow$）或总里程少（$M\downarrow$），入会时间短（$L\downarrow$）。

因此，根据图 5-12 的属性分布与上述 5 个乘客群体类别进行匹配，得到乘客群体的价值排名。其中，乘客群体 2 为重要保持乘客；乘客群体 0 为重要发展乘客；乘客群体 4 为重要挽留乘客；乘客群体 3 为一般乘客；乘客群体 1 为低价值乘客。

使用 scikit-learn 库中 cluster 模块的 KMeans 类可以实现 K-Means 聚类算法对数据进行聚类。KMeans 类的基本使用格式如下。

```
class sklearn.cluster.KMeans(n_clusters=8, *, init='k-means++', n_init=10,
max_iter=300, tol=0.0001, precompute_distances='deprecated', verbose=0, random_
state=None, copy_x=True, n_jobs='deprecated', algorithm='auto')
```

KMeans 类常用的部分参数及其说明如表 5-27 所示。

表 5-27　KMeans 类常用的部分参数及其说明

参数名称	参数说明
n_clusters	接收 int 类型的值。表示要形成的簇数及生成的聚类中心数。默认值为 8
init	接收方法名。表示所选择的初始化方法，可选值有'k-means ++'、'random'、ndarray、callable。默认值为'k-means ++'
n_init	接收 int 类型的值。表示 K-Means 聚类算法将在不同聚类中心种子下运行的次数。默认值为 10
max_iter	接收 int 类型的值。表达单次运行的 K-Means 聚类算法的最大迭代次数。默认值为 300
tol	接收 float 类型的值。表示两个连续迭代的聚类中心的差异，以声明收敛。默认值为 1e-4
random_state	接收 int 类型的值。表示所确定的聚类中心初始化的随机数的生成。默认值为 None

使用 K-Means 聚类算法进行聚类模型的构建，并绘制各乘客群体的属性分布雷达图，如代码 5-8 所示。

代码 5-8　构建 K-Means 聚类模型及绘制属性分布雷达图

```python
import pandas as pd
# 导入数据，并以 ID 作为索引
features = pd.read_excel('../data/air_features.xlsx', index_col='ID')
# 数据标准化
features_scaler = 1.0 * (features - features.mean()) / features.std()

# 开始聚类
from sklearn.cluster import KMeans
model = KMeans(n_clusters=5, random_state=3)  # 输入指定聚类中心数和随机种子
model.fit(features_scaler)  # 模型训练

# 简单输出结果
r1 = pd.Series(model.labels_).value_counts()  # 统计各个类别的数目
r2 = pd.DataFrame(model.cluster_centers_)  # 找出聚类中心
r = pd.concat([r2, r1], axis=1)  # 横向连接（0 表示纵向连接），得到聚类中心对应的类
别数目
r.columns = list(features.columns) + ['类别数目']  # 重命名表头
print(r)

# 详细输出原始数据及其对应的类别
r = pd.concat([features, pd.Series(model.labels_, index=features.index)],
axis=1)
r.columns = list(features.columns) + ['聚类类别']  # 重命名表头
r.to_excel('../tmp/features_type.xlsx')  # 保存结果

from radar_map import plot  # 导入自定义的绘制乘客分群结果的雷达分布图函数
# 调用函数，对模型结果进行可视化绘图
plot(kmeans_model=model, columns=features.columns)
```

5.2.4　密度聚类

　　基于密度的聚类算法又称为密度聚类算法，该类算法假设聚类结果能够通过样本分布的紧密程度确定。密度聚类算法的基本思想是：以样本点在空间分布上的稠密程度为依据进行聚类，若区域中的样本密度大于某个阈值，则将相应的样本点划入与之相近的簇中。

　　具有噪声的基于密度聚类（Density-Based Spatial Clustering of Applications with Noise，DBSCAN）算法是一种典型的密度聚类算法。该算法从样本密度的角度考察样本之间的可连接性，并由可连接样本不断扩展直到获得最终的聚类结果。

　　对于样本集 $D = \{x_1, x_2, ..., x_m\}$，给定距离参数 ε 和数目参数 MinPts，任一样本点 $x_i \in D$，定义如下概念。

　　（1）将集合 $N_\varepsilon(x_i) = \{x_j | \text{dist}(x_j, x_i) \leqslant \varepsilon\}$ 称为样本点 x_i 的 ε 邻域，若 $|N_\varepsilon(x_i)| \geqslant$ MinPts，则称 x_i 为一个核心对象。

　　（2）若样本点 x_j 属于 x_i 的 ε 邻域，且 x_i 为一个核心对象，则称 x_j 由 x_i 密度直达。

　　（3）对于样本点 x_i 和 x_j，若存在样本点序列 $p_1, p_2, ..., p_n$，其中 $p_1 = x_i$，$p_n = x_j$，且 p_{i+1} 由

p_i 密度直达，则称 x_i 由 x_i 密度可达。

（4）若存在样本点 x_k，使得样本点 x_i 和 x_j 均由 x_k 密度可达，则称 x_i 与 x_j 密度相连。

取距离参数 $\varepsilon = 1.2$、数目参数 MinPts = 3，核心对象、密度直达、密度可达和密度相连的概念如图 5-13 所示。

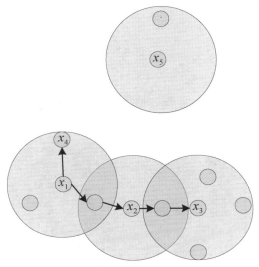

图 5-13　核心对象、密度直达、密度可达、密度相连的概念展示

在图 5-13 中，对于当前参数而言，样本点 x_1、x_2、x_3 为核心对象，而样本点 x_5 不是核心对象；x_4 由 x_1 密度直达；x_3 由 x_1 密度可达；x_4 与 x_3 密度相连。

基于以上关于样本点之间可连接性的定义，DBSCAN 算法将簇 C 描述为满足以下两个条件的非空子集。

（1）若 $x_i \in C$ 且 $x_j \in C$，则 x_i 与 x_j 密度相连。

（2）若 $x_i \in C$ 且 x_j 由 x_i 密度可达，则 $x_j \in C$。

DBSCAN 算法的基本过程如图 5-14 所示。

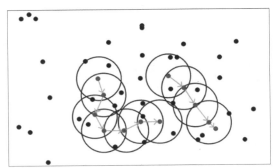

图 5-14　DBSCAN 算法的基本过程

DBSCAN 算法的具体步骤如下。

（1）输入样本集合，初始化距离参数 ε 和数目参数 MinPts。

（2）确定核心对象集合。

（3）在核心对象集合中随机选择一个核心对象作为种子。

（4）根据簇划分原则生成一个簇，并更新核心对象集合。

（5）若核心对象集合为空，则算法结束，否则返回步骤（3）。

（6）输出聚类结果。

对生成的两簇非凸数据和一簇对比数据使用 DBSCAN 类构建密度聚类模型，聚类结果如图 5-15 所示。

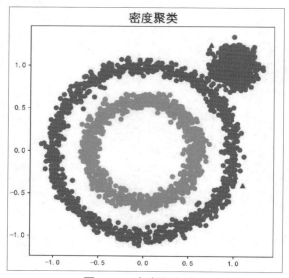

图 5-15　密度聚类结果

由图 5-15 可以看出，密度聚类模型对非凸数据（图中的两个环形部分）的聚类效果很好，可以区分出不同的非凸数据。其中，三角形部分为噪声数据。

使用 scikit-learn 库中 cluster 模块的 DBSCAN 类可以实现密度聚类算法对数据进行聚类，DBSCAN 类的基本使用格式如下。

```
class sklearn.cluster.DBSCAN(eps=0.5, *, min_samples=5, metric='euclidean',
metric_params=None, algorithm='auto', leaf_size=30, p=None, n_jobs=None)
```

DBSCAN 类常用的部分参数及其说明如表 5-28 所示。

表 5-28　DBSCAN 类常用的部分参数及其说明

参数名称	参数说明
eps	接收 float 类型的值。表示同一个簇中两个样本之间的最大距离，而该距离还被视为另一个样本的邻域。默认值为 0.5
min_samples	接收 int 类型的值。表示一个点附近被视为核心点的样本数量（或总重量）。默认值为 5
metric	接收字符串或 callable 类型的值。表示计算要素阵列中实例之间的距离时使用的度量。默认值为 euclidean
metric_params	接收字典。表示度量功能的其他关键字参数。默认值为 None

参数名称	参数说明
algorithm	接收算法名称。表示 NearestNeighbors 模块将使用该算法来计算逐点距离并查找最近的邻居。默认值为 auto
n_jobs	接收 int 类型的值。表示要运行的并行作业数。默认值为 None

使用 DBSCAN 类构建密度聚类模型，并绘制聚类结果图，如代码 5-9 所示。

代码 5-9　使用 DBSCAN 类构建密度聚类模型并绘制聚类结果图

```
from sklearn.cluster import DBSCAN
import sklearn.datasets as datasets
import matplotlib.pyplot as plt
import pandas as pd
import numpy as np
# 生成两簇非凸数据
x1, y2 = datasets.make_blobs(n_samples=1000, n_features=2,
                    centers=[[1, 1]], cluster_std=[[.1]],
                    random_state=9)
# 一簇对比数据
x2, y1 = datasets.make_circles(n_samples=2000, factor=.6, noise=.05)
x = np.concatenate((x1, x2))

# 生成 DBSCAN 模型
dbs = DBSCAN(eps=0.1, min_samples=12).fit(x)
print('DBSCAN模型:\n', dbs)

# 绘制 DBSCAN 模型聚类结果图
ds_pre = dbs.fit_predict(x)
plt.figure(figsize=(6, 6))
plt.scatter(x[:, 0], x[:, 1], c=ds_pre)
plt.title('密度聚类', size=17)
plt.show()
```

5.2.5　层次聚类

层次聚类法（Hierarchical Clustering Method）又称为系统聚类法，它试图在不同层次上对样本集进行划分，进而形成树形的聚类结构。样本集的划分既可采用聚集系统法，也可采用分割系统法。

聚集系统法是一种"自底向上"的聚合策略。它的基本思想是：开始时将每个样本点作为单独的一类，然后将距离最近的两类合并成一个新类，重复进行将最近的两类合并成一类的操作，直至所有的样本归为一类。

分割系统法与聚集系统法相反，它是一种"自顶向下"的分割策略。它的基本思想是：开始时将整个样本集作为一类，然后按照将某种最优准则将它分割成距离尽可能远的两个子类，再用同样的方法将每个子类分割成两个子类，从中选择一个最优的子类，则此时样本集被划分成 3 类，以此类推，直至每个样本自成一类或达到设置的终止条件。

在运用层次聚类法时，需要对类与类之间的距离做出规定。根据规定的不同，形成了基于最短距离、最长距离和平均距离的层次聚类法。对于给定的聚类簇 C_i 与 C_j，可通过式（5-30）、式（5-31）和式（5-32）计算距离。

$$最短距离：\quad d_{\min}(C_i, C_j) = \min_{x \in C_i, y \in C_j} \mathrm{dist}(x, y) \qquad (5\text{-}30)$$

$$最长距离：\quad d_{\max}(C_i, C_j) = \max_{x \in C_i, y \in C_j} \mathrm{dist}(x, y) \qquad (5\text{-}31)$$

$$平均距离：\quad d_{\mathrm{avg}}(C_i, C_j) = \frac{1}{|C_i||C_j|} \sum_{x \in C_i} \sum_{y \in C_j} \mathrm{dist}(x, y) \qquad (5\text{-}32)$$

假设类 $C_1 = \{1, 2\}$、类 $C_2 = \{3, 4, 5\}$，则两类之间的距离可用图 5-16 表示。

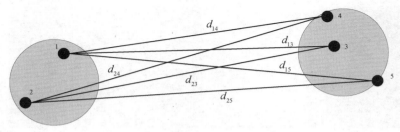

图 5-16　两类之间的距离

在图 5-16 中，在两类当中分别取样本点，计算样本点之间的距离。样本点 1 到样本点 4 之间的距离最短，则最短距离 $d_{\min}(C_1, C_2) = d_{14}$；样本点 2 到样本点 5 之间的距离最长，则最长距离 $d_{\max}(C_1, C_2) = d_{25}$；两类之间的平均距离为 $d_{\mathrm{avg}}(C_1, C_2) = \dfrac{d_{13} + d_{14} + d_{15} + d_{23} + d_{24} + d_{25}}{6}$。

基于聚集系统法的层次聚类法的基本过程如图 5-17 所示。

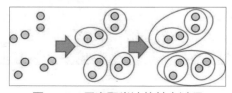

图 5-17　层次聚类法的基本过程

其具体步骤如下。

（1）输入样本集合，对聚类簇函数做出规定，给出聚类的簇数。

（2）将每个样本点作为单独的一簇。

（3）计算任意两个簇之间的距离。

（4）按照距离最近原则合并簇。

（5）若当前聚类簇数未到达规定的聚类簇数，则返回步骤（3），否则聚类结束。

（6）输出聚类结果。

利用 scikit-learn 库中自带的乳腺癌数据集（breast_cancer），使用 AgglomerativeClustering 类构建层次聚类模型，结果如图 5-18 所示。层次聚类模型评价指标输出结果如表 5-29 所示。

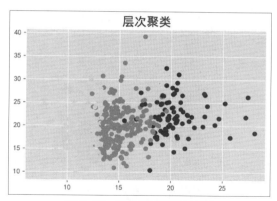

图 5-18　层次聚类模型结果

表 5-29　层次聚类模型评价指标输出结果

名称	输出结果
层次聚类模型的 FM 系数	0.671
层次聚类模型的调整 RI	0.390
层次聚类模型的 DB 指数	0.631

由表 5-29 可知，层次聚类模型的 FM 系数、调整 RI 两者整体与 1 相差较多，说明模型聚类效果不佳，且 DB 指数超过 0.5，说明模型存在改进的空间。

使用 scikit-learn 库中 cluster 模块的 AgglomerativeClustering 类可以实现层次聚类算法对数据进行聚类。AgglomerativeClustering 类的基本使用格式如下。

```
class sklearn.cluster.AgglomerativeClustering(n_clusters=2,*,affinity= 'euclidean',
memory=None, connectivity=None, compute_full_tree='auto', linkage= 'ward',
distance_threshold=None)
```

AgglomerativeClustering 类常用的部分参数及其说明如表 5-30 所示。

表 5-30　AgglomerativeClustering 类常用的部分参数及其说明

参数名称	参数说明
n_clusters	接收 int 类型的值或 None。表示要查找的集群数。默认值为 2
affinity	接收字符串或 callable。表示用于计算连接的度量。默认值为'euclidean'
memory	接收具有 joblib 的内存字符串或对象。表示用于缓存树计算的输出。默认值为 None
connectivity	接收数组或可调用的连接对象。表示连接的矩阵。默认值为 None
distance_threshold	接收 float 类型的值。表示连接距离的阈值。默认值为 None

使用层次聚类法构建层次聚类模型，并绘制层次聚类结果图和进行模型评价，如代码 5-10 所示。

代码 5-10　构建层次聚类模型

```python
from sklearn import datasets
from sklearn.cluster import AgglomerativeClustering
import matplotlib.pyplot as plt
# 导入数据
breast_cancer = datasets.load_breast_cancer()
x = breast_cancer.data
y = breast_cancer.target

# 层次聚类
clusing_ward = AgglomerativeClustering(n_clusters=3).fit(x)
print('层次聚类模型为: \n', clusing_ward)
# 绘制层次聚类结果图
cw_ypre = AgglomerativeClustering(n_clusters=3).fit_predict(x)
plt.scatter(x[:, 0], x[:, 1], c=cw_ypre)
plt.rcParams['font.sans-serif'] = 'SimHei'
plt.rcParams['axes.unicode_minus'] = False
plt.title('层次聚类', size=17)
plt.show()

from sklearn.metrics import fowlkes_mallows_score, adjusted_rand_score,
davies_bouldin_score
print('层次聚类模型的 FM 系数: ', fowlkes_mallows_score(y, cw_ypre))
print('层次聚类模型的调整 RI: ', adjusted_rand_score(y, cw_ypre))
print('层次聚类模型的 DB 指数: ', davies_bouldin_score(x, cw_ypre))
```

5.3　关联规则

关联规则分析也称为购物篮分析，是数据挖掘中较为常用的研究方法之一，目的是从大量数据中找出各项之间的关联关系，而这种关系并没有在数据中直接表示出来。

5.3.1　常用关联规则算法

关联规则最早是用于发现超市销售数据库中不同商品之间的关联关系，通过分析顾客"购物篮"中商品之间的关系，推测顾客的购物习惯。例如，发现购买了面包的顾客同时非常有可能购买牛奶，这就导出了一条关联规则"面包⇒牛奶"，其中面包称为规则的前项，而牛奶称为规则的后项。超市对面包降低售价进行促销，同时适当提高牛奶的售价，那么关联销售出的牛奶就有可能增加超市整体的利润。

常用的关联规则算法如表 5-31 所示。

表 5-31　常用的关联规则算法

算法名称	算法描述
Apriori 算法	Apriori 算法是关联规则较常用也是较经典的挖掘频繁项集的算法，其核心思想是通过连接产生候选项及其支持度，然后通过剪枝生成频繁项集
FP-Growth 算法	FP-Growth 算法是针对 Apriori 算法固有的多次扫描事务数据集的缺陷，提出的不产生候选频繁项集的方法。Apriori 算法和 FP-Growth 算法都是寻找频繁项集的算法

算法名称	算法描述
Eclat 算法	Eclat 算法是一种深度优先算法，采用垂直数据表示形式，在概念格理论的基础上利用基于前缀的等价关系将搜索空间划分为较小的子空间
灰色关联法	灰色关联法是用于分析和确定各因素之间的影响程度或若干个子因素（子序列）对主因素（母序列）的贡献度的一种分析方法

本节重点详细介绍 Apriori 算法。

5.3.2　Apriori 算法

以超市销售数据为例，提取关联规则的最大困难在于当存在很多商品时，商品的组合（规则的前项与后项）数目可能会达到令人望而却步的程度。因而从各种关联规则算法入手可能可以缩小搜索空间及减少扫描数据的次数。Apriori 算法是经典的挖掘频繁项集的算法，第一次实现了在大数据集上可行的关联规则提取，其核心思想是通过连接产生候选项及其支持度，然后通过剪枝生成频繁项集。

1. 关联规则和频繁项集

（1）支持度和置信度

项集 A 的支持度计数是事务数据集中包含项集 A 的事务个数，简称为项集的频数或计数。

已知项集的支持度计数，则规则 $A \Rightarrow B$ 的支持度和置信度很容易从所有事务计数、项集 A 和项集 $A \cup B$ 的支持度计数中推出，如式（5-33）和式（5-34）所示，其中 N 表示总事务个数，σ 表示计数。

$$\text{Support}(A \Rightarrow B) = \frac{A,B\text{同时发生的事务个数}}{\text{所有事务个数}} = \frac{\sigma(A \cup B)}{N} \quad （5\text{-}33）$$

$$\text{Confidence}(A \Rightarrow B) = P(B|A) = \frac{A,B\text{同时发生的事务个数}}{A\text{发生的事务个数}} = \frac{\sigma(A \cup B)}{\sigma(A)} \quad （5\text{-}34）$$

也就是说，一旦得到所有事务个数，以及项集 A、B 和 $A \cup B$ 的支持度计数，就可以导出对应的关联规则 $A \Rightarrow B$ 和 $B \Rightarrow A$，并可以检查该规则是否是强关联规则。

（2）最小支持度和最小置信度

最小支持度是用户或专家定义的衡量支持度的一个阈值，表示项目集在统计意义上的最低重要性；最小置信度是用户或专家定义的衡量置信度的一个阈值，表示关联规则的最低可靠性。同时满足最小支持度阈值和最小置信度阈值的规则称作强关联规则。

（3）项集与频繁项集

项集是项的集合。包含 k 个项的项集称为 k 项集，如集合{牛奶,麦片,糖}是一个 3 项集。

如果项集 I 的相对支持度满足预定义的最小支持度阈值，则 I 是频繁项集。频繁 k 项集通常记作 L_k。

2. Apriori 算法：使用候选产生频繁项集

Apriori 算法的主要思想是找出存在于事务数据集中的最大的频繁项集，再利用得到的最大频繁项集与预先设定的最小置信度阈值生成强关联规则。

（1）Apriori 算法的性质

频繁项集的所有非空子集也必须是频繁项集。根据该性质可以得出：向不是频繁项集的项集 I 中添加事务 A，新的项集 $I \cup A$ 一定也不是频繁项集。

（2）Apriori 算法实现的过程

① 找出所有的频繁项集（支持度必须大于或等于给定的最小支持度阈值），在这个过程中连接步和剪枝步互相融合，最终得到最大频繁项集 L_k。

a. 连接步。连接步的目的是找到 k 项集。对于给定的最小支持度阈值，对 1 项候选集 C_1 剔除小于该阈值的项集，得到 1 项频繁项集 L_1；再由 L_1 与自身连接产生 2 项候选集 C_2，保留 C_2 中满足约束条件的项集，得到 2 项频繁项集 L_2；然后由 L_2 与 L_1 连接产生 3 项候选集 C_3，保留 C_3 中满足约束条件的项集，得到 3 项频繁项集 L_3……这样循环下去，最终得到最大频繁项集 L_k。

b. 剪枝步。剪枝步紧接着连接步，在产生候选项 C_k 的过程中起到缩小搜索空间的作用。由于 C_k 是 L_{k-1} 与 L_k 连接产生的，根据 Apriori 算法的性质（频繁项集的所有非空子集也必须是频繁项集）可知，不满足该性质的项集将不会存在于 C_k 中，这个过程就是剪枝。

② 由频繁项集产生强关联规则。由过程①可知，未超过预定义的最小支持度阈值的项集已被剔除，如果剩下这些规则又满足了预定义的最小置信度阈值，那么就挖掘出了强关联规则。

以某自助便利店的商品销售数据为例，介绍 Apriori 关联规则算法挖掘的实现过程，数据集中的部分销售数据如表 5-32 所示。

表 5-32　部分销售数据

时间	客户 ID	商品 ID	商品名称	时间	客户 ID	商品 ID	商品名称
2020/6/1	101	30623	雀巢咖啡	2020/6/1	103	14017	劲仔小鱼
2020/6/1	101	14017	劲仔小鱼	2020/6/1	103	11300	棉花糖
2020/6/1	101	22252	燕塘甜牛奶	2020/6/1	104	30623	雀巢咖啡
2020/6/1	102	94006	健能酸奶	2020/6/1	104	11300	棉花糖
2020/6/1	102	11300	棉花糖	2020/6/1	104	14017	劲仔小鱼

将表 5-32 中的数据（一种特殊类型的记录数据）整理成关联规则模型所需的数据结构，从中抽取 10 个客户购买商品的数据作为事务数据集，设支持度为 0.2（支持度计数为 2），为方便起见，将商品 ID{30623,11300,14017,94006,22252}简记为{a,b,c,d,e}，则事务数据集如表 5-33 所示。

表 5-33　事务数据集

客户 ID	原商品 ID	转换后的商品 ID	客户 ID	原商品 ID	转换后的商品 ID
101	30623,14017,22252	a,c,e	106	11300,14017	b,c
102	11300,94006	b,d	107	30623,11300	a,b
103	11300,14017	b,c	108	30623,11300,14017,22252	a,b,c,e
104	30623,11300,14017,94006	a,b,c,d	109	30623,11300,14017	a,b,c
105	30623,11300	a,b	110	30623,14017,22252	a,c,e

Apriori 算法的实现过程如图 5-19 所示。

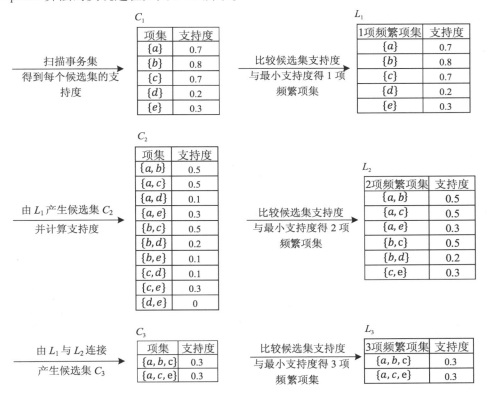

图 5-19　Apriori 算法的实现过程

具体实现过程如下。

① 过程一：找出最大 k 项频繁项集

a. 简单扫描所有的事务，事务中的每一项都是候选 1 项集的集合 C_1 的成员，计算每一项的支持度。如项集 $\{a\}$ 的支持度为 $P(\{a\}) = \dfrac{\text{项集}\{a\}\text{的支持度计数}}{\text{所有事务个数}} = \dfrac{7}{10} = 0.7$。

b. 将 C_1 中各项集的支持度与预先设定的最小支持度阈值比较，保留大于或等于该阈值的项，得 1 项频繁项集 L_1。

c. 扫描所有事务，将 L_1 与 L_1 排列组合得候选 2 项集 C_2，并计算每一项的支持度。如项集 $\{a,b\}$ 的支持度为 $P(\{a,b\}) = \dfrac{\text{项集}\{a,b\}\text{的支持度计数}}{\text{所有事务个数}} = \dfrac{5}{10} = 0.5$。接下来是剪枝步，由于 C_2 的每个子集（L_1）都是频繁项集，所以不需要从 C_2 中剔除任何项集。

d. 将 C_2 中各项集的支持度与预先设定的最小支持度阈值比较，保留大于或等于该阈值的项，得 2 项频繁项集 L_2。

e. 扫描所有事务，将 L_2 与 L_1 排列组合得候选 3 项集 C_3，并计算每一项的支持度，如项集 $\{a,b,c\}$ 的支持度为 $P(\{a,b,c\}) = \dfrac{\text{项集}\{a,b,c\}\text{的支持度计数}}{\text{所有事务个数}} = \dfrac{3}{10} = 0.3$。接下来是剪枝步，$L_2$ 与 L_1 连接的所有项集为 $\{a,b,c\}\{a,b,d\}\{a,b,e\}\{a,c,d\}\{a,c,e\}\{b,c,d\}\{b,c,e\}$，根据 Apriori 算法的性质（频繁项集的所有非空子集也必须是频繁项集），因为 $\{a,d\}\{b,e\}\{c,d\}$ 不包含在 2 项频繁项集 L_2 中，所以不是频繁项集，应剔除，最后 C_3 中的项集只有 $\{a,b,c\}$ 和 $\{a,c,e\}$。

f. 将 C_3 中各项集的支持度与预先设定的最小支持度阈值比较，保留大于或等于该阈值的项，得 3 项频繁项集 L_3。

g. 将 L_3 与 L_1 排列组合得候选 4 项集 C_4，剪枝后为空集。最后得到最大 3 项频繁项集 $\{a,b,c\}$ 和 $\{a,c,e\}$。

由以上过程可知 L_1、L_2、L_3 都是频繁项集，L_3 是最大频繁项集。

② 过程二：由频繁项集产生关联规则

根据式（5-35），并基于上例产生关联规则，如代码 5-11 所示。

代码 5-11 挖掘商品间的关联规则

```
from __future__ import print_function
import pandas as pd
from apriori import *  # 导入自定义的 apriori 函数
user_goods = pd.read_excel('../data/goods_new.xls', header=None)

print('\n 转换原始数据至 0-1 矩阵')
ct = lambda x : pd.Series(1, index=x[pd.notnull(x)])  # 转换 0-1 矩阵的过渡函数
b = map(ct, user_goods.values)  # 用 map 函数执行
data = pd.DataFrame(list(b)).fillna(0)  # 实现矩阵转换，缺失值用 0 补足
print('\n 转换完毕')
del b  # 删除中间变量 b，节省内存

support = 0.2  # 最小支持度
confidence = 0.5  # 最小置信度
ms = '---'  # 连接符，用于区分不同元素
# 进行关联规则分析并写出结果
apriori_result = find_rule(data, support, confidence, ms)
apriori_result = apriori_result.round(3)
apriori_result.to_excel('../tmp/apriori_result.xls')
```

运行代码 5-11 得到的关联规则如下。

	support	confidence
e---a	0.3	1.000
e---c	0.3	1.000

```
c---e---a          0.3       1.000
a---e---c          0.3       1.000
c---a              0.5       0.714
a---c              0.5       0.714
a---b              0.5       0.714
c---b              0.5       0.714
b---a              0.5       0.625
b---c              0.5       0.625
a---c---e          0.3       0.600
b---c---a          0.3       0.600
a---c---b          0.3       0.600
a---b---c          0.3       0.600
```

其中，"e---a"表示商品 e 被购买能够推出商品 a 被购买，即燕塘甜牛奶被购买能够推出雀巢咖啡被购买的置信度为 100%，支持度为 30%；"a---e---c"表示商品 a、商品 e 同时被购买能够推出商品 c 被购买的置信度为 100%，支持度为 30% 等。搜索出来的关联规则不一定具有实际意义，需要根据问题背景筛选适当的、有意义的规则，并赋予合理的解释。

5.4　智能推荐

在互联网领域中推荐系统得到了广泛的应用，如话题推荐、产品推荐及好友推荐等。智能推荐已经不知不觉走入人们的生活，成为一个非常热门的研究领域。经过多年的发展，产生了多种多样的推荐策略，推荐结果的精度及应用推荐系统带来的商业收益也越来越高。

5.4.1　常用智能推荐算法

常用的智能推荐算法类型有基于内容推荐、协同过滤推荐、基于关联规则推荐、基于效用推荐、基于知识推荐、基于流行度推荐等。

各类型算法都有各自的优点和缺点，如表 5-34 所示。

表 5-34　各类型算法的优缺点

算法类型	说明	优点	缺点
基于内容推荐	基于项目的内容信息做推荐，而不需要考虑用户对项目的评价意见	（1）推荐结果直观，容易解释 （2）不需要领域知识	（1）新用户问题 （2）复杂属性不好处理 （3）要有足够数据来构造分类器
协同过滤推荐	一般采用最近邻技术，利用用户的历史喜好信息计算用户之间的距离，然后利用目标用户的最近邻居用户对商品评价的加权评价值来预测目标用户对特定商品的喜好程度，从而根据这一喜好程度来为目标用户推荐商品	（1）能发现新异兴趣、不需要领域知识 （2）随着时间推移，性能会提高 （3）推荐个性化、自动化程度高 （4）能处理复杂的非结构化对象	（1）稀疏问题 （2）可扩展性问题 （3）新用户问题 （4）质量取决于历史数据集 （5）系统刚开始运行时推荐效果差

续表

算法类型	说明	优点	缺点
基于关联规则推荐	以关联规则为基础，将已购商品作为规则头，规则体为推荐对象	（1）能发现新兴趣点 （2）不需要领域知识	（1）规则抽取难，耗时 （2）产品名同义性问题 （3）个性化程度低
基于效用推荐	是建立在对用户使用项目的效用情况上计算的，其核心问题是怎样为每一个用户创建一个效用函数，因此，用户资料模型很大程度上是由系统所采用的效用函数决定的	（1）无冷启动和稀疏问题 （2）对用户偏好变化敏感 （3）能考虑非产品特性	（1）用户必须输入效用函数 （2）推荐是静态的，灵活性差 （3）属性重叠问题
基于知识推荐	在某种程度上可以看成是一种推理（Inference）技术，它不是在用户需要和偏好基础上推荐的	（1）能将用户需求映射到产品上 （2）能考虑非产品属性	（1）知识难获得 （2）推荐是静态的
基于流行度推荐	将最热门的产品直接推荐给用户，建立在大众喜好的平均水平上	适合历史数据较少的用户	（1）体现不出个性化的特点 （2）推荐效果较差

本节重点介绍协同过滤推荐算法和流行度推荐算法。

5.4.2　智能推荐模型评价

1．推荐列表评价指标

通常网站给用户进行推荐时，会针对每个用户提供一个个性化的推荐列表，也称为 TopN 推荐。TopN 推荐常用的评价指标是精确率、召回率和 $F1$ 值。

精确率表示推荐列表中用户喜欢的物品所占的比例。单个用户 u 的推荐精确率定义如式（5-35）所示。

$$P(L_u) = \frac{L_u \bigcap B_u}{L_u} \tag{5-35}$$

其中，L_u 表示用户 u 的推荐列表，B_u 表示测试集中用户 u 喜欢的物品。

整个推荐系统的精确率定义如式（5-36）所示。

$$P_L = \frac{1}{n} \sum_{u \in U} P(L_u) \tag{5-36}$$

其中，n 表示测试集中用户的数量，U 表示测试集中的用户集合。

召回率表示测试集中用户喜欢的物品出现在推荐列表中的比例。单个用户 u 的推荐召回率定义如式（5-37）所示。

$$R(L_u) = \frac{L_u \bigcap B_u}{B_u} \tag{5-37}$$

整个推荐系统的召回率定义如式（5-38）所示。

$$R_L = \frac{1}{n} \sum_{u \in U} R(L_u) \tag{5-38}$$

$F1$ 值（F1 score）是综合了精确率（P）和召回率（R）的评价指标，$F1$ 值越高，表明推荐算法越有效。$F1$ 值定义如式（5-39）所示。

$$F1 = \frac{2PR}{P + R} \tag{5-39}$$

2. 评分预测评价指标

评分预测是指预测一个用户对推荐的物品的评分。评分预测的预测准确度通过均方根误差（RMSE）和平均绝对误差（MAE）进行评价。

对于测试集 T 中的用户 u 和物品 i，定义用户 u 对物品 i 的实际评分为 r_{ui}，推荐算法的预测评分为 $\hat{r}_{ui}$，则 RMSE 的定义如式（5-40）所示。

$$\text{RMSE} = \frac{\sqrt{\sum_{u,i \in T} (r_{ui} - \hat{r}_{ui})^2}}{|T|} \tag{5-40}$$

MAE 使用绝对值计算，定义如式（5-41）所示。

$$\text{MAE} = \frac{\sum_{u,i \in T} |r_{ui} - \hat{r}_{ui}|}{|T|} \tag{5-41}$$

5.4.3 协同过滤推荐算法

协同过滤推荐算法按原理可分为基于用户的协同过滤推荐算法和基于物品的协同过滤推荐算法。

1. 基于用户的协同过滤推荐算法

基于用户的协同过滤（User-Based Collaborative Filtering，UBCF）推荐算法的基本思想相当简单：基于用户对物品的偏好找到邻居用户，然后将邻居用户喜欢的物品推荐给当前用户。

（1）算法实现的基本过程

在计算上，UBCF 推荐算法就是将一个用户对所有物品的偏好作为一个向量来计算用户之间的相似度，找到 K 个邻居后，根据邻居的相似度权重及他们对物品的偏好，预测当前用户偏好中未涉及的物品，计算得到一个排序的物品列表作为推荐。图 5-20 给出了一个例子，对于用户 A，根据其历史偏好，这里只计算得到一个邻居——用户 C，因此将用户 C 喜欢的物品 D 推荐给用户 A。

图 5-20 基于用户的协同过滤

（2）算法步骤

① 计算用户之间的相似度

实现 UBCF 推荐算法第一个重要的步骤就是计算用户之间的相似度。而对于计算相似度，目前主要的方法如表 5-35 所示。

表 5-35   相似度计算方法

方法	说明	公式
Pearson 相关系数	Pearson 相关系数一般用于计算两个定距变量间联系的紧密程度，它的取值在[-1,+1]区间内。Pearson 相关系数等于两个变量的协方差除以两个变量的标准差	$s(X,Y) = \dfrac{\mathrm{cov}(X,Y)}{\sigma_X \sigma_Y}$
欧几里得相似度	欧几里得距离相似度以经过人们一致评价的物品为坐标轴，然后将参与评价的人绘制到坐标系上，并计算这些人彼此之间的直线距离 $\sqrt{\sum(X_i - Y_i)^2}$	$s(X,Y) = \dfrac{1}{1+\sqrt{\sum(X_i - Y_i)^2}}$
余弦相似度	余弦相似度用向量空间中两个向量夹角的余弦值作为衡量两个个体间差异的标准，如下所示： 	$s(X,Y) = \cos\theta = \dfrac{\boldsymbol{xy}}{|\boldsymbol{x}||\boldsymbol{y}|}$
Jaccard 相似系数	分母 $A_L \cup A_M$ 表示喜欢物品 L 与喜欢物品 M 的用户总数，分子 $A_L \cap A_M$ 表示同时喜欢物品 L 和物品 M 的用户数	$J(A_L, A_M) = \dfrac{|A_L \cap A_M|}{|A_L \cup A_M|}$

② 预测评分

实现 UBCF 推荐算法的另一个重要步骤是计算用户 u 对未评分商品的预测分值。首先根据上一步中的相似度计算并寻找用户 u 的邻居集 $N(N \in U)$，其中 N 表示邻居集，U 表示用户集。然后结合用户评分数据集，预测用户 u 对项 i 的评分，计算公式如式（5-42）所示。

$$p_{u,i} = \overline{r} + \frac{\sum\limits_{u' \subset N} s(u-u')(r_{u',i} - \overline{r}_{u'})}{\sum\limits_{u' \subset N}|s(u-u')|} \tag{5-42}$$

其中，$s(u-u')$ 表示用户 u 和用户 u' 的相似度。

最后，基于对未评分商品的预测分值排序，得到推荐商品列表。

（3）基于用户的个性化动漫推荐

使用 UBCF 推荐算法实现动漫的个性化推荐，可将数据集分为训练数据集和测试数据集。训练数据集记录了 1066051 条用户观看动漫的数据，包括用户 ID（user_id）、动漫 ID（anime_id）和用户对动漫的评分（rating），用以生成用户相似度矩阵和预测评分；测试数据集记录了 9950 条用户观看动漫的数据，用以评价模型的准确率。

使用 UBCF 推荐算法实现动漫推荐，如代码 5-12 所示。

代码 5-12　使用 UBCF 推荐算法实现动漫推荐

```python
# 导入库
import pandas as pd
import numpy as np
import time

# 数据读取
train_data = pd.read_csv('../data/train_data.csv')
test_data = pd.read_csv('../data/test_data.csv')

# 用户-物品矩阵
train_df = train_data.pivot(index='user_id', columns='anime_id', values='rating')
test_df = test_data.pivot(index='user_id', columns='anime_id', values='rating')

# UBCF 推荐算法
# 用户相似度矩阵
print('请稍等: ', end='')
s_data = pd.DataFrame(index=test_df.index, columns=train_df.index)
for u in test_df.index:
    Du = np.sqrt(sum(train_df.loc[[u]].dropna(axis=1).values[0] ** 2))
    for v in train_df.index:
        if v != u:
            uv_data = train_df.loc[[u, v]].dropna(axis=1)
            v_data = train_df.loc[[v]].dropna(axis=1)
            U = sum(uv_data.values[0] * uv_data.values[1])
            Dv = np.sqrt(sum(v_data.values[0] ** 2))
            s = U / (Du * Dv)
            s_data.loc[u, v] = s
print('.', end='')

# 导入编写的 UBCF 推荐算法函数
from UBCF import UBCF_rec
# 获取最优近邻数
print('请稍等: ', end='')
MAE_anchor = []
time_anchor = []
for N in range(10, 100, 10):
    start = time.time()
```

```
    rec_pre = UBCF_rec(train_df, s_data, N)
    co = set(test_df.columns)&set(rec_pre.columns)
    rec_pre1 = rec_pre[co]
    test_df1 = test_df[co]
    MAE = 0
    for u in test_df1.index:
        tmp = pd.concat([rec_pre1.loc[[u]], test_df1.loc[[u]]]).dropna(axis=1)
        MAE += (np.abs(tmp.iloc[0].values - tmp.iloc[1].values)).mean()
    MAE = MAE / rec_pre1.shape[0]
    end = time.time()
    T = end - start
    MAE_anchor.append(MAE)
    time_anchor.append(T)
print('.', end='')

# 模型和评价
rec_pre = UBCF_rec(train_df, s_data, 40)
co = set(test_df.columns)&set(rec_pre.columns)
rec_pre1 = rec_pre[co]
test_df1 = test_df[co]

MAE = []
for u in test_df1.index:
    tmp = pd.concat([rec_pre1.loc[[u]], test_df1.loc[[u]]]).dropna(axis=1)
    MAE.append(np.abs(tmp.iloc[0].values - tmp.iloc[1].values).mean())
MAE = np.nanmean(MAE)
print('预测评分与实际评分之间的均方误差为: ', MAE)
# 写出推荐结果
rec_pre.to_csv('../tmp/rec_pre.csv')
```

运行代码 5-12 得到的结果如下。

预测评分与实际评分之间的均方误差为: 0.938077971469259

结果显示, 预测评分与实际评分的差距小于 1 分, 属于较为精准的个性化推荐。

2. 基于物品的协同过滤推荐算法

（1）算法实现的基本过程

基于物品的协同过滤（Item-Based Collaborative Filtering，IBCF）推荐算法的原理和 UBCF 推荐算法类似, 只是在计算邻居时采用物品本身而不是从用户的角度, 即基于用户对物品的偏好找到相似的物品, 再根据用户的历史偏好推荐相似的物品给用户。从计算的角度看, IBCF 推荐算法是将所有用户对某个物品的偏好作为一个向量计算物品之间的相似度, 得到物品的相似物品后, 根据用户的历史偏好预测当前用户可能会表示偏好的物品, 得到一个排序后的物品列表作为推荐。图 5-21 给出了一个例子, 对于物品 A, 根据所有用户的历史偏好, 可以发现喜欢物品 A 的用户都喜欢物品 C, 得出物品 A 和物品 C 比较相似, 而用户 C 喜欢物品 A, 可以推断出用户 C 可能也喜欢物品 C。

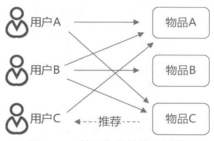

图 5-21 基于物品的协同过滤

（2）算法步骤

根据协同过滤的处理过程可知，IBCF 推荐算法的具体实现主要分为计算物品之间的相似度和生产推荐列表两个步骤。

计算物品相似度的方法有余弦相似度、Jaccard 相似系数、Pearson 相关系数和欧几里得相似度等，如表 5-35 所示。

计算出各个物品之间的相似度后，即可构成一个物品之间的相似度矩阵。通过相似度矩阵，推荐算法会为用户推荐与用户偏好的物品最相似的 K 个物品。

式（5-43）给出了推荐算法中用户对物品感兴趣的程度的计算公式。其中 R 表示用户对物品的兴趣，sim 表示所有物品之间的相似度，P 为用户对物品感兴趣的程度。

$$P = \text{sim} \times R \tag{5-43}$$

（3）基于物品的个性化动漫推荐

使用 IBCF 推荐算法实现动漫推荐，如代码 5-13 所示。

代码 5-13　使用 IBCF 推荐算法实现动漫推荐

```
ui_matrix_tr = train_df / train_df
ui_matrix_tr.fillna(0, inplace=True)

# 求物品相似度矩阵
t = 0
print('请稍等: ', end='')
item_matrix_tr = pd.DataFrame(0, index=ui_matrix_tr.columns, columns=ui_
matrix_tr.columns)
for i in item_matrix_tr.index:
    item_tmp = ui_matrix_tr[[i]].values * np.ones((ui_matrix_tr.shape[0],
                            ui_matrix_tr.shape[1])) + ui_matrix_tr
    U = np.sum(item_tmp == 2)
    D = np.sum(item_tmp != 0)
    item_matrix_tr.loc[i, :] = U / D
    t += 1
    if t%100 == 0:
        print('.', end='')

# 将物品相似度矩阵对角线处理为 0
for i in item_matrix_tr.index:
    item_matrix_tr.loc[i, i] = 0
```

```
test_tmp = test_data
# 开始推荐
rec = pd.DataFrame(index=test_tmp.index, columns=['User', '已观看动漫', '推荐
动漫', 'T/F'])
rec.loc[:, 'User'] = list(test_tmp.iloc[:, 0])
rec.loc[:, '已观看动漫'] = list(test_tmp.iloc[:, 1])
for i in rec.index:
    usid = test_tmp.loc[i, 'user_id']
    animeid = test_tmp.loc[i, 'anime_id']
    item_anchor  =  list(ui_matrix_tr.loc[usid][ui_matrix_tr.loc[usid]  ==
1].index)
    co = [j for j in item_matrix_tr.columns if j not in item_anchor]
    item_tmp = item_matrix_tr.loc[animeid, co]
    rec_anime = list(item_tmp.index)[item_tmp.argmax()]
    rec.loc[i, '推荐动漫'] = rec_anime
    if test_df.loc[usid, rec_anime] >= 0:
        if test_df.loc[usid, rec_anime] >= 7:
            rec.loc[i, 'T/F'] = 'T'
        else:
            rec.loc[i, 'T/F'] = 'F'
print(rec['T/F'].value_counts())

score  =  rec['T/F'].value_counts()['T']/(rec['T/F'].value_counts()['T']  +
rec['T/F'].value_counts()['F'])
print('推荐的准确率为: ', str(round(score * 100, 2)) + '%')
```

运行代码 5-13 得到的结果如下。

```
T    316
F     38
Name: T/F, dtype: int64
推荐的准确率为: 89.27%
```

结果显示，在推荐的 354 部动漫中，有 316 部动漫的实际评分大于或等于 7 分，推荐的准确率接近 90%，说明算法的推荐效果较好。

5.4.4 基于流行度的推荐算法

对于不具有观看记录或观看记录过少的用户，可以使用基于流行度的推荐算法，为这些用户推荐最热门的前 N 个动漫，等用户的观看数据收集到一定数量时，再切换为个性化推荐。

在 Python 中使用基于流行度的推荐算法实现动漫推荐，如代码 5-14 所示。

代码 5-14　使用基于流行度的推荐算法实现动漫推荐

```
import numpy as np
import pandas as pd
import time

# 数据读取
train_data = pd.read_csv('../data/train_data.csv')
```

```
test_data = pd.read_csv('../data/test_data.csv')

# 用户-物品矩阵
train_df = train_data.pivot(index='user_id', columns='anime_id', values='rating')
ui_matrix_tr = train_df / train_df

test_df = test_data.pivot(index='user_id', columns='anime_id', values='rating')
test_tmp = test_data
test_tmp_df = test_tmp.pivot(index='user_id', columns='anime_id', values=
'rating')

# 流行度模型
# 将动漫按热度排名
av_score = {}
for i in range(len(ui_matrix_tr.columns)):
    av_score[ui_matrix_tr.columns[i]] = ui_matrix_tr.iloc[
        :, i].sum() / ui_matrix_tr.iloc[:, i].size
rec_data = pd.DataFrame(index=test_tmp_df.index, columns=['推荐动漫', 'T/F'])
pf = pd.DataFrame(av_score, index=[0])
rec_tmp = pf.loc[0].sort_values()
anime_tr = ui_matrix_tr.columns
for v in test_tmp_df.index:
    co = ui_matrix_tr.loc[v].dropna().index
    anime_tmp = [i for i in anime_tr if i not in co]
    pf_tmp = pf[co]
    rec = pf.stack().idxmax()[1]
    rec_data.loc[v, '推荐动漫'] = rec
    if rec in list(test_df.loc[v].dropna().index):
        rec_data.loc[v, 'T/F'] = 'T'
    else:
        rec_data.loc[v, 'T/F'] = 'F'

print(rec_data['T/F'].value_counts())

score = rec_data['T/F'].value_counts()['T'] / (rec_data['T/F'].value_counts()[
    'T'] + rec_data['T/F'].value_counts()['F'])
print('推荐的准确率为: ', str(round(score * 100, 2)) + '%')
```

运行代码 5-14 得到的结果如下。

```
F    2311
T     689

推荐的准确率为: 22.97%
```

结果显示，基于流行度的推荐算法的准确率仅为 22.97%，推荐效果较差。

5.5　时间序列

时间序列是按照时间排序的一组随机变量，它通常是在相等间隔的时间段内依照给定的采样率对某种潜在过程进行观测的结果。时间序列数据本质上反映的是某个或者某些随机变量随时间不断变化的趋势，而时间序列预测方法的核心就是从数据中挖掘出这种趋势，并利用它对将来的数据做出估计。

5.5.1 时间序列算法

时间序列算法是一种定量预测算法，广泛应用于多个领域。时间序列分析（Time Series Analysis）是一种动态数据处理的统计方法。该方法研究随机数据序列所遵从的统计规律，以解决实际问题。

常用的时间序列模型如表 5-36 所示。

表 5-36　常用的时间序列模型

模型名称	描述
平滑法	平滑法常用于趋势分析和预测，利用修匀技术，削弱短期随机波动对序列的影响，使序列平滑化。根据所用平滑技术的不同，可具体分为移动平均法和指数平滑法
趋势拟合法	趋势拟合法以时间为自变量、相应的序列观测值为因变量建立回归模型。根据序列的特征，可具体分为线性拟合和曲线拟合
组合模型	时间序列的变化主要受到长期趋势（T）、季节变动（S）、周期变动（C）和不规则变动（ε）这 4 个因素的影响。根据序列的特点，可以构建加法模型和乘法模型。加法模型：$x_t = T_t + S_t + C_t + \varepsilon_t$。乘法模型：$x_t = T_t \cdot S_t \cdot C_t \cdot \varepsilon_t$
AR 模型	$x_t = \phi_0 + \phi_1 x_{t-1} + \phi_2 x_{t-2} + ... + \phi_p x_{t-p} + \varepsilon_t$。 以前 p 期的序列值（$x_{t-1}, x_{t-2}, ..., x_{t-p}$）为自变量、随机变量 X_t 的取值 x_t 为因变量建立线性回归模型
MA 模型	$x_t = \mu + \varepsilon_t - \theta_1 \varepsilon_{t-1} - \theta_2 \varepsilon_{t-2} - ... - \theta_q \varepsilon_{t-q}$。 随机变量 X_t 的取值 x_t 与以前各期的序列值无关，建立 x_t 与前 q 期的随机扰动（$\varepsilon_{t-1}, \varepsilon_{t-2}, ..., \varepsilon_{t-q}$）的线性回归模型
ARMA 模型	$x_t = \phi_0 + \phi_1 x_{t-1} + \phi_2 x_{t-2} + ... + \phi_p x_{t-p} + \varepsilon_t - \theta_1 \varepsilon_{t-1} - \theta_2 \varepsilon_{t-2} - ... - \theta_q \varepsilon_{t-q}$ 随机变量 X_t 的取值 x_t 不仅与以前 p 期的序列值有关，还与前 q 期的随机扰动有关
ARIMA 模型	许多非平稳序列差分后会显示出平稳序列的性质，通常称这个非平稳序列为差分平稳序列。对差分平稳序列可以使用 ARIMA 模型进行拟合
ARCH 模型	ARCH 模型能准确地模拟时间序列变量的波动性的变化，适用于具有异方差性并且异方差函数短期自相关的序列
GARCH 模型及其衍生模型	GARCH 模型称为广义 ARCH 模型，是 ARCH 模型的拓展。相比于 ARCH 模型，GARCH 模型及其衍生模型更能反映实际序列中的长期记忆性、信息的非对称性等性质

本节将重点介绍 AR 模型、MA 模型、ARMA 模型和 ARIMA 模型。

5.5.2 时间序列的预处理

针对一个观测值序列，首先要对它的白噪声和平稳性进行检验，这两个重要的检验称为序列的预处理。然后根据检验结果可以将序列分为不同的类型，对不同类型的序列会采取不同的分析方法。

白噪声序列又称纯随机序列，序列的各项之间没有任何相关关系，序列在进行完全无序的随机波动，可以终止对该序列的分析。白噪声序列是没有信息可提取的平稳序列。

对于平稳非白噪声序列，它的均值和方差是常数，现已有一套非常成熟的平稳序列的建模方法。通常建立一个线性模型来拟合该序列的发展，借此提取该序列的有用信息。ARMA 模型是最常用的平稳序列拟合模型。

对于非平稳序列，由于它的均值和方差不稳定，处理方法一般是将其转变为平稳序列，这样就可以应用有关平稳序列的分析方法，如建立 ARMA 模型来进行相应的研究。如果一个时间序列经差分运算后具有平稳性，称该序列为差分平稳序列，那么可以使用 ARIMA 模型进行分析。

1. 平稳性检验

（1）平稳序列的定义

如果时间序列 $\{X_t, t \in T\}$ 在某一常数附近波动且波动范围有限，即有常数均值和常数方差，并且延迟 k 期的序列变量的自协方差和自相关系数是相等的，或者说延迟 k 期的序列变量之间的影响程度是一样的，则称时间序列 $\{X_t, t \in T\}$ 为平稳序列。平稳性的基本思想是决定过程特性的统计规律不随时间的变化而变化。

（2）平稳性的检验

检验序列的平稳性有两种方法：一种是根据时序图和自相关图的特征做出判断的图检验，该方法操作简单、应用广泛，缺点是带有主观性；另一种是构造检验统计量进行检验的方法，目前最常用的方法是单位根检验。

① 时序图检验

根据平稳序列的均值和方差都为常数的性质，平稳序列的时序图显示该序列值始终在一个常数附近随机波动，而且波动的范围有限；如果波动有明显的趋势性或者周期性，那么它通常不是平稳序列。

② 自相关图检验

平稳序列具有短期相关性，这个性质表明对平稳序列而言通常只有近期的序列值对现时值的影响比较明显，间隔越远的过去值对现时值的影响越小。随着延迟期数 k 的增加，平稳序列的自相关系数 ρ_k（延迟 k 期）会比较快地衰减趋向于 0，并在 0 附近随机波动，而非平稳序列的自相关系数衰减的速度比较慢。这就是利用自相关图进行平稳性检验的标准。

③ 单位根检验

单位根检验是指检验序列中是否存在单位根，若存在单位根则是非平稳时间序列。

2. 白噪声检验

如果一个序列是纯随机序列，那么它的序列值之间应该没有任何关系，即自相关系数为 0，是一种理论上才会出现的理想状态。实际上纯随机序列的样本自相关系数不会绝对为 0，但是很接近 0，并在 0 附近随机波动。

白噪声检验也称纯随机性检验，一般是构造检验统计量来检验序列的白噪声，常用的检验统计量有 Q 统计量、LB 统计量。由样本各延迟期数的自相关系数可以计算得到检验统计量，然后计算出对应的 P 值，如果 P 值显著大于显著性水平 α，则表示该序列不能拒绝纯随机的原假设，可以停止对该序列的分析。

5.5.3 平稳序列分析

ARMA 模型的全称是自回归移动平均模型，它是目前最常用的拟合平稳序列的模型。它又可以细分为 AR 模型、MA 模型和 ARMA 模型三大类，其中，ARMA 是 AR 模型、MA 模型的混合体，它们都可以看作多元线性回归模型。

1. 基本概念

（1）均值

对满足平稳性条件的 $AR(p)$ 模型的方程，两边取期望值，得式（5-44）。

$$E(x_t) = E\left(\phi_0 + \phi_1 x_{t-1} + \phi_2 x_{t-2} + ... + \phi_p x_{t-p} + \varepsilon_t\right) \tag{5-44}$$

已知 $E(x_t) = \mu$、$E(\varepsilon_t) = 0$，所以有 $\mu = \phi_0 + \phi_1\mu + \phi_2\mu + ... + \phi_p\mu$，得式（5-45）。

$$\mu = \frac{\phi_0}{1 - \phi_1 - \phi_2 - ... - \phi_p} \tag{5-45}$$

（2）方差

平稳 $AR(p)$ 模型的方差有界，等于常数。

（3）自相关系数（ACF）

平稳 $AR(p)$ 模型的自相关系数 ρ_k $\left(\rho_k = \rho(t, t-k) = \dfrac{\mathrm{cov}(X_t, X_{t-k})}{\sigma_t \sigma_{t-k}}\right)$ 呈指数速度衰减，始终有非 0 取值，不会在 k 大于某个常数之后就恒等于 0，这个性质就是平稳 $AR(p)$ 模型的自相关系数 ρ_k 具有拖尾性。

（4）偏自相关系数（PACF）

对于一个平稳 $AR(p)$ 模型，求出延迟 k 期自相关系数 ρ_k 时，实际上得到的并不是 X_t 与 X_{t-k} 之间单纯的相关关系，因为 X_t 同时还会受到中间 $k-1$ 个随机变量（$X_{t-1}, X_{t-2}, ..., X_{t-k+1}$）的影响，所以自相关系数 ρ_k 里实际上掺杂了其他变量对 X_t 与 X_{t-k} 的相关影响。为了单纯地检测 X_{t-k} 对 X_t 的影响，引入了偏自相关系数的概念。

（5）拖尾与截尾

截尾是指时间序列的 ACF 或 PACF 在某阶后均为 0 的性质；拖尾是 ACF 或 PACF 并不在某阶后均为 0 的性质。

2. AR 模型

具有式（5-46）所示结构的模型称为 p 阶自回归模型，简记为 $AR(p)$。

$$x_t = \phi_0 + \phi_1 x_{t-1} + \phi_2 x_{t-2} + ... + \phi_p x_{t-p} + \varepsilon_t \tag{5-46}$$

即在 t 时刻的随机变量 X_t 的取值 x_t 是前 p 期的序列值（$x_{t-1}, x_{t-2}, ..., x_{t-p}$）的多元线性回归，认为 x_t 主要是受前 p 期的序列值的影响。误差项是当期的随机扰动 ε_t，为零均值白噪声序列。

平稳 AR(p)模型的性质如表 5-37 所示。

表 5-37　平稳 AR(p)模型的性质

统计量	性质	统计量	性质
均值	常数均值	自相关系数（ACF）	拖尾
方差	常数方差	偏自相关系数（PACF）	p阶截尾

3. MA 模型

具有式（5-47）所示结构的模型称为 q 阶移动平均模型，简记为 MA(q)。

$$x_t = \mu + \varepsilon_t - \theta_1\varepsilon_{t-1} - \theta_2\varepsilon_{t-2} - ... - \theta_q\varepsilon_{t-q} \qquad （5-47）$$

即在 t 时刻的随机变量 X_t 的取值 x_t 是前 q 期的随机扰动（ $\varepsilon_{t-1}, \varepsilon_{t-2}, ..., \varepsilon_{t-q}$ ）的多元线性函数，误差项是当期的随机扰动 ε_t，为零均值白噪声序列，μ 是序列 $\{X_t\}$ 的均值，认为 x_t 主要是受前 q 期的误差项的影响。

平稳 MA(q)模型的性质如表 5-38 所示。

表 5-38　平稳 MA(q)模型的性质

统计量	性质	统计量	性质
均值	常数均值	自相关系数（ACF）	q 阶截尾
方差	常数方差	偏自相关系数（PACF）	拖尾

4. ARMA 模型

具有式（5-48）所示结构的模型称为自回归移动平均模型，简记为 ARMA(p,q)。

$$x_t = \phi_0 + \phi_1 x_{t-1} + \phi_2 x_{t-2} + ... + \phi_p x_{t-p} + \varepsilon_t - \theta_1\varepsilon_{t-1} - \theta_2\varepsilon_{t-2} - ... - \theta_q\varepsilon_{t-q} \qquad （5-48）$$

即在 t 时刻的随机变量 X_t 的取值 x_t 是前 p 期的序列值（ $x_{t-1}, x_{t-2}, ..., x_{t-p}$ ）和前 q 期的随机扰动（ $\varepsilon_{t-1}, \varepsilon_{t-2}, ..., \varepsilon_{t-q}$ ）的多元线性函数，误差项是当期的随机扰动 ε_t，为零均值白噪声序列，认为 x_t 主要是受前 p 期的序列值和前 q 期的误差项的共同影响。

需特别指出的是，当 $q = 0$ 时，是 AR(p)模型；当 $p = 0$ 时，是 MA(q)模型。

平稳 ARMA(p,q)模型的性质如表 5-39 所示。

表 5-39　平稳 ARMA(p,q)模型的性质

统计量	性质	统计量	性质
均值	常数均值	自相关系数（ACF）	拖尾
方差	常数方差	偏自相关系数（PACF）	拖尾

5. 平稳序列建模

某个时间序列经过预处理，被判定为平稳非白噪声序列后，就可以利用 ARMA 模型进行建模。先计算出平稳非白噪声序列 $\{X_t\}$ 的 ACF 和 PACF，再根据 AR(p)、MA(q)和 ARMA(p,q)模型的 ACF 和 PACF 的性质选择合适的模型。平稳序列 ARMA 模型的建模步骤如图 5-22 所示。

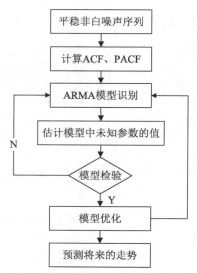

图 5-22　平稳序列 ARMA 模型的建模步骤

步骤的具体描述如下。

（1）计算 ACF 和 PACF。先计算非平稳白噪声序列的 ACF 和 PACF。

（2）ARMA 模型识别，也称模型定阶。根据 AR(p)、MA(q)和 ARMA(p,q)模型的 ACF 和 PACF 的性质选择合适的模型。ARMA 模型的识别原则如表 5-40 所示。

表 5-40　ARMA 模型的识别原则

模型	自相关系数（ACF）	偏自相关系数（PACF）
AR(p)	拖尾	p 阶截尾
MA(q)	q 阶截尾	拖尾
ARMA(p,q)	p 阶拖尾	q 阶拖尾

（3）估计模型中未知参数的值。

（4）模型检验。对模型的效果进行评估检验。

（5）模型优化。优化模型的参数。

（6）模型应用。进行短期预测。

5.5.4　非平稳序列分析

实际上，自然界中的绝大部分序列都是非平稳的，因此对非平稳序列的分析更普遍、更重要，创造出来的分析方法也更多。

非平稳序列的分析方法可以分为确定性因素分解的时序分析和随机时序分析两大类。

确定性因素分解的时序分析将所有序列的变化都归结为 4 个因素（长期趋势、季节变动、循环变动和随机波动）的综合影响，其中长期趋势和季节变动的规律性信息通常比较容易提取，而由随机因素导致的波动则非常难以确定和分析，如果随机信息浪费严重，会导致模型拟合精度不够理想。

随机时序分析可以弥补确定性因素分解的时序分析的不足。根据时间序列的不同特点，随机时序分析可以建立的模型有 ARIMA 模型、残差自回归模型、季节模型、异方差模型等。本小节重点介绍 ARIMA 模型并对非平稳序列进行建模。

1. 差分运算

差分运算具有强大的提取确定性信息的能力，许多非平稳序列差分后会显示出平稳序列的性质，这时称这个非平稳序列为差分平稳序列。常用的差分计算分为 p 阶差分和 k 步差分两种。

（1）p 阶差分。相距 p 期的两个序列值之间的减法运算称为 p 阶差分运算。

（2）k 步差分。相距 k 期的两个序列值之间的减法运算称为 k 步差分运算。

2. ARIMA 模型

对差分平稳序列可以使用 ARMA 模型进行拟合。ARIMA 模型的实质就是差分运算与 ARMA 模型的组合，掌握了 ARMA 模型的建模方法和步骤以后，对序列建立 ARIMA 模型会变得更简单。

差分平稳序列的建模步骤如图 5-23 所示。

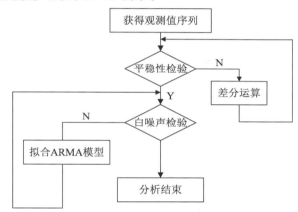

图 5-23　差分平稳序列的建模步骤

随着互联网走进千家万户，网络用户变得越来越多，对网络用户的流量监控就显得十分重要，用户人数预测可以看作基于时间序列的短期数据预测，预测对象为具体的每分钟连接到互联网的用户人数。下面对 100 分钟内每分钟通过服务器连接到互联网的用户人数数据构建 ARIMA 模型，部分数据如表 5-41 所示。

表 5-41　每分钟通过服务器连接到互联网的用户人数的部分数据

分钟	用户人数（人）	分钟	用户人数（人）
1	88	6	85
2	84	7	83
3	85	8	85
4	85	9	88
5	84	10	89

（1）查看时间序列平稳性

通过时间序列的时序图和自相关图可以查看时间序列平稳性。

使用 statsmodels 库中 tsa 模块的 plot_acf 函数可以绘制自相关图。plot_acf 函数的基本使用格式如下。

```
statsmodels.tsa.stattools.plot_acf(x, ax = None, lags = None, *, alpha = 0.05,
use_vlines = True, unbiased = False, fft = False, missing = 'none', title =
'Autocorrelation', zero = True, vlines_kwargs = None, **kwargs)
```

plot_acf 函数常用的部分参数及其说明如表 5-42 所示。

表 5-42 plot_acf 函数常用的部分参数及其说明

参数名称	参数说明
x	接收 array_like。表示时间序列数据。无默认值
lags	接收 int 类型的值。或 array_like。表示滞后值。默认值为 None
alpha	接收 float 类型的值。表示给定级别的置信区间。默认值为 0.05
use_vlines	接收 bool 类型的值。表示是否返回 Ljung-Box q。默认值为 True
unbiased	接收 bool 类型的值。表示是否用 FFT 计算 ACF。默认值为 False
fft	接收 bool 类型的值。表示通过 FFT 计算 ACF。默认值为 False
missing	接收字符串。表示如何处理 NaN。默认值为 none
title	接收字符串。表示标题。默认值为 Autocorrelation
zero	接收 bool 类型的值。表示是否包括 0 滞后自相关。默认值为 True

绘制原始序列的时序图,如图 5-24 所示。绘制原始序列的自相关图,如图 5-25 所示。

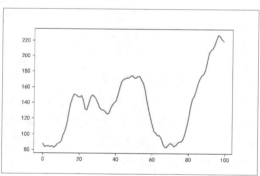

图 5-24 原始序列的时序图

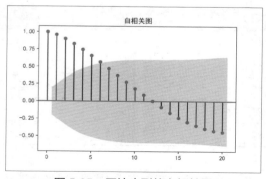

图 5-25 原始序列的自相关图

从图 5-24 可以看出，时序图显示该序列具有明显的递增趋势，可以判断为非平稳序列；图 5-25 显示自相关系数长期大于 0，说明序列间具有很强的长期相关性。

对原始序列绘制时序图和自相关图，查看时间序列平稳性，如代码 5-15 所示。

代码 5-15　绘制时序图和自相关图

```python
import pandas as pd
usage = pd.read_csv('../data/WWWusage.csv')
usage = usage['x']

# 时序图
import matplotlib.pyplot as plt
plt.rcParams['font.sans-serif'] = ['SimHei']  # 用于正常显示中文标签
plt.rcParams['axes.unicode_minus'] = False  # 用于正常显示负号
usage.plot()
plt.show()

# 自相关图
from statsmodels.graphics.tsaplots import import plot_acf
plot_acf(usage)
plt.title('自相关图')
plt.show()
```

（2）单位根检验

单位根检验是指检验序列中是否存在单位根。若存在单位根，则说明该时间序列为非平稳序列。单位根检验可以检验时间序列的平稳性。

使用 statsmodels 库中 tsa 模块的 adfuller 函数可以对原始序列进行单位根检验，以查看数据的平稳性。adfuller 函数的基本使用格式如下。

```
statsmodels.tsa.stattools.adfuller(x, maxlag = None, regression = 'c', autolag
= 'AIC', store = False, regresults = False)
```

adfuller 函数常用的参数及其说明如表 5-43 所示。

表 5-43　adfuller 函数常用的参数及其说明

参数名称	参数说明
x	接收 array_like。表示要检验的数据集。无默认值
maxlag	接收 int 类型的值。表示最大滞后数目。默认值为 None
regression	接收字符串。表示回归中的包含项（c 表示只有常数项；ct 表示常数项和趋势项；ctt 表示常数项和线性二次项；nc 表示没有常数项和趋势项）。默认值为 c
autolag	接收字符串。表示自动选择滞后数目（AIC 表示赤池信息准则；BIC 表示贝叶斯信息准则；t-stat 表示基于 maxlag，从 maxlag 开始并删除一个滞后直到最后一个滞后长度基于 t-statistic 显著性小于 5% 为止；None 表示使用 maxlag 指定的滞后数目）。默认值为 AIC
store	接收 bool 类型的值。表示是否将结果实例另外返回到 adf 统计信息。默认值为 False
regresults	接收 bool 类型的值。表示是否将完整的回归结果返回。默认值为 False

对原始序列进行单位根检验，查看数据的平稳性，如表 5-44 所示。

表 5-44　原始序列的单位根检验

adf	cValue			p 值
	1%	5%	10%	
0.3061	−3.5004	−2.8922	−2.5831	0.1244

单位根检验统计量对应的 p 值显著大于 0.05，最终将该序列判断为非平稳序列（非平稳序列一定不是白噪声序列）。

对原始序列进行单位根检验，如代码 5-16 所示。

代码 5-16　单位根检验

```
from statsmodels.tsa.stattools import adfuller as ADF
print('原始序列的 ADF 检验结果为：', ADF(usage))
```

（3）对原始序列进行一阶差分

使用 pandas 库中 DataFrame 模块的 diff() 方法可以实现对观测值序列进行差分计算。diff() 方法的基本使用格式如下。

```
pandas.DataFrame.diff(periods=1, axis=0)
```

diff() 方法常用的参数及其说明如表 5-45 所示。

表 5-45　diff() 方法常用的参数及其说明

参数名称	参数说明
periods	接收 int 类型的值。表示差分周期。默认值为 1
axis	接收 int 类型的值或字符串。表示对行还是列进行差分。默认值为 0

对原始序列进行一阶差分并绘制时序图，如图 5-26 所示；绘制阶差分后序列的自相关图，如图 5-27 所示，查看一阶差分时间序列的平稳性和自相关性。

由图 5-26 可知，序列一阶差分后的趋势呈现出一定的波动性，因此原始序列属于平稳序列；从图 5-27 可以看出，两头的趋势逐渐趋向于平稳，所以原始序列属于平稳序列。

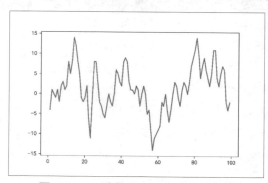

图 5-26　一阶差分之后序列的时序图

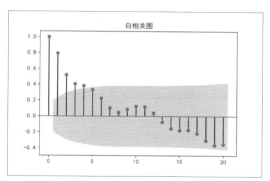

图 5-27　一阶差分之后序列的自相关图

对原始序列进行差分，并绘制时序图和自相关图，如代码 5-17 所示。

代码 5-17　差分原始序列并绘制时序图和自相关图

```
D_usage = usage.diff().dropna()
D_usage.plot()  # 时序图
plt.show()
plot_acf(D_usage)
plt.title('自相关图')
plt.show()
```

（4）平稳性和白噪声检验

使用 statsmodels 库中 stats 模块的 acorr_ljungbox 函数可以检测时间序列是否为白噪声序列。acorr_ljungbox 函数的基本使用格式如下。

```
statsmodels.stats.diagnostic.acorr_ljungbox ( x, lags = None, boxpierce = False,
model_df = 0, period = None, return_df = None )
```

acorr_ljungbox 函数常用的部分参数及其说明如表 5-46 所示。

表 5-46　acorr_ljungbox 函数常用的部分参数及其说明

参数名称	参数说明
x	接收 array_like。接收时间序列数据。无默认值
lags	接收 int 类型的值。表示滞后数目。默认值为 None
boxpierce	接收 bool 类型的值。表示是否返回 Box-Pierce 测试结果。默认值为 False
model_df	接收 int 类型的值。表示模型消耗的自由度数。默认值为 0
period	接收 int 类型的值。表示季节性时间序列的周期。默认值为 None

对一阶差分之后的序列进行单位根检验和白噪声检验，结果分别如表 5-47 和表 5-48 所示。

表 5-47　一阶差分之后序列的单位根检验

adf	cValue			p 值
	1%	5%	10%	
−3.3407	−3.4989	−2.8915	2.5828	0.0132

单位根检验的结果显示，一阶差分之后的序列的时序图在均值附近比较平稳地波动、自相关图有很强的短期相关性、单位根检验 p 值小于 0.05，所以一阶差分之后的序列是平稳序列。

表 5-48　一阶差分之后序列的白噪声检验

stat	p 值
63.96	1.2685e-15

白噪声检验输出的 p 值远小于 0.05，所以一阶差分之后的序列是平稳非白噪声序列。对差分后的序列进行单位根检验和白噪声检验，如代码 5-18 所示。

代码 5-18　单位根检验和白噪声检验

```
# 单位根检验
print('差分序列的 ADF 检验结果为：', ADF(D_usage))
# 白噪声检验
from statsmodels.stats.diagnostic import acorr_ljungbox
print('差分序列的白噪声检验结果为：', acorr_ljungbox(D_usage, lags=1))  # 返回统
计量和p值
```

（5）对 ARIMA 模型定阶

读取训练后 ARIMA 模型的 BIC 值进行模型定阶。模型定阶的过程就是确定 p 值和 q 值。当 p 值和 q 值均小于或等于 3 时，计算 ARMA(p,q) 中所有组合的 BIC 值，取其中 BIC 值最小的值作为模型阶数，如代码 5-19 所示。

代码 5-19　模型定阶

```
from statsmodels.tsa.arima_model import ARIMA
# 定阶
usage = usage.astype(float)
pmax = 3
qmax = 3
bic_matrix = []  # BIC 矩阵
for p in range(pmax + 1):
    tmp = []
    for q in range(qmax + 1):
        try:  # 存在部分报错，所以用 try 来跳过报错
            tmp.append(ARIMA(usage, (p, 1, q)).fit().bic)
        except:
            tmp.append(None)
    bic_matrix.append(tmp)
bic_matrix = pd.DataFrame(bic_matrix)  # 从中可以找出最小值
print(bic_matrix)
```

运行代码 5-19 得到的结果如下。

```
            0           1           2           3
0  632.809454  555.949091  530.359489  533.626450
1  538.640579  525.959686  530.554797  531.752779
2  533.694485  530.554804  534.302198  535.567841
3  526.640592  531.162789  535.733012  534.354168
```

当 p 值为 1、q 值为 1 时，最小 BIC 值为 525.959686，模型定阶完成。

（6）ARIMA 模型预测

① 使用 statsmodels 库中 tsa 模块的 ARIMA 类可以设置时序模型的建模参数，以创建 ARIMA 时序模型，ARIMA 类的基本使用格式如下。

```
class statsmodels.tsa.arima_model.ARIMA(endog, order, exog = None, dates = None,
freq = None, missing = 'none')
```

ARIMA 类常用的部分参数及其说明如表 5-49 所示。

表 5-49　ARIMA 类常用的部分参数及其说明

参数名称	参数说明
order	接收字符串。表示模型的（p, d, q）顺序
dates	接收 array_like。表示日期。默认值为 None
freq	接收字符串。表示时间序列的频率。默认值为 None

② 使用 statsmodels 库中 tsa 模块的 forecast()方法可以对得到的时序模型进行预测。forecast()方法的基本使用格式如下。

```
statsmodels.tsa.arima_model.ARIMAResults.forecast(steps = 1, exog = None, alpha = 0.05)
```

forecast()方法常用的部分参数及其说明如表 5-50 所示。

表 5-50　forecast()方法常用的部分参数及其说明

参数名称	参数说明
steps	接收 int 类型的值。表示从开始到结束的样本预测数。默认值为 1
alpha	接收 float 类型的值。表示给定级别的置信区间。默认值为 0.05

应用 ARIMA(1,1,1)模型对未来 10 分钟内每分钟通过服务器连接到互联网的用户人数进行预测，如代码 5-20 所示。结果如表 5-51 所示。

代码 5-20　未来 10 分钟内每分钟通过服务器连接到互联网的用户人数预测

```
p,q=bic_matrix.stack().idxmin()  # 先用 stack()方法展平 BIC 矩阵,然后用 idxmin()
方法找出最小值的位置
print('BIC 最小的 p 值和 q 值为：%s、%s' %(p, q))
model = ARIMA(usage, (p, 1, q)).fit()  # 建立 ARIMA(1, 1, 1)模型
print('模型报告为：\n', model.summary2())
print('预测未来 10 分钟，其预测结果、标准误差、置信区间如下。\n', model.forecast(10))
```

表 5-51　未来 10 分钟内每分钟连接到互联网的用户人数预测结果

分钟	用户人数（人）	分钟	用户人数（人）
1	219	6	221
2	219	7	222
3	219	8	223
4	220	9	225
5	84	10	226

需要说明的是，利用模型向前预测的时期越长，预测误差就会越大，这是时间预测的典型特点。

实训

实训 1　使用分类算法实现客户流失预测

1．训练要点

掌握决策树算法的基本使用方法。

2．需求说明

某通信企业想要依据所有的客户信息预测客户是否会流失。该企业拥有一份客户信息表，其中"电子支付"属性表示客户是否使用电子设备进行支付，0 表示未使用电子设备，1 表示使用电子设备；在"流失类型"属性中，0 表示未流失，1 表示已流失，部分数据如表 5-52 所示。使用决策树算法对客户是否会流失进行预测。

表 5-52　客户信息部分数据

年龄	教育水平	开通月数	电子支付	流失类型	年龄	教育水平	开通月数	电子支付	流失类型
44	4	13	0	1	39	2	41	0	0
33	5	11	0	1	22	2	45	1	1
52	1	68	0	0	35	2	38	1	0
33	2	33	0	1	59	4	45	0	0
30	1	23	0	0	41	1	68	0	0

3．实现思路及步骤

（1）划分训练数据和测试数据。

（2）建立决策树模型。

（3）对模型进行训练。

（4）采用训练后的模型对客户是否会流失进行预测。

实训 2　使用 K-Means 聚类算法实现超市顾客聚类分析

1．训练要点

掌握 K-Means 聚类模型的构建方法。

2．需求说明

某大型超市的经理为查看顾客的购买行为属性所反馈出的顾客价值类别层次，需要通过 K-Means 聚类算法进行聚类分析，并绘制相应的顾客群体属性分布雷达图，得出不同价值层次的顾客群体聚类结果。超市顾客购买行为属性部分数据如表 5-53 所示。

表 5-53　超市顾客购买行为属性部分数据

顾客 ID	近期购买时间间隔（天）	购买频率	购买金额（元）	顾客 ID	近期购买时间间隔（天）	购买频率	购买金额（元）
1000	3	1	619	1007	3	2	934
1001	2	5	2183	1008	3	4	1807
1002	5	2	750	1009	3	2	1332
1003	3	2	433	1010	3	4	1767
1004	10	1	655	1011	3	1	753

3．实现思路及步骤

（1）在 Python 中导入超市顾客购买行为属性数据，并以 user_ID 字段作为索引。

（2）对数据进行标准化处理。

（3）使用 K-Means 聚类算法进行聚类，并限定聚类中心数为 3。

（4）绘制顾客群体属性分布雷达图，分析顾客群体的价值层次。

实训 3　使用 Apriori 算法挖掘网址间的相关关系

1．训练要点

掌握 Apriori 算法的应用方法。

2．需求说明

某网站积存了大量的用户访问记录，采用关联规则算法——Apriori 算法挖掘网址间的相关关系。

3．实现思路及步骤

（1）对用户 IP 进行去重。

（2）根据去重后的用户 IP 找出对应的浏览网址。

（3）采用 Apriori 算法挖掘各网址间的相关关系。

实训 4　使用协同过滤推荐算法实现对用户进行品牌的个性化推荐

1．训练要点

（1）掌握 UBCF 推荐算法的应用方法。

（2）掌握 IBCF 推荐算法的应用方法。

2．需求说明

电商企业的主要经营对象是用户，分析用户的行为记录，探索用户的行为规律，并将这些规律与网站经营策略相结合，从而对网站的营销方案做出有利的修改，对电商企业提高利润和实施高效管理有着重要意义。

某购物网站积存了大量的用户访问记录，每条记录包含某个用户对某个品牌的操作及其发生时间，部分数据如表 5-54 所示，其数据字段说明如表 5-55 所示。为实现对用户的个性化推荐，请采用合适的加权方法对用户的行为进行评分，并通过 UBCF 推荐算法和 IBCF 推荐算法进行推荐，最后评价推荐结果。

表 5-54　用户访问记录的部分数据

user_id	brand_id	type	visit_datetime	user_id	brand_id	type	visit_datetime
10944750	13451	0	6 月 4 日	10944750	13451	0	6 月 4 日
10944750	13451	2	6 月 4 日	10944750	13451	0	6 月 4 日
10944750	13451	2	6 月 4 日	10944750	13451	0	6 月 4 日
10944750	13451	0	6 月 4 日	10944750	21110	0	6 月 7 日
10944750	13451	0	6 月 4 日	10944750	1131	0	7 月 23 日

表 5-55　数据字段说明

字　段	字段说明	提取说明
user_id	用户标记	抽样并且进行字段加密
visit_datetime	行为时间	精确到日级别并且隐藏年份
type	用户对品牌的行为类型	包括点击、购买、加入购物车、收藏 4 种行为（0 表示点击，1 表示购买，2 表示收藏，3 表示加入购物车）
brand_id	品牌数字 ID	抽样并且进行字段加密

3．实现思路及步骤

（1）对用户行为进行加权获取行为评分（购买记 10 分，加入购物车记 8 分，收藏记 4 分，点击记 1 分）。

（2）分别采用 UBCF 推荐算法和 IBCF 推荐算法进行个性化推荐。

实训 5　使用 ARIMA 算法实现气温预测

1．训练要点

（1）掌握查看时间序列平稳性的方法。

（2）掌握检验时间序列平稳性的方法。

（3）掌握时间序列差分的方法。

（4）掌握 ARIMA 模型定阶的方法。

（5）掌握利用 ARIMA 模型进行预测的方法。

2．需求说明

德里地处热带，通常每年的温度介于 11℃～38℃。有记录的最高气温是 43.3℃，最低气温是 7.4℃。根据德里 2016 年 1 月—2016 年 6 月的温度数据（部分数据如表 5-56 所示），利用时间序列模型对德里未来 5 天的温度进行预测。

表 5-56　德里温度的部分数据

日期	温度（℃）	日期	温度（℃）
2016/01/01	14.71428571	2016/01/06	17.375
2016/01/02	14	2016/01/07	17.125
2016/01/03	14.375	2016/01/08	15.5
2016/01/04	15.75	2016/01/09	15.85714286
2016/01/05	15.83333333	2016/01/10	15.625

3. 实现思路及步骤

（1）绘制时间序列时序图和自相关图。

（2）对原始序列进行单位根检验。

（3）对原始序列进行差分并绘制差分后的时序图和自相关图。

（4）对差分后的序列进行平稳性和白噪声检验。

（5）对 ARIMA 模型进行定阶。

（6）利用 ARIMA 模型进行预测。

课后习题

1. 选择题

（1）下列分别属于分类与回归模型的评价指标的是（　　　）。

    A. 混淆矩阵、反馈率 　　　　　　　B. 均方误差、平均绝对误差

    C. ROC 曲线、绝对误差与相对误差 　D. Kappa 统计量、精确率

（2）当数据所带标签未知时，可以使用（　　　）技术找出同类标签，分离其他标签。

    A. 聚类 　　　　　　　　　　　　　B. 关联分析

    C. 主成分分析 　　　　　　　　　　D. 分类

（3）以下不是常见的聚类算法的是（　　　）。

    A. 谱聚类 　　　　　　　　　　　　B. 层次聚类

    C. K-Means 聚类 　　　　　　　　　D. 密度聚类

（4）以下不属于关联规则算法的是（　　　）。

    A. Apriori 算法 　　　　　　　　　B. K-Means 算法

    C. Eclat 算法 　　　　　　　　　　D. FP-Growth 算法

（5）以下不属于计算相似度的方法的是（　　　）。

    A. 协同过滤推荐算法 　　　　　　　B. Pearson 相关系数

    C. 欧几里得相似度 　　　　　　　　D. 余弦相似度

（6）以下不属于平稳性检验的是（　　　）。

    A. 时序图检验 　　　　　　　　　　B. 自相关图检验

    C. 偏自相关图检验 　　　　　　　　D. 单位根检验

2．操作题

（1）银行贷款部门需要判断每个客户的信用情况，以决定给予贷款的金额。根据贷款申请人的年龄、受教育程度、现在所从事工作的年数、未变更住址的年数、收入、负债收入比例、信用卡债务及其他债务来判断申请人的信用情况（0 表示信用高，1 表示信用低）。现有 850 份统计信息，前 700 份为曾经获得贷款的客户的信息及对应信用情况，剩下的 150 份为潜在客户的信息，部分数据如表 5-57 所示。请根据该数据集构建逻辑回归模型，对部分客户的信用情况进行判别。

表 5-57　银行信贷判别的部分数据

年龄	受教育程度	工作的年数	未变更住址的年数	收入（万元）	负债收入比例（%）	信用卡债务（万元）	其他债务（万元）	信用情况
41	3	17	12	176	9.3	11.359	5.009	1
27	1	10	6	31	17.3	1.362	4.001	0
40	1	15	14	55	5.5	0.856	2.169	0
41	1	15	14	120	2.9	2.659	0.821	0
24	2	2	0	28	17.3	1.787	3.057	1
41	2	5	5	25	10.2	0.393	2.157	0
39	1	20	9	67	30.6	3.834	16.668	0
43	1	12	11	38	3.6	0.129	1.239	0

（2）某银行贷款部门记录了一些曾经获得贷款的客户的信息及对应信用情况，同时记录了 150 位潜在客户的信息，其数据形式与操作题（1）的数据形式相同。根据该数据集，使用决策树算法对潜在客户的信用情况进行预测。

（3）某餐饮企业的主管为了解客户的价值类别，需要通过 K-Means 聚类算法对客户的消费行为属性数据进行统计，并绘制聚类后各群体的属性分布雷达图，从而划分出高价值客户群体、一般客户群体和低价值客户群体。该餐饮企业的客户消费行为属性部分数据如表 5-58 所示。

表 5-58　某餐饮企业的客户消费行为属性部分数据

客户 ID	消费时间间隔（天）	消费次数	消费金额（元）	客户 ID	消费时间间隔（天）	消费次数	消费金额（元）
1	27	6	232.61	6	19	6	220.07
2	3	5	1507.11	7	5	2	615.83
3	4	16	817.62	8	26	2	1059.66
4	3	11	232.81	9	21	9	304.82
5	14	7	1913.05	10	2	21	1227.96

根据消费行为属性数据对客户群体进行价值类别划分时，需要对数据进行以下操作。

① 在 Python 中导入餐饮企业的客户消费行为属性数据，并以 ID 字段作为索引。

② 对数据进行标准化处理。

③ 设置聚类中心数为 3，使用 K-Means 聚类算法进行聚类。

④ 对聚类后的 3 个类别群体绘制属性分布雷达图。

⑤ 对 3 个群体的属性分布雷达图进行分析，从而得出各群体所对应的价值类别。

（4）某便利店记录了某客户一周的商品购买情况（user_goods.xls），采用 Apriori 算法挖掘各商品之间的相关关系。

（5）某网站积存了大量的用户访问记录，使用 IBCF 推荐算法对每个用户进行个性化推荐。

（6）由于餐饮行业的生产和销售是同时进行的，因此销售预测对餐饮企业十分必要。销售预测可以减少菜品脱销现象和避免因备料不足而造成的生产延误，从而减少客户的等待时间，给客户提供更优质的服务，同时可以减少安全库存量，做到生产准时制，降低物流成本。餐饮销售预测可以看作基于时间序列的短期数据预测，预测对象为具体菜品的销量。根据 2015 年 1 月 1 日—2015 年 2 月 6 日某餐厅的销量数据（部分数据如表 5-59 所示），对数据进行以下操作。

① 绘制时间序列时序图和自相关图，对数据进行单位根检验，查看数据的平稳性。

② 对原始序列进行差分并绘制差分后的时序图和自相关图。

③ 对差分后的序列进行平稳性和白噪声检验。

④ 对 ARIMA 模型进行定阶，并根据确定好的 p、q 值建立 ARIMA 模型，对未来 5 天餐厅的销量进行预测。

表 5-59　某餐厅的部分销量数据

日期	销量（份）	日期	销量（份）
2015/1/1	3023	2015/1/6	3224
2015/1/2	3039	2015/1/7	3226
2015/1/3	3056	2015/1/8	3029
2015/1/4	3138	2015/1/9	2859
2015/1/5	3188	2015/1/10	2870

实 战 篇

第 6 章 信用卡高风险客户识别

近年来我国信用卡总量呈现出高速增长的态势。受相关政策的出台、业务集约化经营水平的不断提高、科技应用程度不断深化及信用卡与互联网的结合越来越紧密等因素的影响，我国信用卡市场正迎来加速发展时期，行业规模不断扩大。信用卡高速发展的同时，坏账风险也在不断增大。本章通过 K-Means 聚类算法对客户进行分群，评估某银行的信用卡发放风险，对出现的风险进行管理和控制，并提出风控建议。

学习目标

（1）熟悉信用卡高风险客户识别的步骤与流程。
（2）掌握探索整体数据分布和不同属性之间的关系的方法。
（3）掌握用 K-Means 聚类算法对信用卡客户数据进行客户分群的方法。
（4）掌握对聚类结果进行特征分析的方法。

6.1　背景与目标

本案例的背景和目标分析主要包含信用卡高风险客户识别的相关背景、所用数据集的数据说明和案例的具体分析相关流程与目标。

6.1.1　背景

为了推动信用卡业务的良性发展，降低坏账风险，各大银行都进行了信用卡客户风险识别相关工作，建立了相应的客户风险识别模型。随着时间的推移，某银行旧的风险识别模型很难适应业务发展的需求，因此需要重新构建风险识别模型，以实现对不同客户类别进行特征分析，评估该银行的信用卡业务风险，并针对目前的情况提出风控建议。

6.1.2 数据说明

该银行给出的信用卡信息数据说明如表 6-1 所示。

表 6-1 信用卡信息数据说明表

属性名称	取值说明	示例
顾客编号		CDMS0000001
申请书来源	1.邮件。2.现场办卡。3.电访。4.亲签亲访。5.亲访。6.亲签。7.本行VIP。8.其他	1
瑕疵户	1.是。2.否（凡有迟缴、逾期、呆账、跳票、停卡、银行拒往、保证人信用不良和配偶信用不良记录的客户均属于瑕疵户）	2
逾期	1.是。2.否（此信用卡是否在本行逾期超过 30 天）	1
呆账	1.是。2.否（已过偿付期限、经催讨尚不能收回、长期处于呆滞状态、有可能成为坏账的款项）	2
借款余额	1.是。2.否	1
跳票	1.是。2.否（开票人在一定时间内无法将钱存入账户中，银行视为跳票）	2
拒往记录	1.是。2.否（信用记录不好，有跳票记录、停卡记录、呆账记录均会被银行拒绝往来）	1
强制停卡记录	1.是。2.否（信用卡若超过 3 个月没有缴款，银行会将信用卡停止使用，在停卡前会先进行催收等操作）	2
张数	1.1 张。2.2 张。3.3 张。4.4 张。5.大于 4 张	5
频率	1.天天用。2.经常用。3.偶尔用。4.很少用。5.没有用	2
户籍所在地	1.北部地区。2.中部地区。3.南部地区。4.东部地区	3
都市化程度	1.地级市。2.县级市（含区）。3.村镇（含乡）	2
性别	1.女。2.男	1
年龄	1.15~19 岁。2.20~24 岁。3.25~29 岁。4.30~34 岁。5.35~39 岁。6.40~44 岁。7.45~49 岁。8.50~54 岁。9.55~59 岁	5
婚姻	1.未婚。2.已婚。3.其他	1
学历	1.小学及以下。2.初中。3.高中或中职。4.高职。5.大学及以上	2
职业	1.管理职。2.专门职。3.技术职。4.事务职。5.销售职。6.劳务职。7.服务职。8.农林渔牧自营。9.商工服务自营（员工 9 人以下）。10.自由业自营。11.经营者（员工 10 人以上）。12.家庭主妇（没有兼副业）。13.家庭主妇（有兼副业）。14.无职。15.其他	3

续表

属性名称	取值说明	示例
个人月收入	1.无收入。2.10000 元及以下。3.10001~20000 元。4.20001~30000 元。5.30001~40000 元。6.40001~50000 元。7.50001~60000 元。8.60001 元及以上	4
个人月开销	1.10000 元及以下。2.10001~20000 元。3.20001~30000 元。4.30001~40000 元。5.40001 元及以上	5
住房	1.租赁。2.宿舍。3.本人所有。4.父母所有。5.配偶所有。6.其他	2
家庭月收入	1.20000 元及以下。2.20001~40000 元。3.40001~60000 元。4.60001~80000 元。5.80001~100000 元。6.100001 元及以上	3
月刷卡额	1.20000 元及以下。2.20001~40000 元。3.40001~60000 元。4.60001~80000 元。5.80001~100000 元。6.100001~150000 元。7.150001~200000 元。8.200001 元及以上	4
宗教信仰	1.宗教 1。2.宗教 2。3.宗教 3。4.宗教 4。5.宗教 5。6.宗教 6。7.其他	2
家庭人口数	1.1 人。2.2 人。3.3 人。4.4 人。5.5 人。6.6 人。7.7 人。8.8 人。9.9 人及以上	2
家庭经济水平	1.上。2.中上。3.中。4.中下。5.下	1
血型	1.A 型。2.B 型。3.AB 型。4.O 型	1

6.1.3 目标

如何实现信用卡高风险用户的识别，以适应业务发展的需求，是信用卡行业急需解决的重要问题。根据信用卡客户风险识别的业务需求，需要实现的目标如下。

（1）识别出哪些客户为高风险类客户、哪些客户为禁入类客户。

（2）对不同客户类别进行特征分析，比较不同客户的风险。

（3）评估该银行的信用卡业务风险，针对目前的情况提出风控建议。

信用卡客户风险识别的主要步骤如下。

（1）了解不同客户类别的特征背景、数据说明和分析目标。

（2）分析客户历史信用记录、经济情况、经济风险情况，对不同客户类别进行数据探索。

（3）定义冲突数据并进行数据清洗、属性构造。

（4）构建 K-Means 聚类模型，对信用卡客户进行风险分析。

（5）根据结果进行模型评价。

（6）根据聚类模型得到的客户风险分类结果提出风控建议。

信用卡高风险客户识别流程图如图 6-1 所示。

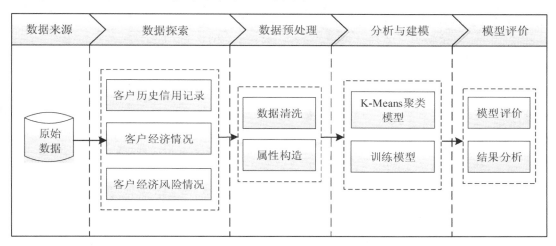

图 6-1 信用卡高风险客户识别流程图

6.2 数据探索

根据银行提供的信用卡信息数据，分析数据的模式与特点，探索客户历史信用记录与瑕疵户的关系、客户经济情况，以及客户经济风险情况。

6.2.1 描述性统计分析

描述性统计分析的本质是了解数据概况。进行描述性统计分析不仅能检查出数据是否存在质量问题，而且有助于之后数据特征信息的选取。对信用卡信息数据进行描述性统计分析，如代码 6-1 所示。部分结果如表 6-2 所示。

代码 6-1 描述性统计分析

```
import pandas as pd

# 读取数据文件
credit = pd.read_csv('../data/credit_card.csv', encoding='GBK')
# 删除信用卡客户编号属性
credit = credit.drop('信用卡客户编号', axis=1)
length = len(credit)  # 计算数据量
# 定义描述性统计函数，并将结果保留 3 位小数
def status(x):
    return pd.Series([x.count(), length - x.count(), len(credit.groupby(by=x)),
x.max() - x.min(),
                    x.quantile(.75) - x.quantile(.25), x.mode()[0], format(x.var(),
'.3f'),
                    format(x.skew(), '.3f'), format(x.kurt(), '.3f')], index=
['非空值数', '缺失值数','类别数', '极差', '四分位差', '众数', '方差', '偏度', '峰度'])

# 应用描述性统计函数
describe_tb = credit.apply(status)
```

表 6-2　部分属性描述性统计分析结果

统计量	瑕疵户	逾期	呆账	频率	年龄	······
非空数	65535	65535	65535	65535	65535	······
缺失值数	0	0	0	0	0	······
类别数	2	2	2	5	9	······
极差	1	1	1	4	8	······
四分位差	0	0	0	1	4	······
众数	2	2	2	3	2	······
方差	0.052	0.079	0.074	0.711	5.595	······
偏度	−3.912	−2.946	−3.085	0.505	0.490	······
峰度	13.304	6.680	7.519	−0.198	−0.787	······

从表 6-2 可以看出，所有变量的非空值数都为 65535，缺失值数都为 0。瑕疵户属性的方差接近于 0，说明数据分布比较集中；偏度接近于-4，峰度远大于 3，说明瑕疵户数量的分布呈左偏、尖峰厚尾态势；众数为 2，说明瑕疵户属性的值大部分为 2，即绝大多数人都不属于瑕疵户。同理分析逾期、呆账属性，结果显示只有少数人有过逾期、呆账等行为。观察频率属性可以看出，频率偏度稍大于 0，峰度接近于 0，说明数据分布接近于正态分布，呈右偏态势；而类别数为 5，众数为 3，说明大部分人都是偶尔使用信用卡，天天用或者没有用信用卡的人数较少。观察年龄属性可以看出，年龄的方差较大，说明数据分布比较分散；偏度接近于 0.5，峰度接近于-1，说明数据分布有一点右偏态势，而且众数为 2，综合看来使用信用卡的人分布在各个年龄段，但是在青壮年中更为普遍。

6.2.2　客户历史信用记录

凡有迟缴、逾期、呆账、跳票、停卡、银行拒往、保证人信用不良和配偶信用不良记录的客户均属于信用瑕疵户。绘制瑕疵户在客户中的分布情况柱形图，如代码 6-2 所示，结果如图 6-2 所示。

代码 6-2　绘制瑕疵户在客户中的分布情况柱形图

```python
import matplotlib.pyplot as plt
from collections import OrderedDict
plt.rcParams['font.family'] = 'SimHei'  # 正常显示中文

plt.figure(figsize=(5, 4))  # 设置画布大小
plt.bar(['是'], credit['瑕疵户'].value_counts()[1], color='r', width=0.3)
plt.bar(['否'], credit['瑕疵户'].value_counts()[2], color='b', width=0.3)
plt.ylabel('客户数量', fontsize=12)  # 设置 y 轴标题和字体大小
plt.title('瑕疵户', fontsize=12)  # 设置标题和字体大小
plt.show()
```

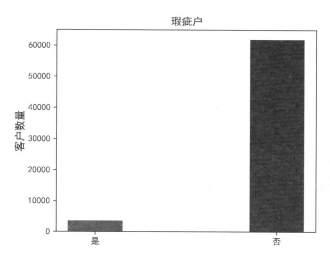

图 6-2　瑕疵户在客户中的分布情况柱形图

由图 6-2 可知，瑕疵户在客户中所占比例较小。根据瑕疵户的定义，分别查看有逾期、呆账、强制停卡、跳票和拒往 5 个历史信用记录的客户在瑕疵户中的占比，如代码 6-3 所示，结果如图 6-3 所示。

代码 6-3　有 5 个历史信用记录的客户分别在瑕疵户中的占比

```python
# 定义瑕疵户与客户历史信用记录之间的关系函数
def credit_plot(column, i):
    ax = plt.subplot(3, 2, i)  # 子图
    is_data = credit[credit['瑕疵户'] == 1][column]  # 瑕疵户数据
    not_data = credit[credit['瑕疵户'] == 2][column]  # 非瑕疵户数据
    is_y = is_data.value_counts() / is_data.shape[0]  # y轴数据
    ax.bar(1, is_y[1], color='r', label='是', width=0.3)  # 绘制柱形图
    if len(is_y) == 2:
        ax.bar(1, is_y[2], bottom=is_y[1], color='b', width=0.3)  # 柱堆叠
    not_y = not_data.value_counts() / not_data.shape[0]  # y轴数据
    ax.bar(2, not_y[1], color='r', width=0.3)  # 绘制柱形图
    ax.bar(2, not_y[2], bottom=not_y[1], color='b', label='否', width=0.3)  # 绘
制柱形图
    ax.set_xticks([1, 2])  # 设置 x 轴坐标
    ax.set_xticklabels(['是', '否'], fontsize=14)  # 设置 x 轴坐标标签
    plt.ylabel('占比', fontsize=14)  # 设置 y 轴标题
    plt.title(column, fontsize=14)  # 设置标题
    plt.tight_layout(1.5)  # 调整子图间距
plt.figure(figsize=(9, 9))  # 设置画布大小

# 绘制瑕疵户与客户历史信用记录的关系图
credit_plot('逾期', 1)
credit_plot('呆账', 2)
credit_plot('强制停卡', 3)
```

```
credit_plot('跳票', 4)
credit_plot('拒往', 5)
plt.legend(loc=[2.3, 3.3], fontsize=12, handlelength=1)  # 添加图例
plt.show()
```

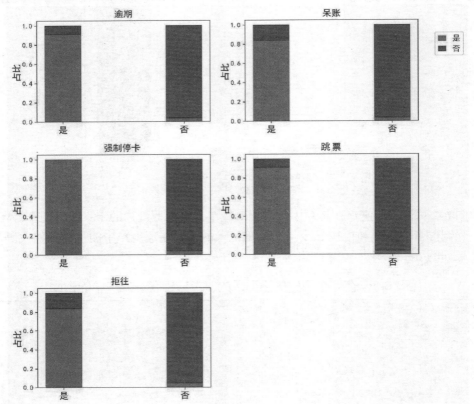

图 6-3　客户历史信用记录与瑕疵户的关系图

由图 6-3 可知，当客户的这 5 个历史信用记录为"是"时，该客户有很大的概率是瑕疵户。这些不好的历史信用记录是判断客户是否为高风险用户的一个依据，因此可以考虑根据这 5 个历史信用记录的属性构造一个新属性。

6.2.3　客户经济情况

判断客户是否为高风险客户时，不仅要分析客户的历史信用记录，还要考虑客户目前的经济情况及还款能力，可以通过分析客户的个人月开销、月刷卡额、个人月收入和家庭月收入等属性来实现，如代码 6-4 所示，结果如图 6-4 所示。

代码 6-4　绘制客户经济情况分布柱形图

```
# 定义绘制客户经济情况分布柱形图的函数
def economic_plot(column, tick, a):
    ax = plt.subplot(2, 2, a)  # 子图
    situ = sorted(credit[column].unique())  # 排序
    x = [i for i in range(len(situ))]  # x轴坐标数据
```

```
    y = [credit[column].value_counts()[i] for i in situ]  # y轴数据
    ax.bar(x, y, width=0.3)  # 绘制柱形图
    plt.ylabel('数量', fontsize=14)  # y轴标题
    plt.xticks(rotation=30)  # x轴标签倾斜程度
    ax.set_xticks([i for i in range(len(x))])  # 重设x轴坐标数据
    ax.set_xticklabels(tick, fontsize=14)  # 设置x轴显示坐标数据
    ax.set_xlabel(column+'（万元）', fontsize=14)  # x轴标题
    plt.tight_layout(3)  # 控制子图之间的距离
plt.figure(figsize=(10, 8))

# 设置x轴坐标
tick1 = ['1以下', '1~2', '2~3', '3~4', '4以上']  # 个人月开销
tick2 = ['2以下', '2~4', '4~6', '6~8', '8~10', '10~15', '15~20', '20以上']  #
月刷卡额
tick3 = ['无收入', '0~1', '1~2', '2~3', '3~4', '4~5', '5~6', '6以上']  # 个人
月收入
tick4 = ['未知', '2以下', '2~4', '4~6', '6~8', '8~10', '10以上']  # 家庭月收入
economic_plot('个人月开销', tick1, 1)
economic_plot('月刷卡额', tick2, 2)
economic_plot('个人月收入', tick3, 3)
economic_plot('家庭月收入', tick4, 4)
plt.show()
```

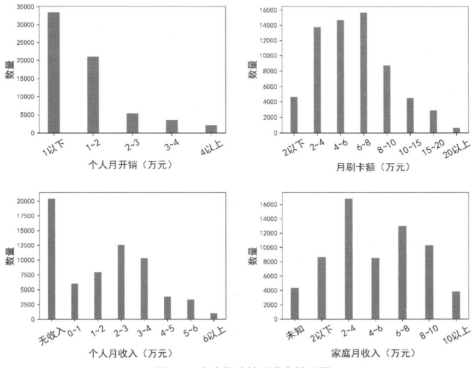

图6-4 客户经济情况分布柱形图

由图 6-4 可知，大部分客户的个人月开销集中在 1 万元以下和 1 万～2 万元这两个范围内；多数客户的月刷卡额为 2 万～8 万元；有三分之一的客户无个人月收入，其余客户的个人月收入主要集中在 2 万～4 万元，4 万元以上的占少数；家庭月收入为 2 万～4 万元的客户占比较大，说明大部分客户的家庭经济水平为中等。与此同时，从图 6-4 中可发现家庭月收入除了表 6-1 中提供的取值外，还有一个"未知"属性。

6.2.4　客户经济风险情况

堆叠柱形图是柱形图的扩展，与柱形图的数据值并行排列不同的是，堆叠柱形图是将一个个柱形堆叠起来。堆叠柱形图可以展示每一个分类的总量，以及该分类包含的每个小分类的大小及占比，因此非常适合于表现部分与整体的关系。与饼图显示单个部分与整体的关系不同的是，堆叠柱形图可以显示多个部分与整体的关系。选用堆叠柱形图，不仅能显示每个项目的总人数，还能展示出每个项目中的某部分与整体的关系。

由 6.2.3 小节的分析可发现，大部分客户的个人月收入较低，且家庭月收入水平中等，但月刷卡额却偏高，因此还需分析客户的经济风险情况，即比较客户的月刷卡额、个人月收入和家庭月收入两两之间的关系，关系的展示形式为堆叠柱形图。绘制客户经济风险情况堆叠柱形图，如代码 6-5 所示，结果分别如图 6-5、图 6-6、图 6-7 所示。

代码 6-5　绘制客户经济风险情况堆叠柱形图

```
# 导入自定义的绘制指定数量颜色的函数
from color import color, ncolors

# 定义个人月收入、家庭月收入与月刷卡额两两之间的关系函数
def risk_plot(column1, column2, xlabel_list=[], ylabel_list=[]):
    fig, ax = plt.subplots(figsize=(8, 6))  # 画布大小
    x_data = credit[column1]  # x轴数据
    co = list(map(lambda x:color(tuple(x)), ncolors(len(ylabel_list))))  # 指
定数量的颜色

# 循环绘制堆叠柱形图
    for i in sorted(x_data.unique()):
        y_data = credit[x_data == i][column2]
        part = sorted(y_data.unique())
        exp = 0
        if part[0] == 0:
            for j in part:
                exp1 = y_data.value_counts()[j] / len(y_data)
                ax.bar(i, exp1, bottom=exp, width=0.5, color=co[j], label=ylabel_
list[j])
                exp += exp1
        else:
            for j in part:
                exp1 = y_data.value_counts()[j] / len(y_data)
                ax.bar(i, exp1, bottom=exp, width=0.5, color=co[j-1], label=
ylabel_list[j-1])
                exp += exp1
```

```
    ax.set_xticks([i+1 for i in range(len(x_data.unique()))])  # 重设 x 轴坐标
数据
    ax.set_xticklabels(xlabel_list, fontsize=10)  # 设置 x 轴坐标显示数据
    ax.set_xlabel(column1 + '（万元）', fontsize=10)  # 设置 x 轴标题
    plt.ylabel('占比', fontsize=12)  # 设置 y 轴标题

# 图例去重
    handles, labels = plt.gca().get_legend_handles_labels()
    by_label = OrderedDict(zip(labels, handles))
    plt.legend(by_label.values(), by_label.keys(), loc=[1.01, 0], fontsize=
10, title=column2+'（万元）')

# 调整子图位置
    fig.subplots_adjust(right=0.8)
print('\n')
risk_plot('个人月收入', '家庭月收入', ['无收入', '0~1', '1~2', '2~3', '3~4',
'4~5', '5~6', '6以上'],
          ['未知', '2 以下', '2~4', '4~6', '6~8', '8~10'])
plt.show()
risk_plot('月刷卡额', '个人月收入', ['2 以下', '2~4', '4~6', '6~8', '8~10',
'10~15', '15~20', '20 以上'],
          ['无收入', '0~1', '1~2', '2~3', '3~4', '4~5', '5~6', '6 以上'])
plt.show()
risk_plot('月刷卡额', '家庭月收入', ['2 以下', '2~4', '4~6', '6~8', '8~10',
'10~15', '15~20', '20 以上'],
          ['未知', '2 以下', '2~4', '4~6', '6~8', '8~10', '10 以上'])
plt.show()
```

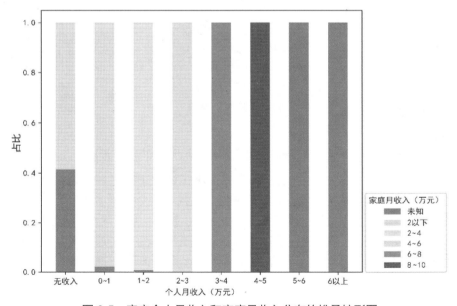

图 6-5　客户个人月收入和家庭月收入分布的堆叠柱形图

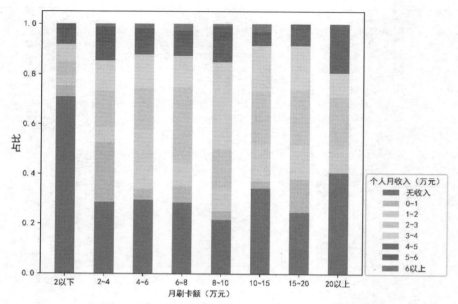

图 6-6　客户月刷卡额和个人月收入分布的堆叠柱形图

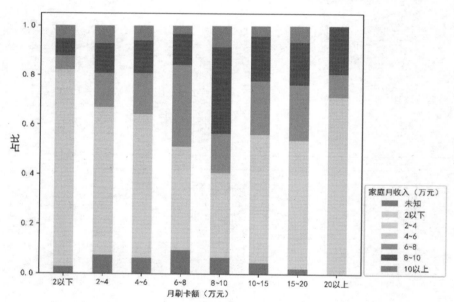

图 6-7　客户月刷卡额和家庭月收入分布的堆叠柱形图

从图 6-5 可看出，大部分客户的个人月收入小于或等于家庭月收入，且当个人月收入分别为 3 万～4 万元，4 万～5 万元时，对应的家庭月收入分别为 6 万～8 万元及 8 万～10 万元，而图 6-5 中出现的"未知"属性所对应的个人月收入为 5 万～6 万元及 6 万元以上。从图 6-6 和图 6-7 可看出，客户的月刷卡额普遍大于客户的个人月收入甚至家庭月收入，因此客户的经济风险也属于判断客户是否为高风险客户的条件之一。

6.3　数据预处理

原始数据中存在定义冲突、异常和不合理的数据，需要对其进行数据预处理。将满足清洗条件的数据删除或者重新定义，构造新属性来判定客户的信用等级，并对数据进行标准差标准化处理，以便构建信用卡高风险客户识别模型。

6.3.1　数据清洗

结合本案例对瑕疵户、逾期、呆账、强制停卡、跳票、拒往记录等属性的定义，若存在与定义冲突的数据，则需要将其删除。例如，显示分类为非瑕疵户，却在逾期属性中显示逾期，则此条数据为冲突数据，需要删除。具体需要丢弃的数据如下。

（1）有逾期记录但非瑕疵户的数据。

（2）有呆账记录但非瑕疵户的数据。

（3）有强制停卡记录但非瑕疵户的数据。

（4）有跳票记录但非瑕疵户的数据。

（5）有拒收记录但非瑕疵户的数据。

（6）有呆账记录但无拒收记录的数据。

（7）有强制停卡记录但无拒收记录的数据。

（8）有跳票记录但无拒收记录的数据。

（9）频率为 5 但月刷卡额大于 1 的数据。

查看数据属性，发现频率属性存在"不使用"这一取值，所以对应的月刷卡额应该在 2 万元以下，对于月刷卡额超过 2 万元的数据，则视为异常数据，应予以删除，如代码 6-6 所示。

代码 6-6　删除与定义冲突的数据

```python
import pandas as pd
import numpy as np
from sklearn.preprocessing import StandardScaler
carddata = pd.read_csv('../data/credit_card.csv', engine='python')

# 筛选有逾期记录但不是瑕疵户的数据
exp1 = (carddata['逾期'] == 1) & (carddata['瑕疵户'] == 2)
# 筛选有呆账记录但不是瑕疵户的数据
exp2 = (carddata['呆账'] == 1) & (carddata['瑕疵户'] == 2)
# 筛选有强制停卡记录但不是瑕疵户的数据
exp3 = (carddata['强制停卡记录'] == 1) & (carddata['瑕疵户'] == 2)
# 筛选有跳票记录但不是瑕疵户的数据
exp4 = (carddata['跳票'] == 1) & (carddata['瑕疵户'] == 2)
# 筛选有拒往记录但不是瑕疵户的数据
exp5 = (carddata['拒往记录'] == 1) & (carddata['瑕疵户'] == 2)
# 筛选有呆账记录但没有拒往记录的数据
exp6 = (carddata['呆账'] == 1) & (carddata['拒往记录'] == 2)
# 筛选有强制停卡记录但没有拒往记录的数据
```

```
exp7 = (carddata['强制停卡记录'] == 1) & (carddata['拒往记录'] == 2)
# 筛选有跳票记录但没有拒往记录的数据
exp8 = (carddata['跳票'] == 1) & (carddata['拒往记录'] == 2)
# 筛选频率为5但月刷卡额大于1的数据
exp9 = (carddata['频率'] == 5) & (carddata['月刷卡额'] > 1)
# 筛选异常数据
Final = carddata.loc[(exp1 | exp2 | exp3 | exp4 | exp5 | exp6 | exp7 | exp8
| exp9).apply(lambda x:not(x)), :]
Final.reset_index(inplace = True)
```

从 6.2.3 小节可以发现，家庭月收入存在为"未知"的情况，但并未指出其家庭月收入的范围。家庭月收入和个人月收入存在一定的相关关系，经过探索发现家庭月收入为 5 万元、6 万元的客户与个人月收入为 5 万元、6 万元的客户存在一一对应的关系。同时个人月收入为 7 万元、8 万元对应的家庭月收入为"未知"。

鉴于此，求出个人月收入为 5 万元和 6 万元的客户的个人月收入占家庭月收入的比值，从而根据这个比值求出家庭月收入为"未知"的客户的家庭月收入等级。得出"未知"对应的家庭月收入为 15 万~19 万元，因此将家庭月收入为"未知"的等级更改为 6。

由于个人月收入、个人月开销、家庭月收入、月刷卡额属性的范围不相同、区间大小不统一，为后期运算带来了诸多不便，所以将属性的单位统一为"万元"，用每个区间的最大值代表这个区间，如代码 6-7 所示。

代码 6-7　调整属性区间

```
# 个人月收入（万元）
PersonalMonthIncome = [0, 1, 2, 3, 4, 5, 6, 7, 8]
for i in range(8):
    Final.loc[Final['个人月收入'] == i + 1, '个人月收入'] = PersonalMonthIncome[i]
# 计算个人月收入为5万元和6万元的客户的个人月收入占家庭月收入的比值,确定家庭月收入为"未知"的情况
FamilyMonthIncome = [2, 4, 6, 8, 10, 12]
m = (Final.loc[: , '家庭月收入'] == 5)
Final.loc[m, '家庭月收入'] = FamilyMonthIncome[4]
ratio5 = Final.loc[m, '个人月收入'] / Final.loc[m, '家庭月收入']
m1 = Final.loc[: , '家庭月收入'] == 6
Final.loc[m1, '家庭月收入'] = FamilyMonthIncome[5]
ratio6 = Final.loc[m1, '个人月收入'] / Final.loc[m1, '家庭月收入']

# 家庭月收入（万元）
FamilyMonthIncome = [2, 4, 6, 8, 10, 15]
Final.loc[Final['家庭月收入'] == 0, '家庭月收入'] = 6
for i in range(6):
    m2 = Final.loc[: , '家庭月收入'] == i + 1
    Final.loc[m2, '家庭月收入'] = FamilyMonthIncome[i]

# 月刷卡额（万元）
MonthCardPay = [2, 4, 6, 8, 10, 15, 20, 25]
```

```
for i in range(8):
    m = Final.loc[: , '月刷卡额'] == i + 1
    Final.loc[m, '月刷卡额'] = MonthCardPay[i]

# 个人月开销（万元）
PersonalMonthOutcome = [1, 2, 3, 4, 6]
for i in range(5):
    m = Final['个人月开销'] == i + 1
    Final.loc[m, '个人月开销'] = PersonalMonthOutcome[i]
```

6.3.2　属性构造

本案例的主要目标是识别出哪些客户为高风险类客户、哪些客户为禁入类客户。结合信用卡业务知识，在信用卡相关的征信工作中，主要从以下 3 个方面判定客户的信用等级。

（1）客户的历史信用风险。主要为客户的历史信用情况，包括客户是否有逾期、呆账、强制停卡等记录。

（2）客户的现阶段经济状况。综合考虑借款余额、个人月收入、个人月开销、家庭月收入及月刷卡额这类与个人经济水平息息相关的属性。

（3）客户的未来经济收入情况。考虑到客户目前收入的稳定情况，以及客户的职业不同、年龄不同、房产信息不同，客户的经济稳定情况也是不同的。

依据现有的数据，建立的评分规则如下。

1. 客户历史信用风险得分

根据瑕疵户、逾期、呆账、强制停卡、跳票、拒往记录等属性构造历史信用风险得分，历史信用风险得分为逾期、呆账、强制停卡、跳票、拒往记录 5 个属性的得分，其中属性值为 1（是）的客户记 1 分，属性值为 2（否）的客户记 0 分，将 5 个属性的得分相加。其中瑕疵户的最低辨别标准为迟缴，凡为瑕疵户的客户均有过迟缴的行为。对于迟缴程度的判断，还需要逾期、呆账、强制停卡、跳票、拒往记录这 5 个属性来辅助，故将瑕疵户的权重设为 1，逾期的权重设为 2，呆账、强制停卡、跳票和拒往记录的权重设为 3，最终得分即为历史信用风险属性的值，值越大表明历史信用风险越高。构造客户历史信用风险得分，如代码 6-8 所示。

代码 6-8　构造客户历史信用风险得分

```
# 属性值为 1（是）的记 1 分，属性值为 2（否）的记 0 分
def GetScore(x):
    if x == 2 :
        a = 0
    else:
        a = 1
    return(a)

BuguserSocre = Final['瑕疵户'].apply(GetScore)
OverdueScore = Final['逾期'].apply(GetScore)
BaddebtScore = Final['呆账'].apply(GetScore)
```

```
CardstopedScore = Final['强制停卡记录'].apply(GetScore)
BounceScore = Final['跳票'].apply(GetScore)
RefuseScore = Final['拒往记录'].apply(GetScore)
Final['历史信用风险'] = (BuguserSocre + OverdueScore * 2 + BaddebtScore * 3
        + CardstopedScore * 3 + BounceScore * 3 + RefuseScore * 3)
```

2．经济风险情况得分

根据借款余额、个人月收入、个人月开销、家庭月收入和月刷卡金额属性构造出经济风险情况属性。经济风险情况得分分为两部分。第一部分：在家庭月收入≥个人月收入的客户中，若月刷卡额≤个人月收入（视为情况一），则记 0 分；若个人月收入<月刷卡额≤家庭月收入（视为情况二），则记 1 分；若月刷卡额>家庭月收入（视为情况三），则记 2 分；综合考虑借款余额是否大于 800 万元，在情况一和情况二中，客户拥有还款能力，故当借款余额大于 800 万元时，记 1 分，反之记 0 分；情况三中客户存在无法还款的风险，故当借款余额大于 800 万元时，记 2 分，反之记 0 分；最终有 6 种情况、4 种得分，即 0、1、2、4 分，如图 6-8 所示。第二部分需要考虑个人月开销和月刷卡额之间的关系，一旦个人月开销<月刷卡额，那么就极有可能存在套现的风险。将两部分的值相加即为客户经济风险情况得分，值越大表明其经济风险越高。构造客户经济风险情况得分，如代码 6-9 所示。

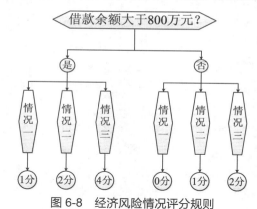

图 6-8　经济风险情况评分规则

代码 6-9　构造客户经济风险情况得分

```
# 月刷卡额/个人月收入
CardpayPersonal = Final['月刷卡额'] / Final['个人月收入']
# 月刷卡额/家庭月收入
CardpayFamily = Final['月刷卡额'] / Final['家庭月收入']
EconomicScore = []
for i in range(Final.shape[0]):
    if CardpayPersonal[i] <= 1:
        if Final.loc[i, '借款余额'] == 1:
            EconomicScore.append(1)
        else:
            EconomicScore.append(0)

    if CardpayPersonal[i] > 1:
```

```
            if CardpayFamily[i] <= 1:
                if Final.loc[i, '借款余额'] == 1:
                    EconomicScore.append(2)
                else:
                    EconomicScore.append(1)

        if CardpayFamily[i] > 1:
            if Final.loc[i, '借款余额'] == 1:
                EconomicScore.append(4)
            else:
                EconomicScore.append(2)

# 个人月开销/月刷卡额
OutcomeCardpay = Final['个人月开销'] / Final['月刷卡额']
OutcomeCardpayScore = []
for i in range(Final.shape[0]):
    if(OutcomeCardpay[i] <= 1):
        OutcomeCardpayScore.append(1)
    else:
        OutcomeCardpayScore.append(0)

Final['经济风险情况'] = np.array(EconomicScore) + np.array(OutcomeCardpayScore)
```

3. 收入风险情况得分

　　根据职业、年龄、住房属性构造收入风险情况属性。将职业分为稳定、不稳定、无收入 3 种，分别记 0 分、1 分、2 分。将年龄分为两种，其中 15～19 岁、20～24 岁视为不稳定情况，记 1 分；25 岁及以上视为稳定情况，记 0 分。住房情况分为两种：一种为住房为自己所有、父母所有或者配偶所有，记 0 分；另一种为其他，记 1 分。将职业、年龄、住房 3 个得分相加即为客户收入风险情况得分，值越大表明收入风险越高。构造客户收入风险情况得分，如代码 6-10 所示。

代码 6-10　构造客户收入风险情况得分

```
# 判断客户是否有稳定的收入
HouseScore = []
for i in range(Final.shape[0]):
    if 3 <= Final.loc[i, '住房'] <= 5:
        HouseScore.append(0)
    else:
        HouseScore.append(1)

JobScore = []
for i in range(Final.shape[0]):
    if(Final.loc[i, '职业'] <= 7 | Final.loc[i, '职业'] == 19 |
        Final.loc[i, '职业'] == 21):
        JobScore.append(2)
    if(Final.loc[i, '职业'] >= 8 & Final.loc[i, '职业'] <= 11):
        JobScore.append(1)
```

```
    if(Final.loc[i, '职业'] <= 18 & Final.loc[i, '职业'] >= 12 |
        Final.loc[i, '职业'] == 20 | Final.loc[i, '职业'] == 22):
        JobScore.append(0)

AgeScore = []
for i in range(Final.shape[0]):
    if Final.loc[i, '年龄'] <= 2:
        AgeScore.append(1)
    else:
        AgeScore.append(0)

Final['收入风险情况'] = np.array(HouseScore) + np.array(JobScore) + np.array
(AgeScore)
```

新属性构造完成后，对每个新属性的数据分布情况进行分析，其取值范围如表 6-3 所示。

表 6-3　历史信用风险、经济风险情况、收入风险情况取值范围

取值	历史信用风险	经济风险情况	收入风险情况
最小值	0	2	1
最大值	15	5	3

从表 6-3 中可以发现，3 个新属性的取值范围差异比较大，为了消除取值差异带来的影响，需要对数据进行标准差标准化处理，如代码 6-11 所示。

代码 6-11　对数据进行标准差标准化处理

```
StdScaler = StandardScaler().fit(Final[['历史信用风险', '经济风险情况', '收入风
险情况']])
ScoreModel = StdScaler.transform(Final[['历史信用风险', '经济风险情况', '收入风
险情况']])
```

6.4　分析与建模

构建信用卡高风险客户识别模型的过程可以分为 3 部分：第一部分，用 K-Means 聚类算法进行参数寻优，确定合适的聚类数目；第二部分，根据构建的 3 个指标对客户进行聚类分群；第三部分，结合业务对每个客户群进行特征分析，分析其风险，并对每个客户群进行风险排名。

6.4.1　参数寻优

在 K-Means 聚类算法中，最关键的参数是 k 值，选择一个合适的 k 值有助于对数据进行更准确的分析。在评估 Python 聚类分群质量的指标中，当未知真实类别标签时，可以通过轮廓系数（Silhouette Coefficient）和簇内误差平方和（SSE）来确定 K-Means 聚类算法中 k 的取值，如代码 6-12 所示。得到的轮廓系数图和簇内误差平方和图分别如图 6-9 和图 6-10 所示。

代码 6-12　参数寻优

```python
import numpy as np
from sklearn.cluster import KMeans
import collections
from sklearn import metrics
import matplotlib.pyplot as plt
plt.rcParams['font.family'] = 'SimHei'  # 正常显示中文


# 参数寻优
inertia = []
silhouetteScore = []
# 计算聚类数目为 2 至 9 时的轮廓系数值和簇内误差平方和
for i in range(2, 10):
    km = KMeans(n_clusters=i, random_state=12).fit(ScoreModel)
    y_pred = km.predict(ScoreModel)
    center_ = km.cluster_centers_
    score = metrics.silhouette_score(ScoreModel, km.labels_)
    silhouetteScore.append([i, score])
    inertia.append([i, km.inertia_])

# 绘制轮廓系数图
silhouetteScore = np.array(silhouetteScore)
plt.plot(silhouetteScore[: , 0], silhouetteScore[: , 1])
plt.title('轮廓系数值 - 聚类数目')
plt.show()
#绘制簇内误差平方和图
inertia = np.array(inertia)
plt.plot(inertia[: , 0], inertia[: , 1])
plt.title('簇内误差平方和-聚类数目')
plt.show()
```

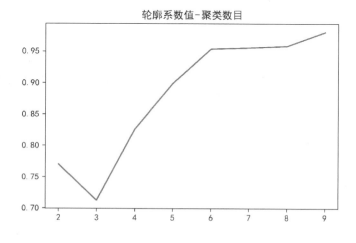

图 6-9　轮廓系数图

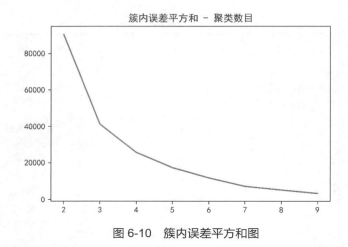

图 6-10　簇内误差平方和图

从图 6-9 可以看出，聚类数目为 2~3 和 3~4 时平均畸变程度较大，图 6-10 中簇内误差平方和的值也在聚类数目为 3 和 4 时出现了较大的转折，再结合信用卡客户类型的实际业务情况，将聚类数目定为 4 比较合适。

6.4.2　构建聚类模型

基于 6.4.1 小节参数寻优的结果，采用 K-Means 聚类算法对客户分群，聚成 4 类，如代码 6-13 所示。聚类的结果如表 6-4 所示。

代码 6-13　信用卡客户聚类

```
# 构建 K-Means 聚类模型
KMeansModel = KMeans(n_clusters=4, random_state=12).fit(ScoreModel)
Cou = collections.Counter(KMeansModel.labels_)
print(Cou)
KMeansModel.cluster_centers_   # 查看中心点
center = KMeansModel.cluster_centers_
print(center)  # 聚类中心
names = ['历史信用风险', '经济风险情况', '收入风险情况']
```

表 6-4　信用卡客户聚类结果

聚类类别	类别个数	聚类中心		
		历史信用风险	经济风险情况	收入风险情况
类别 1	26856	−0.22948566	0.14699398	−0.83046269
类别 2	3010	4.30068322	3.03600632	0.05968195
类别 3	20419	−0.22948566	0.06608303	1.08775743
类别 4	9134	−0.22948566	−1.58040275	−0.00959664

6.4.3　信用卡客户风险分析

根据客户的类型特征，对客户进行归类。绘制信用卡客户分布雷达图，如代码 6-14 所示，结果如图 6-11 所示。

代码 6-14　绘制信用卡客户分布雷达图

```python
# 绘制分布雷达图
fig = plt.figure(figsize=(10, 8.5))
ax = fig.add_subplot(111, polar=True)  # 将 polar 参数的值设为 True，设置为极坐标格式
angles = np.linspace(0, 2 * np.pi, 3, endpoint=False)
angles = np.concatenate((angles, [angles[0]]))  # 闭合
Linecolor = ['bo-', 'r+:', 'gD--', 'kv-.']  # 点线颜色
Fillcolor = ['b', 'r', 'g', 'k']
# 设置每个标签的位置
plt.xticks(angles, names)
for label, i in zip(ax.get_xticklabels(), range(0,len(names))):
    if i < 1:
        angle_text = angles[i] * (-180 / np.pi) + 90
        label.set_horizontalalignment('left')
    else:
        angle_text = angles[i] * (-180 / np.pi) - 90
        label.set_horizontalalignment('right')
    label.set_rotation(angle_text)
# 绘制 ylabels
ax.set_rlabel_position(0)
# 设置雷达图参数
for i in range(4):
    data = np.concatenate((center[i], [center[i][0]]))  # 闭合
    ax.plot(angles, data, Linecolor[i], linewidth=2)  # 画线
    ax.fill(angles, data, facecolor=Fillcolor[i], alpha=0.25)  # 填充颜色

ax.set_title('客户分布雷达图', va='bottom')  # 设置标题
ax.set_rlim(-2, 5)  # 设置各指标的最终范围
ax.grid(True)
plt.legend(['类别 1', '类别 2', '类别 3', '类别 4'])
plt.show()
```

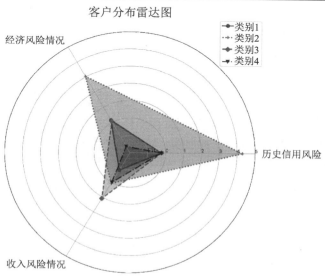

图 6-11　信用卡客户分布雷达图

从图 6-11 可以看出，4 个类别在雷达图中按照面积大小排序，从大到小依次是类别 2、类别 3、类别 1 和类别 4。而面积越大代表风险综合值越高，说明越容易出现信用卡违约情况。总结出每个客户类别的显著特征，具体结果如表 6-5 所示。

表 6-5　信用卡客户特征描述表

客户类别	显著特征		
类别 1	经济风险		*收入风险*
类别 2	**历史信用风险**	**经济风险**	收入风险
类别 3	**收入风险**		*历史信用风险*
类别 4	*经济风险*		*历史信用风险*

*注：加粗字体表示最大值，斜体表示最小值，正常字体表示次大值

上述特征分析的图表说明每个客户类别都有显著的不同特征。基于这些特征描述本案例的挖掘目标，定义客户类型为禁入类客户、高风险客户、潜在高风险客户、一般风险客户、一般客户，客户风险排名如表 6-6 所示。具体解释如下。

（1）禁入类客户。这类客户历史信用糟糕，在历史信用风险上得分最高，且经济情况不佳，目前的经济收入风险情况也不好。他们是银行的禁入客户，不少客户曾有过呆账、强制停卡记录，给银行信用卡工作的开展带来了麻烦，甚至造成了直接损失。

（2）高风险客户。这类客户经济状况糟糕，历史行为或多或少有瑕疵，收入风险情况一般。因经济情况糟糕，这类客户可能无法按时按量还款，极有可能给银行带来坏账或者发生逾期行为。

（3）潜在高风险客户。这类客户收入风险情况糟糕，历史信用风险中等，经济情况中等。这一类客户因收入风险情况糟糕，缺乏稳定的收入来源，所以一旦发生工作变动或房屋变动，自身的资金无法周转开来就可能发生逾期行为，给银行信用卡工作的开展造成一定的麻烦。

（4）一般风险客户。这类客户的经济风险偏高，收入风险中等，是银行的关注对象。在发生某些特殊情况（如资金周转困难）时，他们有可能会延迟或逾期还款。

（5）一般客户。这类客户历史行为记录良好，经济情况不错，收入风险情况尚佳。他们是银行的理想客户，既能按时还款，收入稳定，且刷卡金额符合自身收入水平。

表 6-6　客户风险排名

客户类型	排名	排名含义
类型 1	3	一般风险客户
类型 2	1	禁入类客户及高风险客户
类型 3	2	潜在高风险客户
类型 4	4	一般客户

6.5 模型评价

在 6.4.1 小节中介绍了使用轮廓系数和簇内误差平方和来确定 K-Means 聚类算法中参数 k 的值的方法，也从图 6-9 和图 6-10 中看出，当聚类数目为 4 时平均畸变程度较大且簇内误差平方和较小。此外，当聚类数目为 4 时，能较为合理地对客户进行分类，说明模型的聚类效果较好。

根据 6.4.3 小节对信用卡客户风险的分析，绘制聚类客户频数分布饼图，如代码 6-15 所示，结果如图 6-12 所示（因精度损失，占比之和不是 100%）。

代码 6-15　绘制聚类客户频数分布饼图

```python
import collections
import matplotlib.pyplot as plt

# 绘制聚类客户频数分布饼图
TypeRate = collections.Counter(KMeansModel.labels_)
name_list = ['潜在高风险客户', '禁入类客户及高风险客户', '一般风险客户', '一般客户']
num_list = TypeRate.values()
print('查看各类客户数量:', num_list)
plt.figure(figsize=(8, 8))
# 绘制饼图
explode = [0, 0.1, 0, 0]  # 分离禁入类客户和高风险客户
plt.pie(num_list, labels=name_list, autopct='%1.1f%%', pctdistance=1.15,
        explode=explode, labeldistance=1.05, startangle=90)
plt.show()
```

代码 6-15 的运行结果如下。

查看各类客户数量: dict_values([20419, 3010, 26856, 9134])

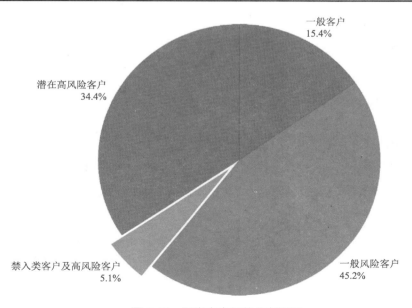

图 6-12　聚类客户频数分布饼图

从输出结果和图 6-12 可以看出，一般风险客户有 26856 位，占比为 45.2%；潜在高风险客户有 20419 位，占比为 34.4%；一般客户有 9134 位，占比为 15.4%；禁入类客户及高风险客户有 3010 位，占比为 5.1%。

禁入类客户是银行设置的黑名单，此类客户会不断积累银行的坏账数目，给银行带来直接的经济损失。高风险客户因月刷卡额过高，极有可能存在套现行为，大量现金的流出非常不利于银行业务的健康发展。

综合以上分析，提出以下风控建议。

（1）针对禁入类客户及高风险类客户，加强对他们的监督，密切关注其还款情况，出现逾期情况时需要有专人跟进还款情况。一旦出现逾期不归还情况，立刻对其进行强制停卡处理，并及时上报公安机关备案。同时将其信用记录及时上报中国人民银行征信中心，与合作银行建立起黑名单机制，拒绝为黑名单上的人员办理贷款、信用卡等与信用相关的业务。

（2）针对潜在高风险客户，应慎重考虑其提额申请，同时密切关注其月刷卡额。一旦月刷卡额过高，就发出预警，提醒其分期以降低资金压力。定期发送其在本行的信用情况，提醒其保持良好的信用。

（3）针对一般风险客户，允许其小幅提额请求，但是需要定时提醒其还款，并关注其目前个人信用情况。此外，在其月刷卡额超出月均刷卡额时，要对其进行提醒。

（4）针对一般客户，不用对其设置严格的管控要求，允许甚至鼓励其提额请求，定期推送信用卡相关业务介绍，并有针对性地提供个性化服务，增强用户黏性。

小结

本章的主要目的是通过 K-Means 聚类算法判别出信用卡客户风险级别。本章重点介绍了数据探索、数据清洗、属性构造，并建立了客户风险 K-Means 聚类模型，分析了每一类客户的特征，最后分析了目前银行的信用卡客户结构，并提出了风控建议。

实训　使用 K-Means 聚类算法实现运营商客户价值分析

1. 训练要点

（1）了解 K-Means 聚类算法的原理。
（2）掌握 K-Means 聚类的应用。

2. 需求说明

基于某电信企业在 2016 年 3 月客户的短信、流量、通话等消费情况及客户的基本信息数据，使用 K-Means 聚类算法进行运营商客户价值分析，并制订相应的营销策略。

3. 实现思路及步骤

（1）对原始数据进行预处理，其中包括：查找并删除重复数据；删除手机品牌、手机型号和操作系统描述这 3 个属性，降低数据集的维数；将每个客户信息处理为一行数据；处理缺失值与异常值。

（2）对客户的性别、年龄、在网时长、合约到期时间、客户是否有效、信用等级进行分析。

（3）通过 K-Means 聚类模型把用户分成 5 类，并进行模型评价。

课后习题

操作题

近几年，我国餐饮行业的发展形势严峻，经营中的各项成本与费用增加，企业负担加重。企业现有的忠诚客户能给企业带来更多的利润，是企业需要重点维护的客户群体。某餐饮企业为了提升客户管理的效益，需要对客户进行分群，并分析不同客户群的特征，为每个客户群制订相应的营销策略。请根据该餐饮企业的客户数据进行如下分析。

（1）对原始数据进行预处理，其中包括：删除菜品名称中的回车符和白饭这个菜品；构建关键属性。

（2）确定聚类中心数为 3，构建 K-Means 聚类模型，统计不同类别样本的数目。

（3）基于聚类结果绘制分布雷达图，分析 K-Means 模型的聚类效果。

第 7 章 餐饮企业菜品关联分析

在"互联网+"的背景下，餐饮企业的经营方式发生了很大的改变。例如，电子点餐、店内 Wi-Fi 等信息技术提升了服务水平，大数据、私人定制更好地满足了细分市场的需求等。同时，餐饮企业也面临很多问题：如何提高服务水平，如何留住客户，如何提高利润等。本章先对营业额进行探索性分析，深入了解某餐饮企业的现状，然后通过 Apriori 模型对菜品进行关联分析，设置合适的套餐，从而提高各菜品的销售量。

学习目标

（1）了解案例的背景、数据说明和分析目标。
（2）掌握每日用餐人数、营业额和菜品热销度的分析方法。
（3）掌握数据清洗、属性构造的方法。
（4）掌握构建 Apriori 模型的方法。
（5）掌握模型评价方法。

7.1 背景与目标

本案例的背景与目标分析主要包括餐饮行业发展形势，以及企业发展面临的问题、所用数据集的数据说明、案例分析的相关流程和步骤。

7.1.1 背景

餐饮行业是我国第三产业中的一个传统服务性行业。近几年，我国餐饮行业发展的质量和内涵发生了重大变化。根据国家统计局数据绘制的收入柱形图和同比增长折线图的组合图（如图 7-1 所示）可以看出，餐饮行业餐费收入从 2006 年到 2015 年都呈现增长的趋势，但是同比增长率却有很大的波动。

近几年，我国餐饮行业的发展形势严峻，经营中的各项成本与费用增加，企业负担加重。"四高一低"（房租高、人工费用高、能源价格高、原材料成本高、利润低）成为企业不可逆转的负担，同时还要面临食品安全、消费者投诉、媒体曝光等问题。社会经济的发展、人们生活水平的提高、餐饮行业竞争的加剧，使很多完全依赖于手工操作的餐饮企业的管理和日常运转无法适应发展潮流。某餐饮企业正面临着以下几个问题。

（1）房租高，人工费用高。人力成本和房租成本的上升已成为必然趋势。

（2）原材料成本高。餐饮企业业务环节多，原材料种类繁多且用量不稳定，成本控制困难，现金流量大，给手工操作增加了很大的难度。

（3）服务工作效率低。采用原始点餐模式，即"服务员拿着一支笔和一张纸给客户点菜、下单、结账"，不能准确地将客户喜欢的菜品推荐给客户，客户的就餐体验不佳，同时也增加了财务的工作量，而且速度慢、准确率低。

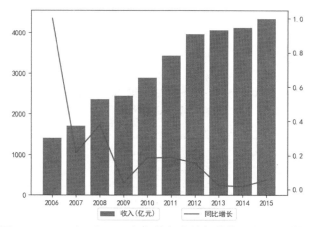

图 7-1　2006 年到 2015 年餐饮行业的餐费收入和同比增长

而菜品销售情况在一定程度上决定了企业是否能盈利，如何提高菜品销售量也是企业所面临的问题。制作套餐是现在企业提高销售量的一种经营方式，即组合销售，又称搭配销售，通常指将相关产品搭配在一起成套销售的方式。组合销售的产品必须是消费者需要并且愿意购买的产品，从而突出组合销售的优点，给客户提供便利，并提升产品销售量。

7.1.2　数据说明

某餐饮企业的系统数据库中积累了大量的与客户用餐相关的数据，包括菜品详情表、订单表、订单详情表。其中菜品详情表（meal_dishes_detail）的数据说明如表 7-1 所示。

表 7-1　菜品详情表数据说明

名称	含义	名称	含义
id	菜品 ID	picture_file	图片文件
dishes_class_id	类别 ID	recommend_percent	推荐度
dishes_name	菜品名称	weight	份量
price	菜品单价	taste	口味
amt_discount	折扣额度	creation_method	制作方法
sortorder	排序	description	菜品描述
bar_code	条码	ingredients	食材
cost	成本	label	标签
is_info_menu_item	菜单信息	dishes_characteristic	菜品特色
balance_price	抵消费用	dept_name	部门名称

名称	含义	名称	含义
pinyin	菜品拼音	dishes_class_name	类别名称
stock_count	0 表示已售完；1 表示无限量；<0 表示可售分量	dept_id	部门 ID

订单表（meal_order_info）的数据说明如表 7-2 所示。

表 7-2　订单表数据说明

名称	含义	名称	含义
info_id	订单 ID	lock_time	锁单时间
emp_id	客户 ID	cashier_id	收银 ID
number_consumers	消费人数	pc_id	终端 ID
mode	消费方式	order_number	订单号
dining_table_id	桌子 ID	org_id	门店 ID
dining_table_name	桌子名称	print_doc_bill_num	打印 doc 账单的编码
expenditure	消费金额	lock_table_info	桌子关闭信息
dishes_count	总菜品数	order_status	0 表示未结算；1 表示结算；2 表示已锁单
accounts_payable	付费金额	phone	电话
use_start_time	开始时间	name	名字
check_closed	支付结束		

订单详情表（meal_order_detail）的数据说明如表 7-3 所示。

表 7-3　订单详情表数据说明

名称	含义	名称	含义
detail_id	订单详情 ID	place_order_time	用餐时间
order_id	订单 ID	discount_amt	折扣额度
dishes_id	菜品 ID	discount_reason	折扣说明
logicprn_name	类别名称	kick_back	回扣
parent_class_name	父类名称	add_inprice	添加价格
dishes_name	菜品名称	add_info	添加信息
itemis_add	是否为添加菜	bar_code	条形码
counts	数量	picture_file	图片

续表

名称	含义	名称	含义
amounts	销售金额	emp_id	客户 ID
cost	成本		

7.1.3 目标

本案例的主要分析目标是找出各菜品间的关系，帮助某餐饮企业制订菜品搭配销售方案，整体分析流程图如图 7-2 所示，主要步骤如下。

（1）分别读取菜品详情表、订单表和订单详情表的数据。

（2）对读取的数据进行数据探索与数据预处理，包括数据清洗、属性构造等，并统计菜品数据中的用餐人数、营业额、热销度和毛利率等。

（3）根据预处理后的订单表和订单详情表，使用 Apriori 算法构建模型并进行训练。

（4）计算综合评分，对模型进行评价，并对结果进行分析。

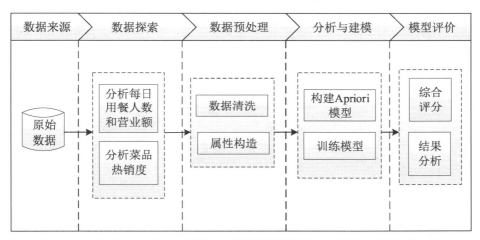

图 7-2　分析流程图

7.2　数据探索

选取原始数据中的订单表、菜品详情表和订单详情表的数据，对每日用餐人数、营业额、菜品的热销度进行探索性分析。

7.2.1 分析每日用餐人数和营业额

根据订单表统计每日用餐人数与营业额，其中订单状态为 1 的记录才是完成订单的记录，所以只需选取订单表中订单状态为 1 的数据，绘制每日用餐人数和营业额的折线图，如代码 7-1 所示，得到的结果如图 7-3 所示。

代码 7-1　统计每日用餐人数和营业额

```
import pandas as pd
import matplotlib.pyplot as plt
```

```
dish = pd.read_csv('../data/meal_dishes_detail.csv', encoding='utf-8')  # 读
取菜品详情表
info = pd.read_csv('../data/meal_order_info.csv', encoding='utf-8')  # 读取
订单表
detail = pd.read_csv('../data/meal_order_detail.csv', encoding='utf-8')  # 读
取订单详情表
# 统计订单状态为 0 或 2 的订单占比
info_id = info[['info_id']][(info.order_status == 0) |
           (info.order_status == 2)]['info_id'].tolist()
proportion = len(info_id) / info.shape[0]
# 提取订单状态为 1 的数据
info_1 = info[info['order_status'].isin(['1'])]
info_1 = info_1.reset_index(drop=True)
info_1.to_csv('../tmp/info.csv', encoding='utf-8')
# 统计每日用餐人数与营业额
for i, k in enumerate(info_1['use_start_time']):
    y = k.split()
    y = pd.to_datetime(y[0])
    info_1.loc[i, 'use_start_time'] = y
groupbyday = info_1[['use_start_time', 'number_consumers',
                   'accounts_payable']].groupby(by='use_start_time')
sale_day = groupbyday.sum()
# 写出每日用餐人数和营业额
sale_day.columns = ['人数', '销量']
sale_day.to_csv('../tmp/sale_day.csv', encoding='utf-8_sig')


# 每日用餐人数折线图
plt.figure(figsize=(10, 4))
plt.rcParams['font.sans-serif'] = ['SimHei']
plt.rcParams['axes.unicode_minus'] = False
fig, ax1 = plt.subplots()  # 使用 subplots 函数创建窗口
ax1.plot(sale_day['人数'], '--')
ax1.set_yticks(range(0, 900, 100))  # 设置 y 轴的刻度范围
ax1.legend(('用餐人数', ), loc='upper left', fontsize=10)
ax2 = ax1.twinx()  # 创建第二个坐标轴
ax2.plot(sale_day['销量'])
ax2.legend(('营业额', ), loc='upper right', fontsize=10)
ax1.set_xlabel('日期')
ax1.set_ylabel('用餐人数（人）')
ax2.set_ylabel('营业额（元）')
plt.gcf().autofmt_xdate()  # 自动适应刻度线密度，包括 x 轴、y 轴
plt.title('每日用餐人数和营业额')
plt.show()
```

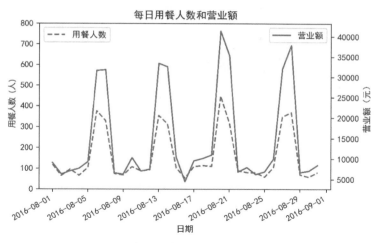

图 7-3　每日用餐人数和营业额折线图

由图 7-3 可知，每日营业额与用餐人数存在正比关系，并且均在周末大增，而工作日的用餐人数和营业额相对较低。

7.2.2　分析菜品热销度

热销度即在一定时间内产品的销量。根据餐饮企业近 31 天（即 2016 年 8 月 1 日到 2016 年 8 月 31 日）的菜品销售情况统计每个菜品的热销度，其计算公式如式（7-1）所示。

$$\gamma_{热销度评分} = \frac{Q_i - Q_{min}}{Q_{max} - Q_{min}} \tag{7-1}$$

经最小–最大标准化后计算得分，最高分为 1 分，最低分为 0 分。其中，$\gamma_{热销度评分}$ 为某个菜品的热销度评分，其值在 0 到 1 之间；Q_i 为某个菜品的销售份数；Q_{max} 为该餐饮企业最近 31 天内有销售记录的菜品中的最大销售份数；Q_{min} 为该餐饮企业最近 31 天内有销售记录的菜品中的最小销售份数。

经观察发现，订单详情表中的部分菜品名称包含多余的字符，如回车符、换行符等，这可能是在数据存入时系统发生故障所导致的，所以需要先对菜品名称进行处理，然后再根据订单详情数据计算每个菜品的热销度，如代码 7-2 所示。热销度前 10 名的菜品如表 7-4 所示，热销度前 10 名菜品的柱形图如图 7-4 所示。

代码 7-2　计算菜品的热销度

```
# 删除 detail 数据中无意义的订单
nomean_index = detail[detail['order_id'].apply(lambda x:
                      x in info_id)].index.tolist()
detail = detail.drop(nomean_index)
# 删除订单详情表中菜品名称包括的换行符和回车符
detail['dishes_name'] = detail['dishes_name'].apply(lambda x:
      x.replace(' ', '').replace('\n', '').replace('\r', ''))
# 处理时间数据
detail['place_order_time'] = pd.to_datetime(detail['place_order_time'])
detail.to_csv('../tmp/detail.csv', encoding='utf-8')
```

```
# 提取 place_order_time 大于或等于 20160801 且小于或等于 20180831 的订单详情数据
detail_data = detail[(detail['place_order_time'] >= pd.to_datetime('20160801')) &
                     (detail['place_order_time'] <= pd.to_datetime('20180831'))]
# 分组聚合对 counts 计数并求出最大值和最小值
sales_volume = pd.DataFrame(detail_data.groupby(by=['dishes_name'])['counts'].
count())
sales_volume['dishes_name'] = sales_volume.index.tolist()
sales_volume = sales_volume.reset_index(drop=True)
Qmax = np.max(sales_volume['counts'])
Qmin = np.min(sales_volume['counts'])
sales_volume['sales_hot'] = 0
# 利用 for 循环计算菜品热销度
for i in range(sales_volume.shape[0]):
    sales_volume['sales_hot'].iloc[i] = round((sales_volume['counts'].iloc[i] -
Qmin)
    / (Qmax - Qmin), 2)
# 根据热销度进行降序排序，并写出数据
sales_volume = sales_volume.sort_values(by='sales_hot', ascending=False)
sales_volume.to_csv('../tmp/sales_volume.csv', encoding='utf-8_sig')
# 查看热销度前 10 的菜品信息
sales_volume.head(10)

# 绘制图形
plt.figure()
plt.bar(sales_volume.head(10)['dishes_name'],
sales_volume.head(10)['counts'])
plt.title('热销度前 10 名的菜品')
plt.xlabel('菜品名称')
plt.ylabel('销售数量')
plt.xticks(rotation=60)
plt.show()
```

表 7-4 热销度前 10 名的菜品

菜品名称	销售数量	热销度
白饭/大碗	323	1
凉拌菠菜	269	0.83
谷稻小庄	239	0.74
麻辣小龙虾	216	0.67
芝士烩波士顿龙虾	188	0.58
辣炒鱿鱼	189	0.58
白饭/小碗	186	0.57
五色糯米饭(七色)	187	0.57
香酥两吃大虾	178	0.55
焖猪手	173	0.53

从表 7-4 可知，白饭的热销度较高，且白饭/大碗的热销度达到了最大值 1，其次是凉拌菠菜、谷稻小庄，热销度分别为 0.83、0.74，其他菜品的热销度均在 0.7 以下。

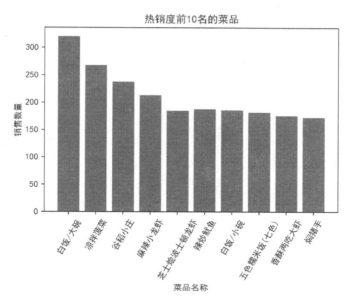

图 7-4　热销度前 10 名菜品的柱形图

由图 7-4 可知，热销度前 10 名的菜品的销售数量均大于 150。其中白饭/大碗的销售数量最高，接下来依次是凉拌菠菜、谷稻小庄、麻辣小龙虾，而其余 6 个菜品的销售数量则相差不大。

7.3　数据预处理

经探索发现部分数据不符合建模需求，因此需要进行数据清洗。同时发现原始数据中缺少毛利率属性，因此需要进行属性构造，通过计算得到菜品的毛利率。

7.3.1　数据清洗

从图 7-4 可以看出，白饭的热销度最高，白饭几乎是客户必点的主食，在对菜品进行分析时可以不分析白饭。因此需要先删除白饭这个菜品记录，再筛选出订单表和订单详情表中需要分析的属性进行统计计算，如代码 7-3 所示。

代码 7-3　筛选出订单表和订单详情表中需要分析的属性

```
import pandas as pd
dish = pd.read_csv('../data/meal_dishes_detail.csv', encoding='utf-8')
detail = pd.read_csv('../tmp/detail.csv', encoding='utf-8')
info = pd.read_csv('../tmp/info.csv', encoding='utf-8')

# 删除白饭的记录
drop_index = detail[(detail.dishes_name == '白饭/小碗') |
      (detail.dishes_name == '白饭/大碗')].index.tolist()
detail = detail.drop(drop_index)
```

```
# 筛选属性
info_1_ = info[['info_id', 'emp_id', 'number_consumers', 'expenditure',
                'dishes_count', 'accounts_payable', 'use_start_time',
                'lock_time', 'order_status', 'phone', 'name']]
detail = detail[['detail_id', 'order_id', 'dishes_id', 'dishes_name',
                 'counts', 'amounts', 'place_order_time', 'emp_id']]

# 写出处理后的订单表和订单详情表
info_1_.to_csv('../tmp/info_clear.csv', index=0, header=1, encoding='utf-8_sig')
detail.to_csv('../tmp/detail_clear.csv', index=0, header=1, encoding='utf-8_sig')
```

7.3.2　属性构造

毛利率（Gross Profit Margin）是毛利与销售收入（或营业收入）的比值，其中毛利是菜品的单价与菜品成本之间的差额。毛利率的计算公式如式（7-2）所示。

$$\gamma_{毛利率} = \frac{\rho_{单价} - \rho_{成本}}{\rho_{单价}} \tag{7-2}$$

其中，$\gamma_{毛利率}$ 为某个菜品的毛利率修正系数，其值在 0.1 到 1 之间，当值为负时设为 0.1；$\rho_{单价}$ 为某个菜品的单价；$\rho_{成本}$ 为某个菜品的估计成本。

经观察发现菜品详情表中的菜品名称也含有回车符和换行符，需要先对其进行删除，再计算每个菜品的毛利率，如代码 7-4 所示，得到的部分菜品毛利率如表 7-5 所示。

代码 7-4　计算菜品的毛利率

```
# 删除菜品名称中的回车符和换行符
dish['dishes_name'] = dish['dishes_name'].apply(lambda x:
    x.replace(' ', '').replace('\n', '').replace('\r', ''))

# 筛选属性计算毛利率
profit = dish[['id', 'dishes_name', 'price', 'cost', 'recommend_percent']]
profit['rate'] = 0

for i in range(profit.shape[0]):
    profit['rate'].iloc[i] = round((profit['price'].iloc[i] - profit['cost'].iloc[i])
    / profit['price'].iloc[i], 2)
# 写出毛利率数据
profit.to_csv('../tmp/profit.csv', encoding='utf-8_sig')
```

表 7-5　部分菜品毛利率

菜品	单价（元）	成本（元）	毛利率
42 度海之蓝	99	50	0.49

续表

菜品	单价（元）	成本（元）	毛利率
北冰洋汽水	5	2	0.6
38 度剑南春	80	30	0.63
50 度古井贡酒	90	20	0.78
52 度泸州老窖	159	85	0.47
53 度茅台	128	65	0.49
白饭/大碗	10	5	0.5
白饭/小碗	1	0.5	0.5
白胡椒胡萝卜羊肉汤	35	18	0.49
白斩鸡	88	54	0.39

7.4　分析与建模

在餐饮企业中，将多个菜品进行组合销售往往是有局限性的，所以需要基于原始数据，利用 Apriori 算法找到各菜品之间的相关关系，再综合考虑菜品热销度、毛利率和店家主推菜品等因素，设置合适的套餐，提高各个菜品的销售量。

7.4.1　构建 Apriori 模型

构建 Apriori 模型进行菜品关联分析之前，需要先构建购物篮数据和购物篮二元矩阵。

1. 构建购物篮数据

订单详情表中的数据样本是单个菜品的订单信息，但是实现菜品间的关联分析需要找到客户在某个订单中同时点了哪些菜品，即购物篮数据。将数据预处理后的订单详情表中的菜品数据转换为购物篮数据，如代码 7-5 所示，得到的部分购物篮数据如表 7-6 所示。

代码 7-5　构建购物篮数据

```python
import pandas as pd
info = pd.read_csv('../tmp/info_clear.csv', encoding='utf-8')  # 读取处理后的
订单表数据文件
detail = pd.read_csv('../tmp/detail_clear.csv', encoding='utf-8')  # 读取处
理后的订单详情表数据文件

# 建立 aliment 列表，每个列表代表一个订单的菜品
order_id = detail[['order_id']].drop_duplicates()
aliment = []
# 利用 for 循环获取订单菜品信息
for i in range(len(order_id)):
    dishes_name = detail['dishes_name'][detail.order_id == order_id.iloc[i]
[0]].tolist()
    aliment.append(dishes_name)
```

Python 数据分析与挖掘实战

```
# 将 aliment 转为 DataFrame，并进行转置
from pandas.core.frame import DataFrame
aliment1 = DataFrame(aliment).T
```

表 7-6　部分购物篮数据

	0	1	2	3	4
0	西瓜胡萝卜沙拉	芝士烩波士顿龙虾	麻辣小龙虾	芝士烩波士顿龙虾	水煮鱼
1	麻辣小龙虾	麻辣小龙虾	香菇鹌鹑蛋	清蒸海鱼	葱姜炒蟹
2	农夫山泉 NFC 果汁	姜葱炒花蟹	凉拌菠菜	百里香奶油烤红酒牛肉	啤酒鸭
3	番茄炖牛腩	水煮鱼	哈尔滨啤酒罐装	辣炒鱿鱼	百威啤酒罐装
4	凉拌菠菜	百里香奶油烤红酒牛肉	None	爆炒猪肝	大理石奶油蛋糕

2. 构建 Apriori 模型的二元矩阵

基于购物篮数据构建 Apriori 模型的二元矩阵，如代码 7-6 所示，得到的部分 Apriori 模型的二元矩阵如表 7-7 所示。

代码 7-6　构建 Apriori 模型的二元矩阵

```
dishes_name = detail['dishes_name'].drop_duplicates().tolist()
order_id = order_id.iloc[:, 0].tolist()
# 创建新的数据框，index 为 order_id 值，columns 为 dishes_name 值
ruledata = pd.DataFrame(index=order_id, columns=dishes_name)
# 利用 for 循环获得二元矩阵
for i in range(len(order_id)):
    for j in range(len(dishes_name)):
        test_list = detail[(detail['order_id'] == order_id[i]) &
                           (detail['dishes_name'] == dishes_name[j])].index.
tolist()
        if len(test_list) != 0:
            ruledata.iloc[i, j] = 1
        else:
            ruledata.iloc[i, j] = 0
# 写出数据
ruledata.to_csv('../tmp/ruledata.csv', header=1, index=1, encoding='utf-
8_sig')
```

表 7-7　部分 Apriori 模型的二元矩阵

	西瓜胡萝卜沙拉	麻辣小龙虾	农夫山泉 NFC 果汁	番茄炖牛腩	凉拌菠菜	芝士烩波士顿龙虾
137	1	1	1	1	1	0

续表

	西瓜胡萝卜沙拉	麻辣小龙虾	农夫山泉NFC果汁	番茄炖牛腩	凉拌菠菜	芝士烩波士顿龙虾
162	0	1	0	0	0	1
163	0	1	0	0	1	0
165	1	0	0	0	0	1
166	0	0	0	0	0	0
167	0	0	0	0	0	0

7.4.2　训练模型

最小支持度和最小置信度是没有固定值的，要根据训练数据和场景的接受程度来确定，这里取最小支持度为 0.01、最小置信度为 0.5，对订单详情表中的菜品数据进行关联分析，如代码 7-7 所示，得到的支持度最高的前 10 条规则如表 7-8 所示。

代码 7-7　构建关联规则模型实现关联分析

```python
from apriori import *
# 生成关联规则
support = 0.01
confidence = 0.5
ms = '---'
ruledata = pd.read_csv('../tmp/ruledata.csv', encoding='utf-8_sig', index_col=0)
rules = find_rule(ruledata, support, confidence, ms)
# 根据support进行排序
rules = rules.sort_values(by=['support'], axis=0, ascending=False)
# 保留3位小数
rules = rules.round(3)
# 写出生成的关联规则数据
rules.to_csv('../tmp/rules.csv', header=1, index=0, encoding='utf-8_sig')
```

表 7-8　支持度最高的前 10 条规则

rule	support	confidence
蒙古烤羊腿---凉拌菠菜	0.083	0.510
芹菜炒腰花---凉拌菠菜	0.070	0.580
芹菜炒腰花---焖猪手	0.065	0.545
芹菜炒腰花---自制猪肉脯	0.061	0.509
焖猪手---芹菜炒腰花---自制猪肉脯	0.048	0.738
焖猪手---自制猪肉脯---芹菜炒腰花	0.048	0.714
自制猪肉脯---芹菜炒腰花---焖猪手	0.048	0.789

续表

rule	support	confidence
凉拌菠菜---蒙古烤羊腿---辣炒鱿鱼	0.047	0.571
蒙古烤羊腿---辣炒鱿鱼---凉拌菠菜	0.047	0.759
凉拌菠菜---自制猪肉脯---芹菜炒腰花	0.044	0.651

7.5 模型评价

除关联规则模型得到的支持度、置信度之外，还需要基于业务理解，综合菜品热销度和毛利率及店家主推菜品等因素对规则进行综合评分。

选取某个菜品的置信度、热销度、毛利率和店家主推度进行综合评分，计算公式如式（7-3）所示。

$$S_{综合评分} = (E - Y)AY^T \tag{7-3}$$

其中 $E=(1,1,1,1)$ 、$Y=(Y_{热销度评分}, Y_{店家主推度}, Y_{毛利率}, Y_{关联度})$，$A$ 如式（7-4）所示，且 $\alpha_1+\alpha_2+\alpha_3+\alpha_4=10$。

$$A = \begin{pmatrix} 0 & \alpha_2 & \alpha_3 & \alpha_4 \\ \alpha_1 & 0 & \alpha_3 & \alpha_4 \\ \alpha_1 & \alpha_2 & 0 & \alpha_4 \\ \alpha_1 & \alpha_2 & \alpha_3 & 0 \end{pmatrix} \tag{7-4}$$

与传统综合评分公式 $S_{综合评分} = \alpha_1\gamma_1 + \alpha_2\gamma_2 + \alpha_3\gamma_3 + \alpha_4\gamma_4$ 相比，式（7-3）不仅能对每个指标加权求和得到综合评分，而且在此基础上加入后缀可以影响因式。可以自行根据指标数值的情况提升重要指标排序时的优势，即权值越大的指标数值越大，在总体排序中更具优势。此外，综合评分排序并不会完全按照权值大的指标的数值大小进行排序，还会考虑其他指标的影响。

为了能方便地查看各菜品间的关联情况，为企业提供合理的菜品搭配建议，需要对关联分析结果的前项和后项进行拆分，以便计算每个菜品的综合评分。根据式（7-3），设置权值 $\alpha_1=1.5$、$\alpha_2=2.5$、$\alpha_3=2$、$\alpha_4=4$，求出每个推荐菜品的综合评分，选取后项为"芹菜炒腰花"的数据，并按综合评分进行降序排序，如代码 7-8 所示。

代码 7-8 计算综合推荐评分并排序

```
import pandas as pd
import numpy as np
sales_volume = pd.read_csv('../tmp/sales_volume.csv')
profit = pd.read_csv('../tmp/profit.csv')
dish = pd.read_csv('../data/meal_dishes_detail.csv')
rules = pd.read_csv('../tmp/rules.csv')

# 定义新列表
Lhs, Rhs = [], []
# 利用 for 循环对关联分析结果的前项和后项进行拆分，分别放于不同列中
```

```
for x in rules['rule']:
    lhs = [x.replace('---', ',')]
    lhs = lhs[0].split(',')
    length = len(lhs)
    rhs = lhs[length - 1]
    lhs.pop(length - 1)
    Lhs.append(str(lhs))
    Rhs.append(rhs)
rules['lhs'] = Lhs  # 前项
rules['rhs'] = Rhs  # 后项
# 删除 rule 列
rules_new = rules.drop(columns=['rule'])

# 统计前项
rules_count = rules_new.groupby(['lhs'])['lhs'].count()
# 计算每个推荐菜品的综合评分
# 设 A 的权重 a1 = 1.5、a2 = 2.5、a3 = 2、a4 = 4
A = np.mat(([0, 2.5, 2, 4], [1.5, 0, 2, 4], [1.5, 2.5, 0, 4], [1.5, 2.5, 2,
0]))
E = np.mat([1, 1, 1, 1])
# 初始化
rules_new['sale'] = 0; rules_new['recommendation'] = 0; rules_new['profit']
= 0; rules_new['mark'] = 0

# 找到对应菜品的热销度、毛利率和主推度，并计算综合得分
for i in range(rules_new.shape[0]):
    # 找到对应菜品的热销度
    sales_num = sales_volume[sales_volume['dishes_name'] == rules_new['rhs'].
iloc[i]].index.tolist()
    rules_new['sale'].iloc[i] = float(sales_volume['sales_hot'].iloc[sales_
num[0]])

    # 找到对应菜品的毛利率和主推度
    profit_num = profit[profit['dishes_name'] == rules_new['rhs'].iloc[i]].
index.tolist()
    rules_new['profit'].iloc[i] = float(profit['rate'].iloc[profit_num[0]])
    rules_new['recommendation'].iloc[i] = float(profit['recommend_percent'].
iloc[profit_num[0]])

    # 计算综合得分
    Y = np.mat([rules_new['sale'].iloc[i], rules_new['profit'].iloc[i],
        rules_new['recommendation'].iloc[i], rules_new['support'].iloc[i]])
    rules_new['mark'].iloc[i] = round(float(np.dot(np.dot((E - Y), A), Y.T)), 3)

# 对综合得分排序
rules_new = rules_new.sort_values(by=['mark'], axis=0, ascending=False)
rules['support'].round(3)
rules_new.to_csv('../tmp/recommend.csv', encoding='utf-8_sig', header=1)
# 选取后项为“芹菜炒腰花”的数据
```

```
rules_item = rules_new[rules_new['rhs'] == '芹菜炒腰花']
rules_item['support'].round(3)
rules_item = rules_item[['lhs', 'rhs', 'support', 'confidence', 'sale',
'recommendation',
            'profit', 'mark']]
rules_item.to_csv('../tmp/rules_item.csv', encoding='utf-8_sig', header=1)
```

在代码 7-8 中，筛选了后项为"芹菜炒腰花"的数据，得到的部分规则数据如表 7-9 所示。

表 7-9　后项为"芹菜炒腰花"的部分规则数据

lhs	……	support	confidence	sales	recommendation	profit	mark
['焖猪手', '自制猪肉脯']	……	0.048	0.714	0.35	0.85	0.5	6.854
['凉拌菠菜', '自制猪肉脯']	……	0.044	0.651	0.35	0.85	0.5	6.847
['自制猪肉脯', '辣炒鱿鱼']	……	0.036	0.618	0.35	0.85	0.5	6.833
['焖猪手', '辣炒鱿鱼']	……	0.035	0.589	0.35	0.85	0.5	6.832
['凉拌菠菜', '焖猪手', '自制猪肉脯']	……	0.034	0.842	0.35	0.85	0.5	6.830
['焖猪手', '爆炒猪肝']	……	0.033	0.66	0.35	0.85	0.5	6.828
['凉拌菠菜', '爆炒猪肝']	……	0.032	0.75	0.35	0.85	0.5	6.826
['爆炒猪肝', '自制猪肉脯']	……	0.032	0.536	0.35	0.85	0.5	6.826
['焖猪手', '自制猪肉脯', '辣炒鱿鱼']	……	0.031	0.853	0.35	0.85	0.5	6.825
['凉拌菠菜', '自制猪肉脯', '辣炒鱿鱼']	……	0.030	0.700	0.35	0.85	0.5	6.823

由表 7-9 可知，在后项为"芹菜炒腰花"的规则数据中，以['焖猪手', '自制猪肉脯']为前项的规则数据综合评分为 6.854，同时其支持度也相对较高，其次是['凉拌菠菜', '自制猪肉脯']和['自制猪肉脯', '辣炒鱿鱼']，综合评分分别为 6.847、6.833，其他包括"爆炒猪肝"的规则数据支持度也较高，这些都是比较受欢迎的菜品。因此，可以考虑将爆炒猪肝、自制猪肉脯、焖猪手、辣炒鱿鱼、凉拌菠菜和芹菜炒腰花搭配，推出对应不同用餐人数的套餐。同时也可以将比较受欢迎的菜品与受欢迎程度较低的菜品进行组合搭配，如将爆炒猪肝、自制猪肉脯、凉拌菠菜和蒙古烤羊腿、西瓜胡萝卜沙拉进行搭配，从而提高菜品的销售量。

小结

本章主要针对原始数据进行了探索性分析，分别绘制了每日用餐人数和营业额折线图、菜品热销度柱形图进行展示与分析，并针对数据中不符合建模要求的数据进行了预处理，包括数据清洗和属性构造。此外，还构建了 Apriori 模型对餐饮企业的菜品进行关联分析，并进行了模型评价，从而为企业提供菜品搭配的销售意见。

实训　西饼屋订单关联分析

1. 训练要点

（1）掌握统计商品热销情况的方法。

（2）掌握分析商品结构的方法。

（3）掌握 Apriori 算法的基本原理与使用方法。

2. 需求说明

某西饼屋准备对现有的店面重新进行布置，以期能够给用户提供更友好的体验。现有该西饼屋某天的 194 条订单数据，其中前 10 条数据如表 7-10 所示。

表 7-10　某西饼屋订单数据前 10 条

ID	Goods
1	提子吐司
1	纯牛奶
2	提拉米苏
2	三明治
2	纯牛奶
3	蒜香芝士面包
3	肉松面包
3	豆浆
4	三明治
4	汉堡包

3. 实现思路及步骤

（1）统计商品的热销情况。

（2）分析商品结构。

（3）构建购物篮数据。

（4）构建二元矩阵。

（5）使用 Apriori 算法进行关联分析。

课后习题

操作题

随着流量的增大，某网站的数据信息量也在以一定的幅度增长。基于该网站 2016 年 9 月每天的访问数据，使用 Apriori 算法对网站进行关联分析，具体操作步骤如下。

（1）清洗数据，提取网页 ID、网址、用户名、用户 ID 以及访问时间等属性，删除用户 ID 为空的记录。

（2）基于处理后的数据构建二元矩阵。

（3）构建 Apriori 模型实现关联分析。

第 **8** 章 金融服务机构资金流量预测

我国的金融市场正在迅猛发展。一方面，金融活动在将储蓄转化为投资、疏导社会资金流通、发挥实物资金流量等方面都扮演着重要的角色；另一方面，金融资金流量的规模增长过快，大大超过实物资金流量的增长速度，导致市场产生供不应求、物价上涨等经济不稳定现象。我国坚持把发展经济的着力点放在实体经济上，为了更有效地发挥金融活动对实体经济的意义，资金流量预测成为金融服务机构的一项重要任务。本章使用金融服务机构的数据，结合时间序列的 ARIMA 模型，对资金流量进行预测。

学习目标

（1）了解案例的背景、数据说明和分析目标。
（2）熟悉金融服务机构资金流量预测的步骤与流程。
（3）掌握数据平稳性的检验和处理方法，以及白噪声检验的方法。
（4）掌握用 ARIMA 模型对资金流量进行预测的方法。
（5）掌握对 ARIMA 模型的检验方法。

8.1 背景与目标

本案例的背景和目标分析主要包含金融服务机构资金流量预测的相关背景介绍、所用数据集的数据说明、案例的具体分析相关流程与目标。

8.1.1 背景

企业资金流量的预测主要从资金流入和资金流出这两方面进行。资金的流入主要包括营业活动、投资活动和筹资活动的资金流入。资金的流出主要包括营业活动、投资活动和筹资活动的资金流出。营业活动的资金流出主要包括营业期间费用的支付、各种税金的支付等。

企业可以通过一定时期内资金的流入和流出来推断出当前企业内部的资金量；也可以根据未来可能的资金流入和流出量，并结合自身对风险的偏好程度，来制订一个合理的资金分配计划。

企业对资金流量的预测根据时间长短不同可以分为短期、中期和长期预测。通常期限越长，预测的准确性越差。选择何种期限的资金流量预测方法完全取决于企业自身的实际要求。如果选择长期的资金流量预测方法，则要较多地纵观企业整体。例如，企业的资金流量是否与其发展策略相符，企业未来的投资计划与资金需求之间的关系及比重，未来可能发生的各种风险等。为了使企业资金流量预测更为准确，企业通常每年都会进行更新和检查，重新确定资金流量的预期目标。中期的资金流量预测主要是帮助企业掌握未来一年内资金流量的波动情况，为企业管理者提供未来一年的资金保证，中期的资金流量预测也是企业做出融资决策、金融投资决策和金融风险防范决策的基础。中期预测通常每个月检查更新一次，保证预测的结果具有一定的前瞻性，这样才能保证企业决策的有效性和时效性。每个企业也可以根据自身的情况按月、旬、周或日进行短期的资金流量预测，充分掌握和控制资金流量的周期，保证企业有一定的清偿能力。短期的资金流量预测比中期和长期的预测更具时效性，但是如果频繁地进行短期预测，势必会消耗大量的人力、物力和财力，因此企业在进行短期预测时也应当考虑到企业的实际需求和情况，并非越短期的资金流量预测对企业就越有利。

国内某金融服务机构拥有上亿会员，并且每天的业务都涉及大量的资金流入和流出，面对如此庞大的用户群，资金管理压力会非常大。因此，在既保证资金流动性风险最小，又满足日常业务运转的情况下，精准地预测资金的流入流出情况尤为重要。该金融服务机构希望能精准地预测未来每日的资金流入流出情况。对货币基金而言，资金流入意味着发生了申购行为，资金流出意味着发生了赎回行为。

8.1.2　数据说明

目前该金融服务机构已积累了大量用户的资金流入与资金流出的记录，包含 2013 年 7 月 1 日至 2014 年 8 月 31 日的申购和赎回信息，以及所有的子类目信息。数据经过脱敏处理后，基本保持了原数据分布。数据主要包括用户操作时间和操作记录，其中操作记录包括申购和赎回两个部分。金额的单位是分，即 0.01 元。如果用户今日消费总量为 0，即 consume_amt=0，则 4 个子类目为空。用户申购/赎回数据说明如表 8-1 所示。

表 8-1　用户申购/赎回数据表

属性	含义	示例
user_id	用户 ID	1234
report_date	日期	20140407
tBalance	今日余额	109004
yBalance	昨日余额	97389
total_purchase_amt	今日总购买量 = 直接购买 + 收益	21876
direct_purchase_amt	今日直接购买量	21863
purchase_bal_amt	今日支付宝余额购买量	0
purchase_bank_amt	今日银行卡购买量	21863
total_redeem_amt	今日总赎回量 = 消费 + 转出	10261
consume_amt	今日消费总量	0
transfer_amt	今日转出总量	10261

续表

属性	含义	示例
tftobal_amt	今日转出到支付宝余额总量	0
tftocard_amt	今日转出到银行卡总量	10261
share_amt	今日收益	13
category1	今日类目 1 消费总额	0
category2	今日类目 2 消费总额	0
category3	今日类目 3 消费总额	0
category4	今日类目 4 消费总额	0

8.1.3　目标

　　基于企业希望精确地预测资金流入流出量的需求，可得到本案例的目标为：预测该金融服务机构次月每天的申购与赎回总额，并与真实值进行对比，评价模型的合理性。鉴于申购和赎回的预测方式类似，本案例仅展示预测申购总额的过程，总体流程如图 8-1 所示。赎回总额的预测作为本章的实训供读者练习。

　　本案例要预测资金流入流出量，需要实现的目标如下。

　　（1）对原始数据进行属性构造，之后通过绘制时序图和自相关图查看数据平稳性。

　　（2）对数据进行筛选，截取平稳部分的数据，之后通过绘制时序图和自相关图查看数据平稳性。

　　（3）根据数据规律对数据进行周期性差分，之后通过绘制时序图和自相关图查看数据平稳性。

　　（4）对数据进行平稳性检验和白噪声检验。

　　（5）确定模型的阶数。

　　（6）根据确定的阶数构建 ARIMA 模型。

　　（7）对 ARIMA 模型进行白噪声检验。

　　（8）将预测值与真实值加以对比，对模型进行评价。

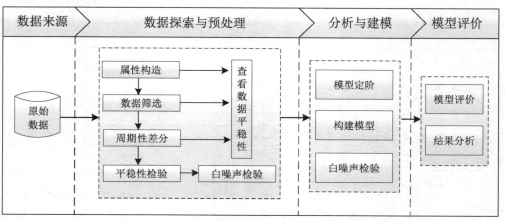

图 8-1　金融服务机构资金流量预测总体流程

8.2　数据预处理

建立 ARIMA 模型时需要将非平稳序列转化成平稳序列，通过时序图截取平稳部分的数据并进行差分，然后对截取后的数据进行平稳性检验与白噪声检验。仅在数据为平稳非随机序列的条件下，才可利用 ARIMA 模型进行预测。

8.2.1　属性构造

原始数据以单个用户每天的信息作为一条记录。而时间序列预测输入的数据形式是每天的总资金流入量，因此对原始数据进行式（8-1）所示的转换。

$$第K天资金申购总量 = \sum_{i=1}^{n_k} 第i个用户第K天的资金申购量 \qquad (8\text{-}1)$$

其中，n_k 表示第 K 天的用户数量。

转换过程如图 8-2 所示。

用户编号	日期	申购量
1	2014-3-1	1000
2	2014-3-1	1000
3	2014-3-1	1000
1	2014-3-2	2000
2	2014-3-2	2000
3	2014-3-2	2000

日期	申购量
2014-3-1	3000
2014-3-2	6000

图 8-2　转换过程

根据转换后的数据绘制数据时序图与自相关图，查看数据的平稳性，直观地掌握时间序列的一些基本分布特征，如代码 8-1 所示。得到的申购数据的时序图如图 8-3 所示，得到的申购数据的自相关图如图 8-4 所示。

代码 8-1　数据探索

```python
from math import *
import numpy as np
import pandas as pd
import matplotlib.pyplot as plt
from statsmodels.graphics.tsaplots import plot_acf, plot_pacf
from pylab import *
mpl.rcParams['font.sans-serif'] = ['SimHei']
funddata = pd.read_csv('../data/user_balance_table.csv')
# 将目标列读取为日期型
funddata['report_date'] = pd.to_datetime(funddata['report_date'],
                          format='%Y%m%d')

# 对相同日期的资金申购量进行统计
combine = funddata.groupby(['report_date']).agg({'total_purchase_amt': sum})
print(combine)
plt.rcParams['axes.unicode_minus'] = False
combine.plot(legend=False)
plt.title('时序图')
plt.show()
plot_acf(combine)
plt.title('自相关图')
plt.show()
```

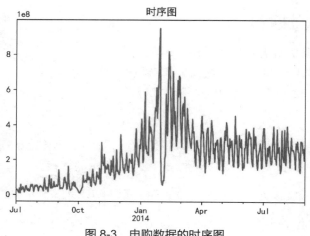

图 8-3　申购数据的时序图

从图 8-3 可以看出，前半部分的数据处于增长期，结合该金融服务机构的发展历程来看，这段时间正处于某项产品的推广期。前期由于新用户的不断增加，每日资金申购量也在随之增加；中间有段时期资金申购量急剧降低；后半段时期用户数量稳定下来，资金申购量在一定的范围内稳定地波动。根据时序图检验平稳序列的特点，该序列并未全部在一个常数值附近随机波动，因此判断该序列属于非平稳随机序列。

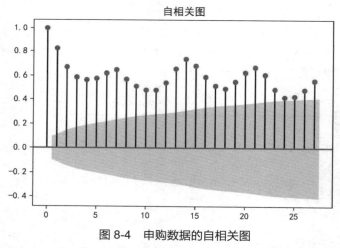

图 8-4　申购数据的自相关图

从图 8-4 可以看出，序列自相关系数长期位于 x 轴的一侧，这是具有单调趋势序列的典型特征。同时自相关图呈现出明显的正弦波动规律，这是具有周期变化规律的非平稳序列的典型特征。

8.2.2　截取平稳部分数据

通过图 8-3 可以看出，2014 年 3 月后的数据在一个值附近随机波动。本案例的目标是预测资金申购量，前期的资金申购量受新用户人数影响，处于增长状态；后期的数据由于用户数量稳定，因此表现得更加平稳、有规律。基于探索结果，决定选取 2014 年 3 月至 7 月的数据作为模型训练数据，选取 2014 年 8 月的数据作为模型测试数据。截取数据并绘制时序图与自相关图，如代码 8-2 所示。绘制的截取数据的时序图如图 8-5 所示，绘制的截取数据的自相关图如图 8-6 所示。

代码 8-2　截取数据并绘制时序图与自相关图

```
# 截取平稳部分的数据
smooth = combine['2014-3':'2014-7']
print(smooth)
smooth.plot(legend = False)  # 截取数据的时序图
plt.title('截取数据的时序图')
plt.show()  # 截取数据的自相关图
plot_acf(smooth )
plt.title('截取数据的自相关图')
plt.show()
```

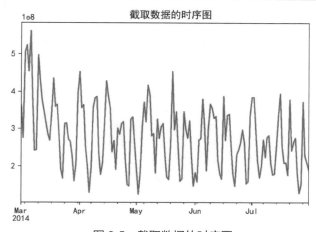

图 8-5　截取数据的时序图

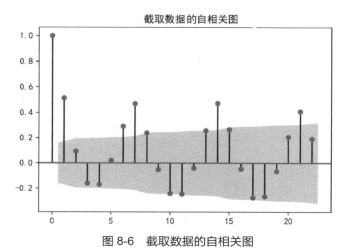

图 8-6　截取数据的自相关图

从图 8-5、图 8-6 可以看出，数据具有较明显的周期性，以 7 天为一个周期，数据稳定地上下波动。所以需要对数据进行差分处理，以消除周期性。

8.2.3 周期性差分

由于截取数据存在周期性，因此需要对资金申购量以 7 天为周期做一阶差分，并绘制一阶差分后数据的时序图和自相关图，如代码 8-3 所示。训练数据一阶差分后的时序图如图 8-7 所示，训练数据一阶差分后的自相关图如图 8-8 所示。

代码 8-3　周期性差分

```
# 周期性差分
diffresult = smooth.diff(7)
diffresult.plot(legend=False)
diffresult = diffresult['2014-03-08':'2014-07-31']  # 需要进行数据的提取
plt.title('差分时序图')
plt.show()  # 差分数据后的时序图
plot_acf(diffresult)  # 差分数据后的自相关图
plt.title('差分自相关图')
plt.show()
```

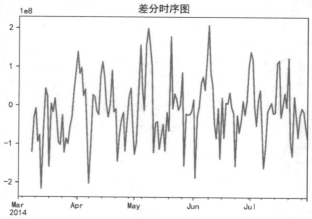

图 8-7　训练数据一阶差分后的时序图

从图 8-7 可以看出，数据在一个值附近随机波动，可认为是平稳序列。

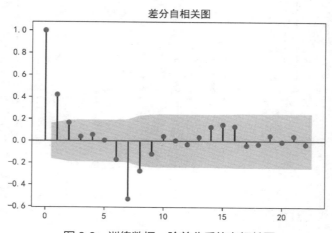

图 8-8　训练数据一阶差分后的自相关图

从图 8-8 可以看出，数据的周期性已消失，自相关系数多数控制在两倍的标准差范围内，可以认为该数据自始至终都在 x 轴附近波动，属于平稳序列。

8.2.4　平稳性检验和白噪声检验

为了确定原始序列中没有随机趋势或确定趋势，需要对数据进行平稳性检验，否则可能会产生"伪回归"的现象。对 2014 年 3 月至 7 月的资金申购数据进行平稳性检验和白噪声检验，如代码 8-4 所示，平稳性检验的结果如表 8-2 所示。

代码 8-4　平稳性检验和白噪声检验

```
# 平稳性检验
from statsmodels.tsa.stattools import adfuller as ADF
print('差分序列的平稳性检验结果为：', ADF(diffresult))
# 白噪声检验
from statsmodels.stats.diagnostic import acorr_ljungbox
print('差分序列的白噪声检验结果为：', acorr_ljungbox(diffresult, lags=1))
```

表 8-2　平稳性检验结果

差分阶数	检验类型	P 值	结论
1	平稳性检验	0.001698	原始序列经过一阶差分后归于平稳

为了验证序列中有用的信息是否已被提取完毕，需要对序列进行白噪声检验。如果序列为白噪声序列，就说明序列中有用的信息已经被提取完毕，剩下的全是随机扰动，无法进行预测和使用。2014 年 3 月至 7 月的资金申购数据的白噪声检验的结果如表 8-3 所示。

表 8-3　白噪声检验结果

检验类型	P 值	结论
白噪声检验	2.63066558e-07	原始序列为非白噪声序列

由表 8-2 和表 8-3 可知，序列同时通过了平稳性检验和白噪声检验，因此可用于时间序列模型的构建。

8.3　分析与建模

差分运算具有强大的提取确定性信息的能力，许多非平稳序列差分后会显示出平稳序列的性质，这时称这个非平稳序列为差分平稳序列。对差分平稳序列进行随机性检验并通过后，可以使用 ARIMA 模型进行拟合。

8.3.1　时间序列模型的定阶

在建立 ARIMA 模型之前，需要确定模型的阶数，即确定 p、q 的值。目前常用的定阶方式有 AIC 准则定阶和 BIC 准则定阶。

对通过平稳性检验和白噪声检验的数据建立 ARIMA 模型。先要确定模型的阶数，这里采用 BIC 准则对模型进行定阶，如代码 8-5 所示。

代码 8-5　模型定阶

```
import statsmodels.api as sm  # statsmodels.api 的版本为 0.11.0
# 模型定阶
train_results = sm.tsa.arma_order_select_ic(diffresult, ic=['bic'], trend='nc',
                                    max_ar=5, max_ma=5)
print('BIC', train_results.bic_min_order)
```

输出结果如下。

```
BIC (2, 5)
```

根据结果可知，p、q 参数的值确定为 2、5，故选用 ARIMA(2,1,5)模型。

8.3.2　模型检验

为了验证模型的有效性，需要对 8.3.1 小节构建的 ARIMA 模型进行残差检验，如代码 8-6 所示。时间序列模型残差的自相关图如图 8-9 所示。

代码 8-6　残差检验

```
# 模型检验
from statsmodels.tsa.arima.model import ARIMA
from statsmodels.tsa.stattools import adfuller
from statsmodels.stats.diagnostic import acorr_ljungbox
# 根据定阶结果构建 ARIMA 模型
model = ARIMA(smooth, order=(2, 1, 5))
results = model.fit();
resid = results.resid;
fig = plt.figure(figsize=(12, 8))
fig = sm.graphics.tsa.plot_acf(resid.values.squeeze(), lags=40)
plt.title('残差的自相关图')
plt.show()  # 绘制残差的自相关图
print('差分序列的白噪声检验结果为：', acorr_ljungbox(resid.values.squeeze(),
                                lags=1))
```

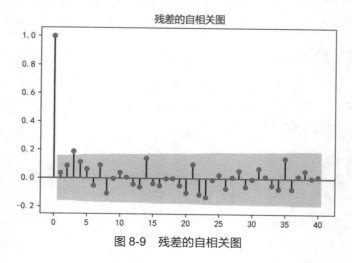

图 8-9　残差的自相关图

对残差序列进行白噪声检验，得到的 p 值为 0.65，大于 0.05，说明原假设成立，即数据是随机的，所以模型有效。

8.4 模型评价

计算每天的平均误差，计算公式如式（8-2）所示，其中 X_i 是第 i 天的真实值，$\hat{X_i}$ 是第 i 天的预测值。

$$error = \frac{1}{n}\sum_{i=1}^{n}\frac{\left|\hat{X_i}-X_i\right|}{X_i} \qquad (8-2)$$

为判断模型的效果，定义每天预测结果的得分公式如式（8-3）所示。

$$score=\begin{cases}5\cos\left(\frac{10\pi}{3}\times error\right)+5 & , \ error<0.3 \\ 0 & , \ error \geqslant 0.3\end{cases} \qquad (8-3)$$

当 error 的值大于或等于 0.3 时，该预测结果不得分；当 error 的值为 0 时，该预测结果得 10 分；error 的值越小，得分越高。计算预测结果得分，如代码 8-7 所示，得到的模型预测结果如表 8-4 所示。

代码 8-7 计算预测结果得分

```
# 获取预测值与真实值数据
predict_sunspots = results.predict(start=str('2014-08-01'),
                              end=str('2014-08-31'), dynamic=False)
right_num = combine['2014-08-01':'2014-08-31']

# 预测值和真实值
predict_array = predict_sunspots.values.flatten()
right_num_array = right_num.values.flatten()

# 得到误差
error_new = (np.abs(np.array(predict_array) -
                np.array(right_num_array)) / np.array(right_num_array).
flatten())
print(error_new)

# 得到得分
score_array = []
for i in range(31):
    a = 0
    error = abs(predict_array[i] - right_num_array[i]) / right_num_array[i]
    if error >= 0.3:
        a = 0
    else:
        a = 5 * cos(10 * pi * error/3) + 5
    score_array.append(a)
print(score_array)
```

表 8-4　模型预测结果表

	真实值	预测值	误差	得分
1	204423542	374884735	0.455	0.000
2	197407287	189092130	0.044	9.479
3	226263340	173825397	0.302	0.000
4	285557984	330640884	0.136	5.712
5	338623892	394780870	0.142	5.405
6	345538152	288821016	0.196	2.666
7	301200602	247646474	0.216	1.803
8	239094115	233903717	0.022	9.866
9	205999243	160262764	0.285	0.058
10	226757831	259534870	0.126	6.229
11	285626467	331550471	0.139	5.600
12	338215783	258493673	0.308	0.000
13	344961657	261506619	0.319	0.000
14	300889963	257702660	0.168	4.084
15	239282521	244551620	0.022	9.873
16	206543781	215059736	0.040	9.576
17	227247890	149978271	0.515	0.000
18	285693355	298499146	0.043	9.504
19	337810109	266401973	0.268	0.277
20	344389787	308378692	0.117	6.705
21	300582653	251763517	0.194	2.781
22	239470456	246316056	0.028	9.790
23	207084414	141412027	0.464	0.000
24	227733555	130195484	0.749	0.000
25	285758669	309574223	0.077	8.463
26	337406860	306945089	0.099	7.534
27	343822505	302194801	0.138	5.640
28	300278638	245082751	0.225	1.457

续表

	真实值	预测值	误差	得分
29	239657915	267554713	0.104	7.304
30	207621167	199708772	0.040	9.576
31	228214863	275090213	0.170	3.940
均值			0.198	4.623

根据表 8-4 可以看出，总体误差相差不大，得分也中等，证明了模型是合理的。

绘制 2014 年 8 月资金申购的真实值和预测值的对比图，如代码 8-8 所示，得到的对比图如图 8-10 所示。

代码 8-8　绘制真实值和预测值的对比图

```
# 绘制真实值和预测值的对比图
fig, ax = plt.subplots(figsize=(7, 4))
combine['2014-08'].plot(ax=ax)
predict_sunspots.plot(ax=ax,style='r--')
plt.rcParams['axes.unicode_minus'] = False
plt.legend(labels=['真实值','预测值'])
plt.title('对比图')
plt.show()
```

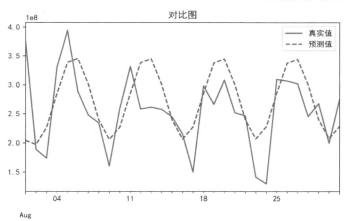

图 8-10　真实值和预测值的对比图

根据图 8-10 可以看出，真实值与预测值大致符合，说明模型合理。

小结

本章借由某金融服务机构资金流入预测的案例，介绍了时间序列分析法中 ARIMA 模型在实际案例中的应用过程。查看原始数据并观察数据的趋势，根据数据的时间趋势进行差分，对时间序列的平稳性检验、白噪声检验做了详细说明，最后利用 BIC 准则对模型定阶，从而构建 ARIMA 模型对数据进行预测，并根据真实值与预测值的对比结果对模型进行评级。

实训　构建 ARIMA 模型预测资金赎回数据

1．训练要点

（1）掌握平稳性的检验方法。

（2）掌握白噪声的检验方法。

（3）掌握 ARIMA 模型的定阶过程。

（4）掌握 ARIMA 模型的应用。

2．需求说明

本章的案例已经对资金申购数据进行了预测，而本实训需要对资金赎回数据进行预测。首先需要对资金赎回数据进行平稳性检验和白噪声检验，然后确定 p 值与 q 值进行定阶，最后建立 ARIMA 模型进行预测，并对该模型进行评价。

3．实现思路及步骤

（1）使用时序图、自相关图与单位根检验判断序列是否平稳，若不平稳则进行差分运算。

（2）进行白噪声检验。

（3）使用 BIC 准则对模型进行定阶。

（4）使用 ARIMA 模型进行预测。

（5）将预测值与真实值进行对比，得到对比图、平均绝对误差、均方根误差及平均绝对百分误差。

课后习题

操作题

随着流量的增大，某网站的数据信息量也在以一定的幅度增长。基于该网站 2016 年 9 月～2017 年 2 月每天的访问量，使用 ARIMA 模型预测该网站未来 7 天的访问量。

（1）导入数据，绘制原数据的时序图与自相关图，检验数据的平稳性。

（2）进行白噪声检验。

（3）使用 BIC 准则对模型进行定阶。

（4）预测网站未来 7 天的访问量。

第 9 章 O2O 优惠券使用预测

随着电子商务和移动互联网的发展，为了将线上用户引流到线下消费，O2O（Online to Offline）电子商务模式应运而生，如大众点评、苏宁、滴滴出行等。创新才能把握时代、引领时代，O2O 将线下的商务机会与互联网结合，让互联网成为线下交易的平台。商户投放优惠券是 O2O 重要的销售方式，用户持券消费相比线下直接消费价格更低。但如果商户随意投放优惠券，则可能降低平台的品牌声誉，导致用户流失，从而影响到平台吸引大量高黏性的客户。本章使用某平台线下的真实消费行为和位置信息，对用户消费行为和商户投放优惠券信息进行可视化分析，并对数据进行数据清洗和数据变换等预处理操作，采用决策树、梯度提升和 XGBoost 这 3 种分类算法预测用户在领取优惠券 15 天以内的使用情况。

学习目标

（1）了解案例的背景、数据说明和分析目标。
（2）掌握描述性统计分析方法。
（3）掌握分析优惠形式、用户消费行为、商户投放优惠券信息的方法。
（4）掌握数据清洗和数据变换这两个数据预处理方法。
（5）掌握构建决策树、梯度提升和 XGBoost 分类模型的方法。
（6）掌握模型评价方法。

9.1 背景与目标

在 O2O 消费模式运营局面下，优惠券的合理投放已成为现在商户经营店铺要考虑的一项重要因素，某电商平台需要根据自身拥有的用户消费信息数据，分析与预测用户领取优惠券后的使用情况。

9.1.1 背景

随着移动设备的完善和普及，移动互联网+各行各业的运营模式进入了高速发展的阶段，其中 O2O 消费模式最吸引眼球，它将线上消费和线下消费进行了结合。据不完全统计，O2O 行业内估值上亿的创业公司超过 10 家，其中不乏百亿巨头的身影。O2O 行业天然关联数亿消费者，各类 APP 每天记录了超过百亿条用户行为和位置记录，如在美团点餐、用滴滴打车、在天猫购物或者浏览商品等行为都会被记录，因而 O2O 成为大数据科研和商业化运营的最佳结合点之一。O2O 消费对于用户而言，不仅可以使用户获得更为丰富、全面的商户及其服务信息内容，而且还可以使用户获得比线下直接消费更低的价格；对于商户而言，可以获得更多、更好的宣传机会去吸引新用户到店消费，同时可以通过在线预约的方式合理安排经营，节约成本。

在市场竞争十分激烈的情况下，商户会想出各种各样的办法去吸引新用户，其中用优惠券维持老用户或吸引新用户进店消费成为 O2O 的一种重要营销方式。但如果投放优惠券的形式不恰当，可能会造成一定的负面影响。例如，人们在生活中常常会收到各式各样关于优惠券或其他活动的短信或 APP 推送的消息，在大多数情况下，人们并不会去使用或在意这些优惠券，因为优惠券的随机推送并没有摸清用户的需要，此时会对多数用户造成无意义的干扰。同样，对于商户而言，滥发优惠券可能会降低品牌声誉，同时还会增加营销成本。个性化投放是提高优惠券核销率的重要技术，不仅可以让具有一定偏好的消费者得到真正的实惠，而且赋予了商户更强的营销能力。

9.1.2 数据说明

某平台拥有用户线下的真实消费行为和位置信息等数据，为保护用户隐私和数据安全，数据已经过随机采样和脱敏处理。数据样本包括训练样本和测试样本。其中，训练样本共有 1444037 条记录，是用户在 2016 年 1 月 1 日至 2016 年 5 月 30 日之间的真实线下消费行为信息。测试样本为用户在 2016 年 6 月 1 日至 15 日的领取商户优惠券信息。总的数据属性包含用户 ID、商户 ID、优惠券 ID、优惠券折扣力度、用户与门店的距离、领取优惠券日期、消费日期，如表 9-1 所示。

表 9-1 数据说明

名称	含义
user_id	用户 ID
merchant_id	商户 ID
coupon_id	优惠券 ID。null 表示无优惠券消费，此时 discount_rate 和 date_received 属性无意义
discount_rate	优惠券折扣力度。其中 a 代表折扣率，取值范围是 0~1；x:y 表示满 x 减 y。例如，当 a=0.9 时，商品的折扣率为 0.9；当 x=200、y=30 时（即 200∶30），商品满 200 元减 30 元
distance	用户与门店的距离（如果是连锁店，那么取最近的一家门店）。表示用户经常活动的地点与该商户的最近门店距离是 $x \times 500$m，x 的取值范围是(0,10)且 x 取整数；例如，当 $x=1$ 时，用户活动地点与最近门店的距离为 500m；当 $x=2$ 时，距离为 1000m，以此类推。此外，null 表示无此信息，$x=0$ 表示距离低于 500m，$x=10$ 表示距离大于或等于 5000m
date_received	领取优惠券日期
date	消费日期。如果消费日期为 null 但优惠券 ID 不为 null，则该记录表示领取了优惠券但没有使用；如果消费日期不为 null 但优惠券 ID 为 null，则表示普通消费日期；如果消费日期和优惠券 ID 都不为 null，则表示使用优惠券消费的日期

9.1.3 目标

本案例的主要目标是预测用户在领取优惠券后 15 天以内的使用情况，为了将该问题转化为分类问题，将领取优惠券后 15 天以内使用优惠券的样本标记为正样本，记为 1；15 天以内没有使用优惠券的样本标记为负样本，记为 0；未领取优惠券进行消费的样本标记为普通样本，记为 – 1。确定是分类问题后，需要结合用户使用优惠券的情景和实际业务场景，构建用户、商户、优惠券、用户和商户交互的相关指标，并根据这些指标构建分类模型，预测用户在领取优惠券后 15 天以内的使用情况。

根据上述的分析过程与思路，结合数据特点和分析目标，可得总体流程，如图 9-1 所示，主要包括以下步骤。

（1）读取用户真实线下消费行为历史数据。

（2）对读取的数据进行描述性统计分析、探索性分析与预处理，包括数据清洗、数据变换等操作。

（3）使用决策树分类模型、梯度提升分类模型和 XGBoost 分类模型进行分类预测，并对构建好的模型进行模型评价。

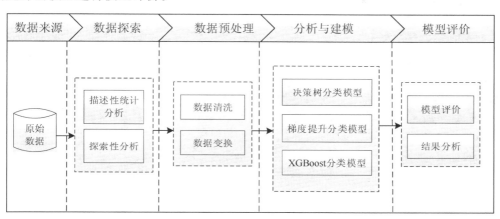

图 9-1　O2O 数据分析建模总体流程

9.2　数据探索

原始数据中包括用户 ID、商户 ID、优惠券 ID、优惠券折扣力度、用户经常活动的地点与商户最近的门店的距离等信息，下面对原始数据进行描述性统计分析，从多个维度进行探索性分析。

9.2.1　描述性统计分析

对训练样本、测试样本进行描述性统计分析，如代码 9-1 所示。得到训练样本和测试样本的属性观测值中的缺失值数、最大值和最小值，分别如表 9-2、表 9-3 所示。

代码 9-1　描述性统计分析

```
import pandas as pd
# 读取训练样本和测试样本
data_train = pd.read_csv('../data/train.csv')
data_test = pd.read_csv('../data/test.csv')
# 对数据进行描述性统计分析
```

```
# 返回缺失值数、最大值、最小值
# 训练样本的描述性统计分析
# 在 describe 函数中，percentiles 参数表示指定计算的分位数表，如四分位数、中位数等
explore_train = data_train.describe(percentiles=[], include='all').T
explore_train['null'] = data_train.isnull().sum()  # 计算缺失值
explore_train = explore_train[['null', 'max', 'min']]
explore_train.columns = ['缺失值数', '最大值', '最小值']  # 表头重命名
# 测试样本的描述性统计分析
explore_test = data_test.describe(percentiles=[], include='all').T
explore_test['null'] = data_test.isnull().sum()  # 统计缺失值
explore_test = explore_test[['null', 'max', 'min']]
explore_test.columns = ['缺失值数', '最大值', '最小值']  # 表头重命名
# 写出结果
print(explore_train)  # 训练样本的描述性统计分析
print(explore_test)   # 测试样本的描述性统计分析
# 保存结果
explore_train.to_csv('../tmp/explore_train.csv')  # 保存训练样本的描述性统计分析
explore_test.to_csv('../tmp/explore_test.csv')   # 保存测试样本的描述性统计分析
```

表 9-2　训练样本的描述性统计分析结果

属性名称	缺失值数	最大值	最小值
user_id	0	7361032	4
merchant_id	0	8856	1
coupon_id	578569	14045	1
discount_rate	578569		
distance	0	10	0
date_received	578569	20160531	20160101
date	804951	20160630	20160101

表 9-3　测试样本的描述性统计分析结果

属性名称	缺失值数	最大值	最小值
user_id	0	7360967	4
merchant_id	0	8856	1
coupon_id	123033	14045	1
discount_rate	123033		
distance	0	10	0
date_received	123033	20160615	20160601
date	75163	20160630	20160601

　　在表 9-2、表 9-3 中，因为 discount_rate 属性为字符类型，所以不存在最大值和最小值。

由表 9-2 可知，训练样本的优惠券 ID、优惠率、领取优惠券日期的缺失值数一致，可能是因为一部分用户没有领取优惠券而直接到门店消费；而 date 属性的缺失值数比优惠券 ID 的缺失值数多，即存在一部分用户的消费日期为 null 而优惠券 ID 不为 null，这可能是因为这部分用户领取了优惠券但没有进行消费。在表 9-3 中，测试样本的优惠券 ID、优惠率、领取优惠券日期和消费日期均存在缺失值。

9.2.2　分析优惠形式信息

原始训练样本中的 discount_rate 字段部分是以小数形式（如 0.8、0.9 等）存在的，表示折扣率；部分是以比值形式（如 30∶5、100∶10 等）存在的，表示满额减免。考虑到折扣率和满额减免这两种优惠形式可能是影响用户是否使用优惠券的一个因素，分别分析这两种优惠形式的分布情况并绘制饼图，如代码 9-2 所示，得到的结果如图 9-2 所示。

代码 9-2　绘制饼图分析优惠形式信息

```python
# 合并训练样本和测试样本
data1 = pd.concat([data_train, data_test], axis=0)
# 处理 data_received 属性、date 属性
data1['date_received'] = data1['date_received'].astype('str').apply(
    lambda x: x.split('.')[0])
data1['date_received'] = pd.to_datetime(data1['date_received'])
data1['date'] = data1['date'].astype('str').apply(lambda x: x.split('.')[0])
data1['date'] = pd.to_datetime(data1['date'])
# 绘制饼图分析满减优惠形式和折扣率优惠形式
import matplotlib.pyplot as plt
import re
indexOne = data1['discount_rate'].astype(str).apply(lambda x: re.findall(
    '\d+:\d+', x) != [])  # 满减优惠形式的索引
indexTwo = data1['discount_rate'].astype(str).apply(lambda x: re.findall(
    '\d+\.\d+', x) != [])  # 折扣率优惠形式的索引
dfOne = data1.loc[indexOne, :]  # 取出满减优惠形式的数据
dfTwo = data1.loc[indexTwo, :]  # 取出折扣率优惠形式的数据
# 在满减优惠形式的数据中，15 天内优惠券被使用的数目
numberOne = sum((dfOne['date'] - dfOne['date_received']).dt.days <= 15)
# 在满减优惠形式的数据中，15 天内优惠券未被使用的数目
numberTwo = len(dfOne) - numberOne
# 在折扣率优惠形式的数据中，15 天内优惠券被使用的数目
numberThree = sum((dfTwo['date'] - dfTwo['date_received']).dt.days <= 15)
# 在折扣率优惠形式的数据中，15 天内优惠券未被使用的数目
numberFour = len(dfTwo) - numberThree
# 绘制饼图
plt.figure(figsize=(6, 3))
plt.rcParams['font.sans-serif'] = 'Simhei'
plt.subplot(1, 2, 1)
plt.pie([numberOne, numberTwo], autopct='%.1f%%', pctdistance=1.4)
plt.legend(['优惠券 15 天内被使用', '优惠券 15 天内未被使用'], fontsize=7,loc=
(0.15,0.91))  # 添加图例
plt.title('满减优惠形式', fontsize=15,y=1.05)  # 添加标题
```

```
plt.subplot(1, 2, 2)
plt.pie([numberThree, numberFour], autopct='%.1f%%', pctdistance=1.4)
plt.legend(['优惠券 15 天内被使用', '优惠券 15 天内未被使用'], fontsize=7,loc=
（0.15,0.91)) # 添加图例
plt.title('折扣率优惠形式', fontsize=15,y=1.05) # 添加标题
plt.show()
```

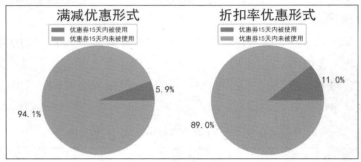

图 9-2　满减优惠形式和折扣率优惠形式

由图 9-2 可知,满减优惠形式和折扣率优惠形式的优惠券在 15 天内未被使用的比例相对较大，分别为 94.1%、89.0%；满减优惠形式的优惠券在 15 天内被使用的比例仅为 5.9%，折扣率优惠形式的优惠券在 15 天内被使用的比例为 11.0%,说明用户更倾向使用折扣率优惠形式的优惠券到店进行消费。

9.2.3　分析用户消费行为信息

选取领取优惠券日期、消费日期这两个属性计算用户消费次数、领券次数和领券消费次数，分析用户的消费行为信息。

1.　绘制折线图分析用户消费次数

统计各月份的用户消费次数,并绘制 2016 年前 6 个月各月份用户消费次数折线图，如代码 9-3 所示，得到的结果如图 9-3 所示。

代码 9-3　绘制折线图分析各月份用户消费次数

```
# 提取月份
data_month = data1['date'].apply(lambda x: x.month)
# 对各月份用户消费次数进行统计
data_count = data_month.value_counts().sort_index(ascending=True)
# 绘制用户消费次数折线图
fig = plt.figure(figsize=(8, 5)) # 设置画布大小
plt.rcParams['font.sans-serif'] = 'SimHei' # 设置中文显示
plt.rcParams['axes.unicode_minus'] = False
plt.rc('font', size=12)
plt.plot(data_count.index, data_count, color='#0504aa',
        linewidth=3.0, linestyle='-.')
plt.xlabel('月份')
plt.ylabel('消费次数（次）')
plt.title('2016 年前 6 个月各月份用户消费次数')
plt.show()
```

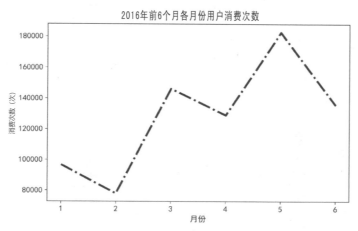

图 9-3　2016 年前 6 个月各月份用户消费次数折线图

由图 9-3 可知，5 月份用户消费次数最多，有可能是因为五一节假日期间商户投放优惠券的优惠率较大吸引了用户消费。2 月份处于低谷，可能是因为春节长假店铺休息。

2.　绘制柱形图分析用户领券次数与领券消费次数

绘制 2016 年前 6 个月各月份用户领券次数和领券消费次数柱形图，如代码 9-4 所示。得到的结果如图 9-4 所示。

代码 9-4　绘制柱形图分析用户领券次数与领券消费次数

```
# 提取领券日期中的月份
received_month = data1['date_received'].apply(lambda x: x.month)
month_count = received_month.value_counts().sort_index(ascending=True)
# 获取领券消费数据
cop_distance = data1.loc[data1['date'].notnull() & data1[
    'coupon_id'].notnull(), ['user_id', 'distance', 'date', 'discount_rate']]
# 统计领券消费次数
date_month = cop_distance['date'].apply(lambda x: x.month)
datemonth_count = date_month.value_counts().sort_index(ascending=True)
datemonth_countlist = list(datemonth_count)  # 转为列表
# 绘制用户领券次数与领券消费次数柱形图
import numpy as np
fig = plt.figure(figsize=(8, 5))  # 设置画布大小
name_list = [i for i in range(1, 7)]; x = [i for i in range(1, 7)]
width = 0.4  # width用于设置宽度
plt.bar(x, height=list(month_count),
        width=width, label='用户领券', alpha=1, color='#0504aa')
for i in range(len(x)):
    x[i] = x[i] + width
plt.bar(x, height=np.array(datemonth_countlist),
        width=width, label='用户领券消费', alpha=0.4, color='red')
plt.legend()  # 图例
plt.xlabel('月份')
plt.ylabel('次数（次）')
```

```
plt.title('2016年前6个月各月份用户领券次数与领券消费次数')
plt.show()
```

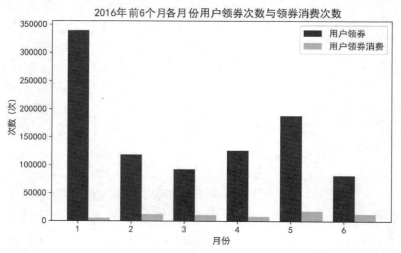

图 9-4　2016 年前 6 个月各月份用户领券次数与领券消费次数柱形图

由图 9-4 可知，1 月份用户领取优惠券的次数最多，可能是因为用户领取优惠券为春节囤年货做准备；其次，5 月份用户领取优惠券数量较多，可能是为母亲节给母亲送礼物做准备。从用户领券消费情况来看，虽然商户投放的优惠券很多，但相对于投放的优惠券数量，用户很少使用优惠券到门店进行消费，说明出现了商户滥发优惠券的现象。

9.2.4　分析商户投放优惠券信息

统计商户投放优惠券的数量、用户到门店消费的距离、用户持券与未持券到门店消费的距离等，用于分析商户投放优惠券信息。

1. 绘制柱形图分析商户投放优惠券的数量

平台有多家商户参与优惠券投放，绘制投放优惠券数量排名前 10 的商户 ID 柱形图，如代码 9-5 所示，得到的结果如图 9-5 所示。

代码 9-5　绘制投放优惠券数量排名前 10 的商户 ID 柱形图

```
# 提取商户投放优惠券数据
coupon_data = data1.loc[data1['coupon_id'].notnull(), ['merchant_id', 'coupon_id']]
merchant_count = coupon_data['merchant_id'].value_counts()
print('参与投放优惠券商户总数为：', merchant_count.shape[0])
print('商户最多投放优惠券{max_count}张\n商户最少投放优惠券{min_count}张'.
    format(max_count=merchant_count.max(), min_count=merchant_count.min()))
# 绘制柱形图分析商户投放优惠券的数量
fig = plt.figure(figsize=(8, 5))  # 设置画布大小
plt.rc('font', size=12)
plt.bar(x=range(len(merchant_count[: 10])),
    height=merchant_count[: 10], width=0.5,
    alpha=0.8, color='#0504aa')
# 给柱形图添加数据标注
```

```
for x, y in enumerate(merchant_count[: 10]):
    plt.text(x - 0.4, y + 500, '%s' %y)
plt.xticks(range(len(merchant_count[: 10])), merchant_count[: 10].index)
plt.xlabel('商户ID')
plt.ylabel('投放优惠券数量（张）')
plt.title('投放优惠券数量前 10 名的商户 ID')
plt.show()
```

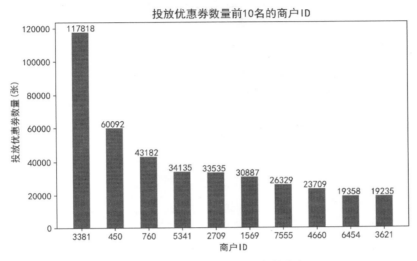

图 9-5　投放优惠券数量前 10 名的商户 ID

由图 9-5 可知，ID 为 3381 的商户投放优惠券的数量高达 117818 张，其次是 ID 为 450 和 760 的商户，投放数量分别为 60092 张、43182 张，其他商户投放优惠券的数量都相对较少。

2. 绘制饼图分析用户到门店的距离

绘制饼图分析用户到门店的距离，如代码 9-6 所示，得到的结果如图 9-6 所示。

代码 9-6　绘制饼图分析用户到门店的距离

```
# 提取用户消费次数数据
date_distance = data1.loc[data1['date'].notnull() & data1[
        'distance'].notnull(), ['user_id', 'distance', 'date']]
print('数据形状:', date_distance.shape)
# 统计用户消费次数
dis_count = date_distance['distance'].value_counts()
# 绘制用户到门店的距离比例饼图
fig = plt.figure(figsize=(10, 10))  # 设置画布大小
plt.rcParams['font.sans-serif'] = 'SimHei'  # 设置中文显示
plt.rcParams['axes.unicode_minus'] = False
plt.rc('font', size=15)
plt.pie(x=dis_count, labels=dis_count.index, labeldistance=1.2,
        pctdistance=1.4, autopct='%1.1f%%')
plt.title('用户到门店的距离比例', fontdict={'weight': 'normal', 'size': 25})
plt.show()
```

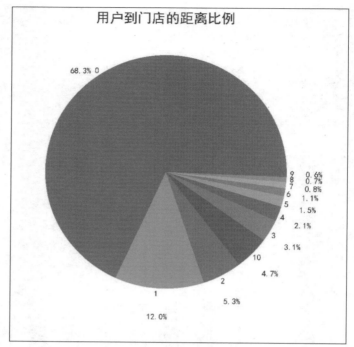

图 9-6　用户到门店的距离比例饼图

注：图中数字 0~10 代表不同的距离，具体请参照表 9-1。

　　由图 9-6 可知，大部分用户更偏向近距离消费，其中到门店距离不足 500m 的用户占所有用户的 68.3%，但有 4.7% 的用户选择到距离大于或等于 5000m 的门店进行消费，可以看出这部分用户对该品牌门店的消费依赖性很高（因精度损失，占比之和不是 100%）。

　　绘制饼图分别分析持券消费与未持券消费的用户到门店的距离，如代码 9-7 所示。得到的结果如图 9-7 所示。

代码 9-7　绘制饼图分析用户持券与未持券到门店消费的距离

```
# 提取持券消费的用户到店铺的距离数据
cop_distance = data1.loc[data1['date'].notnull() & data1[
        'distance'].notnull() & data1['coupon_id'].notnull(), [
                'user_id', 'distance', 'date', 'discount_rate']]
print('数据形状:', cop_distance.shape)
cop_count = cop_distance['distance'].value_counts()
# 提取未持券消费的用户到店铺的距离数据
nocop_distance = data1.loc[data1['date'].notnull() & data1[
        'distance'].notnull() & data1['coupon_id'].isnull(), [
                'user_id', 'distance', 'date', 'discount_rate']]
print('数据形状:', nocop_distance.shape)
nocop_count = nocop_distance['distance'].value_counts()
# 绘制持券消费的用户到门店的距离比例饼图
plt.figure(figsize=(12, 6))  # 设置画布大小
plt.subplot(1, 2, 1)  # 子图
plt.rcParams['font.sans-serif']='SimHei'  # 设置中文显示
```

```
plt.rcParams['axes.unicode_minus']=False
plt.pie(x=cop_count, labels=cop_count.index, pctdistance=1.45,
        labeldistance=1.3, textprops=dict(fontsize=8), autopct='%1.1f%%')
plt.title('持券消费的用户到门店的距离比例', fontdict={'weight': 'normal', 'size':
17})
# 绘制未持券直接消费的用户到门店的距离比例饼图
plt.subplot(1, 2, 2)
plt.pie(x=nocop_count, labels=nocop_count.index, pctdistance=1.45,
        textprops=dict(fontsize=8), autopct='%1.1f%%')
plt.title('未持券直接消费的用户到门店的距离比例', fontdict={'weight': 'normal',
'size': 17})
plt.show()
```

持券消费的用户到门店距离比例　　　　　　未持券直接消费的用户到门店距离比例

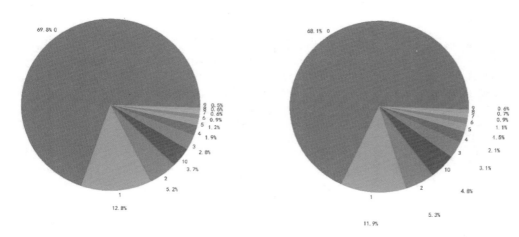

图 9-7　持券消费与未持券消费的用户到门店的距离比例饼图

由图 9-7 可知，两个饼图的分布情况类似，无论是否持券，大部分用户都偏向于去近距离的门店消费。而只有少部分用户愿意选择去 5000m 以外的门店进行消费，说明这些用户对门店有一定的依赖性（因精度损失，占比之和不是 100%）。

9.3　数据预处理

对原始数据进行探索性分析时，会发现存在缺失值、部分属性的数据类型不统一、数据的属性过少等问题，因此需要对数据进行数据清洗和数据变换。

9.3.1　数据清洗

通过观察原始数据发现数据中存在 3 种数据缺失的情况：第一种是优惠券 ID 为 null，优惠率也为 null，但有消费日期，这类用户属于没有领优惠券进行消费的普通消费者；第二种是用户消费记录中同时存在优惠券 ID、优惠率、消费日期，这类用户属于领取了优惠券进行消费的消费者；第三种是用户虽然领取了商户的优惠券，但没有消费日期，可能是因为门店与用户的距离比较远，所以用户没使用优惠券进行消费。

Python 数据分析与挖掘实战

优惠率存在两种形式：一种为折扣率形式，如 0.8；另一种是满减优惠形式，如 300:30。如果该属性没有进行统一处理，可能会导致结果不准确，因此要使用统一形式，这里的处理方法是将满减优惠统一替换成折扣率。

数据清洗的方法如下。

（1）将 date_rececived 和 date 属性的数据类型转为时间类型。

（2）将 discount_rate 属性中的满减优惠统一替换成折扣率，例如，将满减优惠形式"300：30"改为折扣率形式"0.9"。

进行数据清洗的代码如代码 9-8 所示。

代码 9-8　数据清洗

```
import pandas as pd
import numpy as np
# 读取训练样本
data = pd.read_csv('../data/train.csv')
# 处理 date_received 属性并将其转为时间类型
data['date_received'] = data['date_received'].astype('str').apply(
  lambda x: x.split('.')[0])
data['date_received'] = pd.to_datetime(data['date_received'])
# 处理 date 属性并将其转为时间类型
data['date'] = data['date'].astype('str').apply(lambda x: x.split('.')[0])
data['date'] = pd.to_datetime(data['date'])
# 自定义 discount 函数处理优惠率属性
data['discount_rate'] = data['discount_rate'].fillna('null')

def discount(x):
    if ':' in x:
        split = x.split(':')
        discount_rate = (int(split[0]) - int(split[1])) / int(split[0])
        return round(discount_rate, 2)
    elif x == 'null':
        return np.nan
    else:
        return float(x)

# 调用 discount 函数将满减优惠形式的值改写成折扣率形式的值
data['discount_rate'] = data['discount_rate'].map(discount)
```

9.3.2　数据变换

经过对原始数据的观察，发现数据中属性的个数较少，不足以精确地分析问题，因此需要从更多维度上构造出新的属性。

1．构建用户标签和删除未领券进行消费的样本

本案例主要的分析目标是预测用户在领取优惠券后 15 天以内的使用情况，以 15 天为阈值划分样本，如表 9-4 所示。

222

表 9-4　划分样本

类别	标签	说明
普通样本	−1	没有领取优惠券进行消费的样本
正样本	1	领取了优惠券并在 15 天内使用的样本
负样本	0	领取了优惠券在 15 天后使用的样本或领取了优惠券但并未使用的样本

根据表 9-4，基于 9.3.1 小节处理后的数据集构建训练样本分类标签，如代码 9-9 所示。

代码 9-9　构建训练样本分类标签

```
# 标记样本
# 建立训练样本分类标签
# 创建 label 列值为 0，假设所有样本均为负样本（领取了优惠券在 15 天后使用或领取了优惠券但
未使用），记为 0
data['label'] = 0
# 优惠券 ID 为空（即未领取优惠券进行消费）的样本为普通样本，记为-1
data.loc[data['coupon_id'].isnull(), 'label'] = -1
# 领取了优惠券在 15 天内使用的样本为正样本，记为 1
data.loc[(data['date'] - data['date_received']).dt.days <= 15, 'label'] = 1
```

2. 构建指标

由于原始数据中仅有 6 个属性，不足以精确地描述问题，因此需要进行数据变换，从而构造出新的、更加有效的属性。用户是否会使用优惠券可能会受优惠券的折扣力度、商户知名度、门店与用户的距离或用户自身消费习惯等因素的影响。一般优惠券的折扣力度越大，用户使用优惠券的可能性也越大；投放优惠券的商户的知名度越高，用户使用优惠券的可能性也越大；同时，若用户对某商户较为熟悉，则使用该商户投放的优惠券的可能性较大。

所以，结合 O2O 消费模式的特点，可以从用户、商户、优惠券及用户和商户的交互关系这 4 个维度进行深入分析，将指标扩展为与用户、商户、优惠券、交互关系相关的指标。构建的指标及其说明如表 9-5 所示。

表 9-5　构建的指标及其说明

类别	指标名称	说明
用户	优惠券使用频数	用户使用优惠券消费次数
	消费频数	用户总消费次数
	领取优惠券率	用户使用优惠券消费次数与总消费次数的比值
	领取优惠券未使用率	用户领取优惠券而未使用的数量占总投放量的百分比
	领取、使用优惠券间隔	用户领取优惠券日期与使用日期相隔的平均天数
	用户领取的优惠券数量	用户领取的所有优惠券的数量
商户	优惠券核销频数	商户投放的优惠券被使用的数量
	优惠券核销率	商户投放的优惠券被使用的数量占总投放量的百分比

续表

类别	指标名称	说明
商户	投放优惠券频数	商户投放优惠券的数量
	优惠券未核销频数	商户投放优惠券而未被使用的数量
	投放、使用优惠券间隔	商户投放优惠券的日期与被使用的日期平均相隔天数
位置	距离	用户与门店的距离
优惠券	优惠率	优惠券的折扣力度
	优惠券流行度	被使用优惠券数与投放优惠券总数的比值
交互指标	用户在商家消费的次数	用户在某商户的消费次数
	用户在商家领取的优惠券数	用户领取某商户的优惠券数
	用户在商家使用优惠券的次数	用户在领取的某商户优惠券中使用过的优惠券数

基于代码 9-9 处理后的样本数据，构建表 9-5 中的指标，如代码 9-10 所示，其中各指标的表示形式如表 9-6 所示。

代码 9-10　构建相关指标

```python
# 构建指标
quality = data.copy()
# 导入自定义特征包 feature_name 构建用户、商户、优惠券、交互相关指标
from feature_name import feature_name
data_user, data_merchant, data_coupon, data_mutual = feature_name(
    train_quality=quality)
# 对构建后的用户、商户、优惠券、交互相关指标进行数据拼接
# 将样本与指标类型表进行拼接
merge = pd.merge(data_user, quality, on='user_id')
merge = pd.merge(merge, data_merchant, on='merchant_id')
merge = pd.merge(merge, data_coupon, on='merchant_id')
clean_train = pd.merge(merge, data_mutual, on=['user_id', 'merchant_id'])
clean_train.isnull().sum()  # 统计缺失值
clean_train.fillna(0)  # 缺失值填充
print('构建指标后训练样本的形状: ', clean_train.shape[0])
# 写出数据
clean_train.to_csv('../tmp/clean_train.csv', index=False)
```

表 9-6　指标的表示形式

指标名称	表示形式
优惠券使用频数	user_use_coupon_times
消费频数	user_consume_times
领取优惠券率	user_use_coupon_rate
领取优惠券未使用率	user_receive_coupon_unused_times

续表

指标名称	表示形式
领取、使用优惠券间隔	user_mean_use_coupon_interval
用户领取的优惠券数量	number_received_coupon
优惠券核销频数	merchant_launch_coupon_used_count
优惠券核销率	merchant_launch_coupon_used_rate
投放优惠券频数	merchant_launch_coupon_count
优惠券未核销频数	merchant_receive_coupon_unused_times
投放、使用优惠券间隔	merchant_mean_launch_coupon_interval
距离	distance
优惠率	discount_rate
优惠券流行度	coupon_used_rate
用户在商家消费的次数	user_merchant_cus
用户在商家领取的优惠券数	user_merchant_received_coupon
用户在商家使用优惠券的次数	user_merchant_used_coupon

测试数据集的数据预处理方法与训练数据集相似。

9.4　分析与建模

预测用户领券后的使用情况是一个分类问题，对于分类模型的建立和预测，可采用朴素贝叶斯、决策树、SVM、逻辑回归、神经网络、深度学习等分类算法。对于预测用户在 2016 年 6 月领取优惠券后 15 天以内的使用情况，本案例主要采用决策树分类算法、梯度提升分类算法和 XGBoost 分类算法 3 种分类算法。

9.4.1　决策树分类模型

一般的决策树算法都采用自顶向下递归的方式，从训练集和与训练集相关联的类标号开始构造决策树。随着树的构建，训练集递归地被划分成较小的子集。此算法的重点是确定分裂准则，分裂准则通过将训练集划分成个体类的"最好"方法，确定在节点上根据哪个属性的哪个分裂点来划分训练集。

采用 scikit-learn 库的决策树分类器 DecisionTreeClassifier 来构建决策树分类模型，该分类器基于 CART 决策树进行优化，选择最小的基尼指数（Gini Index）作为节点特征。CART 决策树是二叉树，即一个节点只分两支。

由于本案例是对用户领取优惠券的使用预测，而未领取优惠券进行消费的样本不满足分析要求，所以只抽取正、负样本进行模型构建与分析。对训练样本建立基于 CART 的决策树分类模型，并进行预测，如代码 9-11 所示，得到的测试样本的部分预测结果如表 9-7 所示。

代码 9-11　构建决策树分类模型并进行预测

```
import pandas as pd
import numpy as np
# 读取数据
train = pd.read_csv('../tmp/clean_train.csv')
test = pd.read_csv('../tmp/clean_test.csv')
# 抽取正、负样本
train = train[train['label'] == 1].sample(sum(train['label'] == 1)).append(
    train[train['label'] == 0].sample(sum(train['label'] == 0)))
test = test[test['label'] == 1].sample(sum(test['label'] == 1)).append(
    test[test['label'] == 0].sample(sum(test['label'] == 0)))
# 删除列
x_train = train.drop(['user_id', 'merchant_id', 'coupon_id',
                'date_received', 'date'], axis=1)
x_test = test.drop(['user_id', 'merchant_id', 'coupon_id',
                'date_received', 'date', 'label'], axis=1)
# 处理无穷数据（无穷大的数据或者无穷小的数据）
x_train[np.isinf(x_train)] = 0
x_test[np.isinf(x_test)] = 0
# 决策树分类模型
from sklearn.tree import DecisionTreeClassifier
model_dt1 = DecisionTreeClassifier(max_leaf_nodes=16, random_state=123).fit(
        x_train.drop(['label'], axis=1), x_train['label'])
# 模型预测
pre_dt = model_dt1.predict(x_test)
# dt_class 存放决策树分类预测结果
dt_class = test[['user_id', 'merchant_id', 'coupon_id']]
dt_class['class'] = pre_dt
# 写出决策树分类预测结果
dt_class.to_csv('../tmp/dt_class.csv', index=False)
```

表 9-7　决策树分类模型预测测试样本的部分结果

user_id	merchant_id	coupon_id	class
921158	760	2418	1
2386694	5152	9545	1
3371615	7903	8137	1
4126937	2714	13408	1
2013596	7903	8137	1
7181491	7422	4727	0
1094267	8022	8461	0
1000086	760	2418	1
2084031	760	2418	1
1423399	760	2418	1

续表

user_id	merchant_id	coupon_id	class
6844106	96	1967	0
5209508	2645	4745	1
3258024	3403	11214	0
6897338	2436	12462	1

9.4.2　梯度提升分类模型

使用训练样本构建梯度提升分类模型并对测试样本进行预测，如代码 9-12 所示，得到的部分预测结果如表 9-8 所示。

代码 9-12　构建梯度提升分类模型并进行预测

```
# 梯度提升分类模型
from sklearn.ensemble import GradientBoostingClassifier
# 构建模型
model = GradientBoostingClassifier(n_estimators=100, max_depth=5)
# 模型训练
model.fit(x_train.drop(['label'], axis=1), x_train['label'])
# 模型预测
pre_gb = model.predict(x_test)
# gb_class 存放梯度提升预测结果
gb_class = test[['user_id', 'merchant_id', 'coupon_id']]
gb_class['class'] = pre_gb
# 写出梯度提升预测结果
gb_class.to_csv('../tmp/gb_class.csv', index=False)
```

表 9-8　梯度提升分类模型预测测试样本的部分结果

user_id	merchant_id	coupon_id	class
921158	760	2418	1
2386694	5152	9545	1
3371615	7903	8137	1
4126937	2714	13408	1
2013596	7903	8137	1
7181491	7422	4727	0
1094267	8022	8461	0
1000086	760	2418	1
2084031	760	2418	1
1423399	760	2418	1

续表

user_id	merchant_id	coupon_id	class
6844106	96	1967	0
5209508	2645	4745	1
3258024	3403	11214	1
6897338	2436	12462	1

9.4.3 XGBoost 分类模型

XGBoost 算法是集成学习中的序列化方法，该算法的目标函数是正则项，误差函数为二阶泰勒展开。由于 XGBoost 算法的目标函数中加入了正则项，能用于控制模型的复杂度，因此用 XGBoost 算法训练出的模型不容易过拟合。

使用 xgboost 库中的分类子库（xgb.XGBClassifier）实现 XGBoost 算法，使用训练样本构建 XGBoost 分类模型并预测测试样本，如代码 9-13 所示，得到的模型预测的部分结果如表 9-9 所示。

代码 9-13 构建 XGBoost 分类模型并进行预测

```
# XGBoost 分类模型
import xgboost as xgb
model_test = xgb.XGBClassifier(max_depth=6, learning_rate=0.1, n_estimators=150,
                    silent=True, objective='binary:logistic')
# max_depth 是树的最大深度，默认值为 6，以避免过拟合
# learning_rate 为学习率，n_estimators 为总共迭代的次数，即决策树的个数，silent 为中间过程
# binary:logistic 二分类的逻辑回归，返回预测的概率（不是类别）
# 模型训练
model_test.fit(x_train.drop(['label'], axis=1), x_train['label'])
# 模型预测
y_pred = model_test.predict(x_test)
# xgb_class 存放 XGBoost 预测结果
xgb_class = test[['user_id', 'merchant_id', 'coupon_id']]
xgb_class['class'] = y_pred
# 写出 XGBoost 预测结果
xgb_class.to_csv('../tmp/xgb_class.csv', index=False)
```

表 9-9 XGBoost 分类模型预测测试样本的部分结果

user_id	merchant_id	coupon_id	class
921158	760	2418	1
2386694	5152	9545	1
3371615	7903	8137	1
4126937	2714	13408	1
2013596	7903	8137	1
7181491	7422	4727	0

续表

user_id	merchant_id	coupon_id	class
1094267	8022	8461	0
1000086	760	2418	1
2084031	760	2418	1
1423399	760	2418	1
6844106	96	1967	0
5209508	2645	4745	1
3258024	3403	11214	1
6897338	2436	12462	1

将决策树分类模型、梯度提升分类模型和 XGBoost 分类模型的分类预测结果进行对比，可看出部分测试样本的类别预测结果不一致，因此需要对模型进一步评价。

9.5　模型评价

常用的评价分类模型的指标有准确率、精确率、召回率、F1 值、AUC 值、ROC 曲线等，这些指标相互之间是有关系的，只是侧重点不同。本案例选用准确率、精确率、AUC 值和 ROC 曲线这 4 个指标对各个模型进行评价。

针对决策树分类模型、梯度提升分类模型和 XGBoost 分类模型分别计算准确率、精确率、AUC 值，并绘制 ROC 曲线，如代码 9-14 所示。得到的各模型的评价指标值如表 9-10 所示，各模型的 ROC 曲线分别如图 9-8、图 9-9、图 9-10 所示。

代码 9-14　模型评价

```
from sklearn.metrics import precision_score, roc_auc_score, roc_curve
from sklearn.metrics import accuracy_score
import pandas as pd
import numpy as np
from sklearn.tree import DecisionTreeClassifier
import xgboost as xgb
from sklearn.ensemble import GradientBoostingClassifier
import matplotlib.pyplot as plt
train_class = pd.read_csv('../tmp/clean_train.csv')  # 已预处理和贴标签的训练数据
test_class = pd.read_csv('../tmp/clean_test.csv')  # 已预处理和贴标签的测试数据
# 抽取正、负样本
train_class = train_class[train_class['label'] == 1].sample(sum(train_class[
            'label'] == 1)).append(train_class[train_class['label'] == 0].sample(
            sum(train_class['label'] == 0)))
test_class = test_class[test_class['label'] == 1].sample(sum(test_class[
            'label'] == 1)).append(test_class[test_class['label'] == 0].sample(
            sum(test_class['label'] == 0)))
# 删除列
x_train = train_class.drop(['user_id', 'merchant_id', 'coupon_id',
                    'date_received', 'date'], axis=1)
x_test = test_class.drop(['user_id', 'merchant_id', 'coupon_id',
```

```
                                'date_received', 'date'], axis=1)
# 处理无穷数据（无穷大的数据或者无穷小的数据）
x_train[np.isinf(x_train)] = 0
x_test[np.isinf(x_test)] = 0
# 决策树分类模型
model_dt_evaluate = DecisionTreeClassifier(max_leaf_nodes=16,
    random_state=123).fit(x_train.drop(['label'], axis=1), x_train['label'])
model_dt_pre = model_dt_evaluate.predict(x_test.drop(['label'], axis=1))  #
模型预测
# 决策树分类模型评价指标值
pre = model_dt_evaluate.predict_proba(x_test.drop(['label'], axis=1))  # 输
出预测概率
auc = roc_auc_score(x_test['label'], pre[: , 1])  # 计算 AUC 值
print('AUC 值为:%.2f%%'% (auc * 100.0))
dt_evaluate_accuracy = accuracy_score(x_test['label'], model_dt_pre)
print('准确率为:%.2f%%'% (dt_evaluate_accuracy * 100.0))
dt_evaluate_p = precision_score(x_test['label'], model_dt_pre)
print('精确率为:%.2f%%'% (dt_evaluate_p * 100.0))
# 绘制 ROC 曲线
tr_fpr, tr_tpr, tr_thresholds = roc_curve(x_test['label'], pre[:, 1])
plt.title('ROC %s(AUC=%.4f)'% ('曲线', auc))
plt.xlabel('假正率')
plt.ylabel('真正率')
plt.plot(tr_fpr, tr_tpr)
plt.show()

# 梯度提升分类模型
model = GradientBoostingClassifier(n_estimators=100, max_depth=5)
model.fit(x_train.drop(['label'], axis=1), x_train['label'])  # 模型训练
# 梯度提升分类模型评价指标
pre = model.predict_proba(x_test.drop(['label'], axis=1))  # 输出预测概率
auc = roc_auc_score(x_test['label'], pre[: , 1])  # 计算 AUC 值
print('AUC 值为:%.2f%%'% (auc * 100.0))
pre1 = model.predict(x_test.drop(['label'], axis=1))
gb_evaluate_accuracy = accuracy_score(x_test['label'], pre1)
print('准确率为:%.2f%%'% (gb_evaluate_accuracy * 100.0))
gb_evaluate_p = precision_score(x_test['label'], pre1)
print('精确率为:%.2f%%'% (gb_evaluate_p * 100.0))
# 绘制 ROC 曲线
tr_fpr, tr_tpr, tr_thresholds = roc_curve(x_test['label'], pre[: , 1])
plt.title('ROC %s(AUC=%.4f)'% ('曲线', auc))
plt.xlabel('假正率')
plt.ylabel('真正率')
plt.plot(tr_fpr, tr_tpr)
plt.show()

# XGBoost 分类模型
model_xgb_evaluate = xgb.XGBClassifier(max_depth=6, learning_rate=0.1,
                        n_estimators=150, silent=True,
```

```
                              objective='binary: logistic')
model_xgb_evaluate.fit(x_train.drop(['label'], axis=1), x_train['label'])
# 对验证样本进行预测
model_xgb_pre = model_xgb_evaluate.predict(x_test.drop(['label'], axis=1))
# XGBoost 分类模型评价指标
pre = model_xgb_evaluate.predict_proba(x_test.drop(['label'],axis=1))  # 输
出预测概率
auc = roc_auc_score(x_test['label'], pre[: , 1])  # 计算 AUC 值
print('AUC 值为:%.2f%%'% (auc * 100.0))
xfb_evaluate_accuracy = accuracy_score(x_test['label'], model_xgb_pre)
print('准确率为:%.2f%%'% (xfb_evaluate_accuracy * 100.0))
xfb_evaluate_p = precision_score(x_test['label'], model_xgb_pre)
print('精确率为:%.2f%%'% (xfb_evaluate_p * 100.0))
# 绘制 ROC 曲线
tr_fpr, tr_tpr, tr_thresholds = roc_curve(x_test['label'], pre[: , 1])
plt.title('ROC %s(AUC=%.4f)'% ('曲线', auc))
plt.xlabel('假正率')
plt.ylabel('真正率')
plt.plot(tr_fpr, tr_tpr)
plt.show()
```

表 9-10　模型评价指标

模型	AUC 值	准确率	精确率
决策树分类模型	99.82%	98.63%	94.20%
梯度提升分类模型	99.85%	98.68%	92.18%
XGBoost 分类模型	99.85%	98.68%	92.18%

由表 9-10 可知，决策树分类模型、梯度提升分类模型和 XGBoost 分类模型 3 个模型的 AUC 值和准确率均超过 98%，且各指标之间的值相差不大，决策树分类模型的精确率比梯度提升分类模型和 XGBoost 分类模型的精确率高，可以大致说明决策树分类模型的预测效果优于梯度提升分类模型和 XGBoost 分类模型。

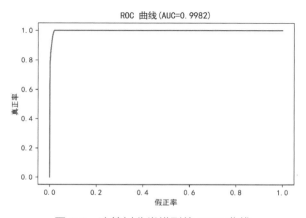

图 9-8　决策树分类模型的 ROC 曲线

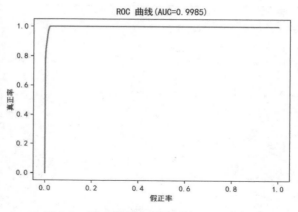

图 9-9　梯度提升分类模型的 ROC 曲线

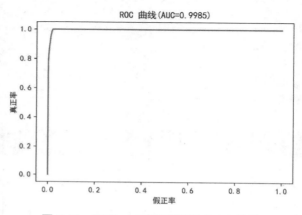

图 9-10　XGBoost 分类模型的 ROC 曲线

AUC 值表示 ROC 曲线下的面积，面积越大，准确率越高。由图 9-8、图 9-9、图 9-10 可知，决策树分类模型、梯度提升分类模型和 XGBoost 分类模型的 AUC 值都很高，说明准确率较高。

小结

本章根据 O2O 平台中用户使用优惠券的历史记录，首先对原始数据进行描述性统计和探索性分析，主要分析优惠形式信息、用户消费行为和商户投放优惠券信息。然后对数据进行数据预处理，包括数据清洗和数据转换，以及结合用户、商户、优惠券、用户和商户交互关系的特点构造新指标。最后分别建立决策树分类模型、梯度提升分类模型和 XGBoost 分类模型，预测用户在领取优惠券后 15 天以内的使用情况，并对各个模型进行评价。

实训　运营商客户流失预测

1．训练要点

（1）熟悉决策树算法的原理和客户流失的概念。

（2）掌握构建决策树分类模型的方法。

2．需求说明

客户流失是指客户与企业不再有交易互动关系。在激烈的市场竞争中，客户拥有更多的选择空间和消费渠道，如何提高客户的忠诚度是现代企业营销人员一直在讨论的问题。某移动企业为了查看客户的流失与非流失情况，基于第 4 章实训 1 处理后的客户消费情况和客户基本信息的数据，构建决策树分类模型，对客户流失情况进行预测。

3．实现思路及步骤

（1）提取用户 ID、在网时长、信用等级及通话时长等属性。

（2）划分训练数据和测试数据。

（3）构建并训练决策树分类模型。

（4）利用决策树分类模型预测客户的流失量。

（5）对决策树分类模型进行评价。

课后习题

操作题

在餐饮企业中，客户是否流失往往能反映出该企业经营状况的好坏。通过预测客户的流失，可以让餐饮企业提前对该类客户的流失有所预警，并为该类客户制订相应的营销策略，以挽留这些客户，减少企业经营利润的流失。某餐饮企业有客户信息表（user_loss）和订单表（info_new），其中客户信息表的数据说明如表 9-11 所示，订单表的数据说明与第 7 章表 7-2 的订单表（meal_order_info）的数据说明相同。

表 9-11　客户信息表数据说明

名称	含义	名称	含义
USER_ID	客户 ID	DESCRIPTION	备注
MYID	客户自编号	QUESTION_ID	问题代码
ACCOUNT	账号	ANSWER	回复
NAME	姓名	ISONLINE	是否在线
ORGANIZE_ID	组织代码	CREATED	创造日期
ORGANIZE_NAME	组织名称	LASTMOD	修改日期
DUTY_ID	职位代码	CREATER	创建人
TITLE_ID	职位等级代码	MODIFYER	修改人
PASSWORD	密码	TEL	电话
EMAIL	电子邮箱	StuNO	学号
LANG	语言	QQ	QQ 号
THEME	样式	WEIXIN	微信
FIRST_VISIT	第一次登录	MEAL_ARITHMETIC_ID	算法 ID

名称	含义	名称	含义
PREVIOUS_VISIT	上一次登录	ARITHMETIC_NAME	算法名称
LAST_VISITS	最后一次登录	SEX	性别
LOGIN_COUNT	登录次数	POO	籍贯
ISEMPLOYEE	是否是职工	ADDRESS	地址
STATUS	状态	AGE	年龄
IP	IP 地址	TYPE	客户流失情况

为查看客户的流失状况，基于客户信息表和订单表构建决策树分类模型，对流失客户进行预测，具体操作步骤如下。

（1）对数据进行预处理，包括数据转换、匹配用户最后一次用餐时间、提取需要的属性。

（2）计算客户总用餐次数、总消费金额、平均消费金额和客户最近一次点餐的时间距离观测窗口结束的天数。

（3）构建并训练决策树分类模型。

（4）利用决策树分类模型对可能流失的客户进行预测。

（5）计算准确率、精确率、AUC 值，并绘制 ROC 曲线对决策树分类模型进行评价。

第 ⑩ 章　电视产品个性化推荐

　　我国鼓励共同奋斗创造美好生活，不断实现人民对美好生活的向往，实现为民造福，增强人民群众幸福感。休闲、娱乐活动是人民放松、享受生活的活动，随着经济的不断发展，人们的生活水平显著提高，对生活品质的要求也在提高。互联网技术的高速发展为人们提供了许多的娱乐渠道。其中"三网融合"为人们在信息化时代利用网络等高科技手段获取所需的信息提供了极大的便利。下一代广播电视网（Next Generation Broadcasting，NGB）即广播电视网、互联网、通信网"三网融合"，是一种有线和无线相结合、全程全网的广播电视网络。它不仅可以为用户提供高清晰度的电视节目、数字音频节目、高速数据接入和语音等"三网融合"业务，也可为科教、文化、商务等行业搭建信息服务平台，使信息服务更加快捷方便。在"三网融合"的大背景下，广播电视运营商与众多的家庭用户实现了信息实时交互，这让利用大数据分析手段为用户提供智能化的产品推荐成为可能。本案例使用广电营销大数据，结合基于物品的协同过滤推荐算法和基于流行度的推荐算法构建推荐模型，并对模型进行评价，从而为用户提供个性化的节目推荐。

学习目标

　　（1）了解电视产品个性化推荐案例的背景、数据说明和分析目标。
　　（2）掌握常用的数据清洗方法，对数据进行数据清洗。
　　（3）掌握常用的数据探索方法，对数据进行分布分析、对比分析和贡献度分析。
　　（4）掌握常用的属性构造方法，构建用户画像标签。
　　（5）熟悉基于物品的协同过滤推荐算法和基于流行度的推荐算法，构建推荐模型。
　　（6）掌握推荐系统的评价方法，对构建的推荐模型进行模型评价。

10.1　背景与目标

　　本案例的背景和目标分析主要包含电视产品个性化推荐的相关背景、所用数据集的数据说明、案例的具体分析相关流程与目标。

10.1.1　背景

　　伴随着互联网和移动互联网的快速发展，各种网络电视和视频 App（如爱奇艺、腾讯视频、芒果 TV 等）遍地开花，人们观看电视节目的方式正发生变化，由之前的传统电视向计算机、手机、平板电脑端的网络电视转化。

在这种新形势下，传统广播电视运营商明显地感受到了危机。此时，"三网融合"为传统广播电视运营商带来了发展机遇。特别是随着超清/高清交互数字电视的推广，广播电视运营商可以和家庭用户实时交互信息，家庭电视也逐步变成多媒体信息终端。

信息数据的传递过程如图 10-1 所示，每个家庭收看的电视节目都需要通过机顶盒进行节目的接收和交互行为（如点播行为、回看行为）的发送，并将交互行为数据发送至相应区域的光机设备（数据传递的中介），光机设备会汇集该区域的信息数据，最后发送至数据中心进行数据整合、存储。

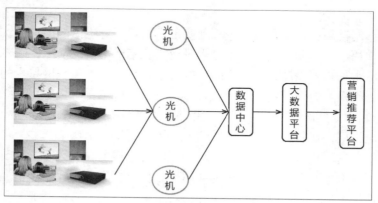

图 10-1　信息数据的传递过程

由于已建设的大数据平台积累了大量用户基础信息和用户观看记录信息等数据，所以可在此基础上进一步挖掘出数据的价值并形成用户画像，以提升用户体验，实现精准的营销推荐。总而言之，电视产品推荐可以为用户提供个性化的服务，改善用户浏览体验，增强用户黏性，从而使用户与企业之间建立起稳定的交互关系，实现用户链式反应增值。

10.1.2　数据说明

大数据平台中存有用户的基础信息（安装地址等）和双向互动电视平台收视行为数据（直播、点播、回看、广告的收视数据）等数据。

本次读取了 2000 个用户在 2018 年 5 月 12 日至 2018 年 6 月 12 日的收视行为信息数据，并对该数据表进行了脱敏处理。收视行为信息数据（保存在 media_index.csv 文件中）属性说明如表 10-1 所示。

表 10-1　收视行为信息数据属性说明

属性名称	含义	属性名称	含义
phone_no	用户名	owner_code	用户等级号
duration	观看时长	owner_name	用户等级名称
station_name	直播频道名称	category_name	节目分类
origin_time	开始观看时间	res_type	节目类型
end_time	结束观看时间	vod_title	节目名称（点播、回看）
res_name	设备名称	program_title	节目名称（直播）

除了表 10-1 所示的数据之外，还需要用到电视频道直播时间及类型标签数据（保存在 table_livelabel.csv 文件中）作为辅助表数据。辅助表数据属性说明如表 10-2 所示。

表 10-2　辅助表数据属性说明

属性名称	含义	属性名称	含义
星期	星期值	栏目类型	播放内容所属的栏目类型
开始时间	电视频道开始时间	栏目内容.三级	播放的栏目内容所属的三级标签
结束时间	电视频道结束时间	语言	电视频道播放的语言类型
频道	电视频道	适用人群	电视频道播放内容适用的人群类型
频道号	电视频道号		

10.1.3　目标

如何让丰富的电视产品与用户的个性化需求实现最优匹配，是广电行业急需解决的重要问题。用户对电视产品的需求不同，在挑选或搜寻想要的信息的过程中，需要花费大量的时间，这种情况导致用户不断流失，对企业造成巨大的损失。

本案例根据电视产品个性化推荐项目的业务需求，需要实现的目标如下。

（1）通过深入整合用户的相关行为信息，构建用户画像。

（2）利用电视产品信息数据，为不同类型的用户提供个性化精准推荐服务，有效提升用户的转化价值和生命周期价值。

电视产品个性化推荐的总体流程如图 10-2 所示，主要步骤如下。

（1）对原始数据进行数据清洗、数据探索、属性构造（构建用户画像）。

（2）划分训练数据集与测试数据集。

（3）使用基于物品的协同过滤推荐算法和基于流行度的推荐算法进行模型训练。

（4）对训练出的推荐模型进行评价。

（5）根据模型的推荐结果所得到的不同用户的推荐产品，采用针对性的营销手段提出推荐建议。

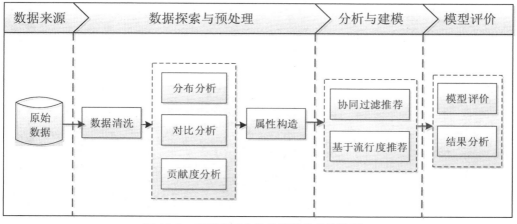

图 10-2　电视产品个性化推荐的总体流程

数据预处理

由于原始数据中可能存在重复值、缺失值等异常数据或数据属性不一致等情况，所以需要进行数据清洗和属性构造等预处理操作。

10.2.1 数据清洗

在用户的收视行为信息数据中，存在直播频道名称（station_name）属性含有"-高清"的情况，如"江苏卫视-高清"，而其他直播频道名称属性为"江苏卫视"。由于本案例暂不分开考虑是否为高清频道的情况，所以需要将直播频道名称中的"-高清"替换为空。

从业务角度分析，该广播电视运营商主要面向的对象是普通家庭，而收视行为信息数据中存在特殊线路和政企类的用户，即用户等级号（owner_code）为 2、9、10 的数据与用户等级名称（owner_name）为 EA 级、EB 级、EC 级、ED 级、EE 级的数据。因为特殊线路主要起演示、宣传等作用，这部分数据对分析用户行为的意义不大，并且会影响分析结果的准确性，所以需要将这部分数据删除；而对于政企类用户，暂时不做营销推荐，同样也需要将相应数据删除。

收视行为信息数据中存在同一用户的开始观看时间（origin_time）和结束观看时间（end_time）重复的数据，而且观看的节目不同，如图 10-3 所示，这可能是由数据收集设备引起的。与广播电视运营商的业务人员沟通之后，默认保留第一条收视记录，因此需要基于数据中开始观看时间（origin_time）和结束观看时间（end_time）的数据进行去重操作。

phone no	duration	station name	origin_time	end time	res name	er c	owner name	category name	res type	od titl	program title
16899254053	395000	广州少儿	2018-05-15 19:22:08	2018-05-15 19:28:43	nan	0	HC级	nan	0	nan	对讲来列里
16899254053	395000	广州少儿	2018-05-15 19:22:08	2018-05-15 19:28:43	nan	0	HC级	nan	0	nan	神兵小将
16899254053	86000	广东少儿	2018-05-15 19:28:43	2018-05-15 19:30:09	nan	0	HC级	nan	0	nan	快乐酷宝..
16899254053	86000	广东少儿	2018-05-15 19:28:43	2018-05-15 19:30:09	nan	0	HC级	nan	0	nan	小桂英语
16899254053	31000	金鹰卡通	2018-05-15 19:30:19	2018-05-15 19:30:50	nan	0	HC级	nan	0	nan	人气暴暴..
16899254053	31000	金鹰卡通	2018-05-15 19:30:19	2018-05-15 19:30:50	nan	0	HC级	nan	0	nan	布布奇趣..
16899254053	24000	广州少儿	2018-05-15 19:30:50	2018-05-15 19:31:14	nan	0	HC级	nan	0	nan	好桥架势堂
16899254053	24000	广州少儿	2018-05-15 19:30:50	2018-05-15 19:31:14	nan	0	HC级	nan	0	nan	神兵小将
16899254053	33000	优漫卡通	2018-05-15 19:31:35	2018-05-15 19:32:08	nan	0	HC级	nan	0	nan	动画天地

图 10-3 重复的收视数据

在收视行为信息数据中存在跨夜的数据，如开始观看时间和结束观看时间分别为 2018-05-12 23:45:00 和 2018-05-13 00:31:00，如图 10-4 所示。为了方便后续用户画像的构建（需要与辅助数据做关联匹配），需要将这样的数据分为两条记录。

phone no	duration	station_name	origin time	end time	res name	owner code	owner name
16804352137	2760000	中央4台-高清	2018-05-12 23:45:00	2018-05-13 00:31:00	nan	0	HC级
16831205333	420000	动漫秀场-高清(...	2018-05-12 23:45:00	2018-05-12 23:52:00	nan	0	HC级
16805324716	107000	翡翠台	2018-05-12 23:45:00	2018-05-12 23:46:47	nan	0	HC级
16805470896	2760000	中央4台-高清	2018-05-12 23:45:00	2018-05-13 00:31:00	nan	0	HC级
16802692146	180000	重庆卫视-高清	2018-05-12 23:45:00	2018-05-12 23:48:00	nan	0	HC级
16804346622	2760000	中央4台-高清	2018-05-12 23:45:00	2018-05-13 00:31:00	nan	0	HC级
16802302192	900000	广州生活	2018-05-12 23:45:00	2018-05-13 00:00:00	nan	0	HC级
16806165491	97000	翡翠台	2018-05-12 23:45:00	2018-05-12 23:46:37	nan	0	HC级
16805391989	218000	翡翠台	2018-05-12 23:45:00	2018-05-12 23:48:38	nan	0	HC级
16802262365	600000	广东影视	2018-05-12 23:45:00	2018-05-12 23:55:00	nan	0	HC级
16804234647	83000	翡翠台	2018-05-12 23:45:00	2018-05-12 23:46:23	nan	0	HC级
16801789881	2760000	中央4台-高清	2018-05-12 23:45:00	2018-05-13 00:31:00	han	0	HC级
16801764388	2760000	中央4台-高清	2018-05-12 23:45:00	2018-05-13 00:31:00	nan	nan	HE级

图 10-4 跨夜的收视数据

在对用户收视行为信息数据进行分析时发现，存在用户的观看时间极短的现象，如图 10-5 所示，出现这部分观看时间过短的数据可能是因为用户在观看过程中换频道。与广播电视运营商的业务人员沟通之后，选择观看时长小于 4 秒作为时间极短的判断阈值，将小于阈值的数据当作异常行为数据，统一进行删除处理。

phone no	duration	station name	origin time	end time	res name	owner code	owner name
16802375309	44000	西藏卫视	2018-05-20 10:30:14	2018-05-20 10:30:58	nan	0	HC级
16802375309	27000	中央纪录-高清	2018-05-20 08:06:46	2018-05-20 08:07:13	nan	0	HC级
16802375309	440000	澳да卫视	2018-05-20 07:33:09	2018-05-20 07:40:29	nan	0	HC级
16802375309	40000	山西卫视	2018-05-20 10:52:04	2018-05-20 10:52:44	nan	0	HC级
16802375309	669000	广东影视	2018-05-18 20:24:42	2018-05-18 20:35:51	nan	0	HC级
16802375309	31000	广东影视	2018-05-18 20:36:26	2018-05-18 20:36:57	nan	0	HC级
16802375309	420000	珠江电影	2018-05-18 20:52:16	2018-05-18 20:59:16	nan	0	HC级
16802375309	1110000	珠江电影	2018-05-19 13:55:59	2018-05-19 14:14:29	nan	0	HC级
16802375309	88000	广东影视	2018-05-15 20:41:36	2018-05-15 20:43:04	nan	0	HC级
16802375309	1456000	广东影视	2018-05-15 19:26:00	2018-05-15 19:50:16	nan	0	HC级
16802375309	73000	吉林卫视-高清	2018-05-15 13:18:10	2018-05-15 13:19:23	nan	0	HC级
16802375309	1578000	中央5台-高清	2018-05-18 09:00:00	2018-05-18 09:26:18	nan	0	HC级
16802375309	405000	深圳卫视-高清	2018-05-16 06:54:27	2018-05-16 07:01:12	nan	0	HC级
16802375309	64000	中央5台-高清	2018-05-14 10:45:58	2018-05-14 10:47:02	nan	0	HC级
16802375309	104000	中央5台-高清	2018-05-14 11:08:36	2018-05-14 11:10:20	nan	0	HC级
16802375309	68000	中央5台-高清	2018-05-15 09:58:52	2018-05-15 10:00:00	nan	0	HC级
16802375309	1000	西藏卫视	2018-05-16 10:05:00	2018-05-16 10:05:01	nan	0	HC级

图 10-5　异常行为数据

此外，还存在用户较长时间观看同一频道的现象，出现这部分观看时间过长的数据可能是因为用户在收视行为结束后未能及时关闭机顶盒或其他原因。这类用户在广电运营大数据平台数据中，未进行收视互动的情况下，节目开始观看时间和结束观看时间的秒数为 0，即整点（秒）播放。与广播电视运营商的业务人员沟通之后，选择将直播收视数据中开始观看时间和结束观看时间的秒数为 0 的记录删除。

最后，发现数据中存在下次观看的开始观看时间小于上一次观看的结束观看时间的数据，这种异常数据的产生是由数据收集设备异常导致的，需要进行删除处理。

综合上述业务数据处理方法，数据清洗的具体步骤如下。

（1）将直播频道名称中的"-高清"替换为空。

（2）删除特殊线路的用户数据，即用户等级号为 2、9、10 的数据。

（3）删除政企用户数据，即用户等级名称为 EA 级、EB 级、EC 级、ED 级、EE 级的数据。

（4）基于开始观看时间和结束观看时间进行数据去重。

（5）将跨夜的收视数据分成两条收视数据。

（6）删除同一个频道的观看时长小于 4 秒的记录。

（7）删除数据中开始观看时间和结束观看时间的秒数为 0 的收视数据。

（8）删除下次观看记录的开始观看时间小于上一次观看记录的结束观看时间的数据。

以上处理方法在 Python 中的操作如代码 10-1 所示，部分处理结果如表 10-3 所示。

代码 10-1　处理收视行为信息数据

```
import pandas as pd
media = pd.read_csv('../data/media_index.csv', encoding='gbk', header='infer',
error_bad_lines=False)
```

```
# 将 "-高清" 替换为空
media['station_name'] = media['station_name'].str.replace('-高清', '')

# 过滤特殊线路用户数据
media = media.loc[(media.owner_code != 2) & (media.owner_code != 9) &
(media.owner_code != 10), :]
print('查看过滤后的特殊线路的用户:', media.owner_code.unique())

# 过滤政企用户数据
media = media.loc[(media.owner_name != 'EA级') & (media.owner_name != 'EB级') &
                (media.owner_name != 'EC级') & (media.owner_name != 'ED级') &
                (media.owner_name != 'EE级'), :]
print('查看过滤后的政企用户:', media.owner_name.unique())

# 对开始观看时间进行拆分
type(media.loc[0, 'origin_time'])  # 检查数据类型
# 转化为时间类型
media['end_time'] = pd.to_datetime(media['end_time'])
media['origin_time'] = pd.to_datetime(media['origin_time'])
# 提取秒
media['origin_second'] = media['origin_time'].dt.second
media['end_second'] = media['end_time'].dt.second
# 筛选数据（删除开始观看时间和结束观看时间秒数为 0 的数据）
ind1 = (media['origin_second'] == 0) & (media['end_second'] == 0)
media1 = media.loc[~ind1, :]

# 基于开始观看时间和结束观看时间进行数据去重
media1.end_time = pd.to_datetime(media1.end_time)
media1.origin_time = pd.to_datetime(media1.origin_time)
media1 = media1.drop_duplicates(['origin_time', 'end_time'])

# 跨夜处理
# 去除开始观看时间、结束观看时间为缺失值的数据
media1 = media1.loc[media1.origin_time.dropna().index, :]
media1 = media1.loc[media1.end_time.dropna().index, :]
# 建立各星期的数字标记
media1['星期'] = media1.origin_time.apply(lambda x: x.weekday() + 1)
dic = {1:'星期一', 2:'星期二', 3:'星期三', 4:'星期四', 5:'星期五', 6:'星期六', 7:'星期日'}
for i in range(1, 8):
    ind = media1.loc[media1['星期'] == i, :].index
    media1.loc[ind, '星期'] = dic[i]
# 查看有多少观看记录是跨夜的，对跨夜的数据进行跨夜处理
a = media1.origin_time.apply(lambda x: x.day)
b = media1.end_time.apply(lambda x: x.day)
sum(a != b)
media2 = media1.loc[a != b, :].copy()  # 需要做跨夜处理的数据
```

```
# 定义一个函数，将跨夜的收视数据分为两条数据
def geyechuli_Weeks(x):
    dic = {'星期一':'星期二', '星期二':'星期三', '星期三':'星期四', '星期四':'星期五',
           '星期五':'星期六', '星期六':'星期日', '星期日':'星期一'}
    return x.apply(lambda y: dic[y.星期], axis=1)
media1.loc[a != b, 'end_time'] = media1.loc[a != b, 'end_time'].apply(lambda x:
    pd.to_datetime('%d-%d-%d 23:59:59'%(x.year, x.month, x.day)))
media2.loc[:, 'origin_time'] = pd.to_datetime(media2.end_time.apply(lambda x:
    '%d-%d-%d 00:00:01'%(x.year, x.month, x.day)))
media2.loc[:, '星期'] = geyechuli_Weeks(media2)
media3 = pd.concat([media1, media2])
media3['origin_time1'] = media3.origin_time.apply(lambda x:
    x.second + x.minute * 60 + x.hour * 3600)
media3['end_time1'] = media3.end_time.apply(lambda x:
    x.second + x.minute * 60 + x.hour * 3600)
media3['wat_time'] = media3.end_time1 - media3.origin_time1  # 构建观看总时长属性

# 清洗观看时长不符合要求的数据
# 删除下次观看的开始观看时间小于上一次观看的结束观看时间的记录
media3 = media3.sort_values(['phone_no', 'origin_time'])
media3 = media3.reset_index(drop=True)
a = [media3.loc[i + 1, 'origin_time'] < media3.loc[i, 'end_time'] for i in
range(len(media3) - 1)]
a.append(False)
aa = pd.Series(a)
media3 = media3.loc[~aa, :]

# 删除观看时长小于 4 秒的记录
media3 = media3.loc[media3['wat_time'] > 4, :]
media3.to_csv('../tmp/media3.csv', na_rep='NaN', header=True, index=False)
```

表 10-3　经处理后的收视行为数据的部分结果

phone_no	duration	station_name	origin_time	end_time
16801274792	5121000	中央 6 台	2018-05-13 07:11:00	2018-05-13 08:36:21
16801274792	829000	中央 5 台	2018-05-13 08:36:21	2018-05-13 08:50:10
16801274792	256000	广州电视	2018-05-13 08:50:32	2018-05-13 08:54:48
16801274792	687000	安徽卫视	2018-05-13 08:55:55	2018-05-13 09:07:22
16801274792	875000	天津卫视	2018-05-13 09:07:22	2018-05-13 09:21:57

10.2.2　数据探索

为了进一步查看数据中各属性所反映的情况，可在数据探索过程中利用图形可视化方法分析所有用户的收视行为信息数据中的规律，得到用户的观看总时长分布图、付费频道与点播回看的周观看时长分布图、工作日与周末的观看时长占比饼图及其分布图、频道贡献度分布图和收视排名前 15 的频道的观看时长分布图。

1. 分布分析

（1）用户月观看总时长

分布分析是用户在特定指标下的频次、总额等的归类展现，它可以展现出单个用户对产品（电视节目）的依赖程度，从而分析出用户观看总时长、所购买不同类型的产品数量等情况，帮助运营人员了解用户的当前状态。

从业务的角度分析，需要先了解用户的观看总时长分布情况。在本案例中计算了所有用户在一个月内的观看总时长并进行了排序，从而对用户月观看总时长分布进行柱形图可视化，如代码 10-2 所示，得到的结果如图 10-6 所示。

代码 10-2　计算用户月观看总时长

```python
import pandas as pd
import matplotlib.pyplot as plt
media3 = pd.read_csv('../tmp/media3.csv', header='infer')
# 计算用户月观看总时长
m = pd.DataFrame(media3['wat_time'].groupby([media3['phone_no']]).sum())
m = m.sort_values(['wat_time'])
m = m.reset_index()
m['wat_time'] = m['wat_time'] / 3600

# 绘制用户的月观看总时长柱形图
plt.rcParams['font.sans-serif'] = ['SimHei']  # 设置字体为 SimHei 以显示中文
plt.rcParams['axes.unicode_minus'] = False  # 设置正常显示符号
plt.figure(figsize=(8, 4))
plt.bar(m.index,m.iloc[:, 1])
plt.xlabel('观看用户')
plt.ylabel('观看时长（小时）')
plt.title('用户月观看总时长')
plt.show()
```

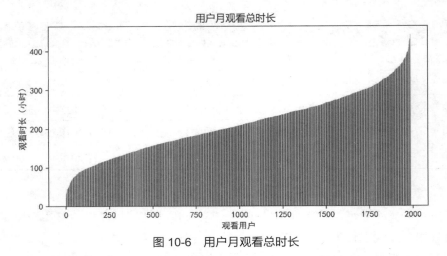

图 10-6　用户月观看总时长

从图 10-6 可以看出，大部分用户的月观看总时长主要集中在 100~300 小时。

（2）付费频道与点播回看的周观看时长

周观看时长是指所有用户在一个月内分别在星期一至星期日的观看总时长。付费频道与点播回看的周观看时长是相关人员比较关心的部分，因此需要对所有用户的周观看时长，以及付费频道与点播回看的周观看时长分别进行折线图可视化，如代码 10-3 所示，得到的结果如图 10-7 和图 10-8 所示。

代码 10-3　计算周观看时长、付费频道与点播回看的周观看时长

```
import re
# 计算周观看时长
n = pd.DataFrame(media3['wat_time'].groupby([media3['星期']]).sum())
n = n.reset_index()
n = n.loc[[0, 2, 1, 5, 3, 4, 6], :]
n['wat_time'] = n['wat_time'] / 3600

# 绘制周观看时长分布折线图
plt.figure(figsize=(8, 4))
plt.plot(range(7), n.iloc[:, 1])
plt.xticks([0, 1, 2, 3, 4, 5, 6],
        ['星期一', '星期二', '星期三', '星期四', '星期五', '星期六', '星期日'])
plt.xlabel('星期')
plt.ylabel('观看时长（小时）')
plt.title('周观看时长分布')
plt.show()

# 计算付费频道与点播回看的周观看时长
media_res = media3.loc[media3['res_type'] == 1, :]
ffpd_ind = [re.search('付费', str(i)) != None for i in media3.loc[:,
'station_name']]
media_ffpd = media3.loc[ffpd_ind, :]
z = pd.concat([media_res, media_ffpd], axis=0)
z = z['wat_time'].groupby(z['星期']).sum()
z = z.reset_index()
z = z.loc[[0, 2, 1, 5, 3, 4, 6], :]
z['wat_time'] = z['wat_time'] / 3600

# 绘制付费频道与点播回看的周观看时长分布折线图
plt.figure(figsize=(8, 4))
plt.plot(range(7), z.iloc[:, 1])
plt.xticks([0, 1, 2, 3, 4, 5, 6],
        ['星期一', '星期二', '星期三', '星期四', '星期五', '星期六', '星期日'])
plt.xlabel('星期')
plt.ylabel('观看时长（小时）')
plt.title('付费频道与点播回看的周观看时长分布')
plt.show()
```

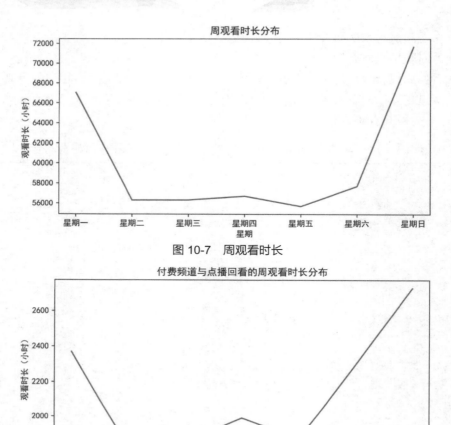

图 10-7　周观看时长

图 10-8　付费频道与点播回看的周观看时长

从图 10-7 可以看出，所有用户星期日与星期一的观看总时长明显高于其他时段。从图 10-8 可以看出，周末两天与星期一的付费频道与点播回看的时长明显高于其他时段，说明在节假日用户对电视的依赖度较高，且观看方式更偏向于点播回看。

2．对比分析

对比分析是指把两个相互联系的指标进行比较，从数量上展示和说明研究对象规模的大小、水平的高低、速度的快慢和各种关系是否协调，特别适用于指标间的横纵向比较、时间序列的比较分析。在对比分析中，选择合适的对比标准是十分关键的步骤。只有选择了合适的对比标准，才能做出客观的评价；若选择了不合适的对比标准，则可能会得出错误的结论。

此处对工作日（5 天）与周末（两天）进行了划分，使用饼图展示所有用户的平均每日观看总时长的占比分布（计算观看总时长时需要除以天数），如代码 10-4 所示，得到的结果如图 10-9 所示；使用柱形图对比所有用户在工作日和周末的观看总时长，如代码 10-5 所示，得到的结果如图 10-10 所示。

代码 10-4　计算工作日与周末的平均每日观看总时长占比

```
import re
# 计算工作日与周末的观看总时长占比
ind = [re.search('星期六|星期日', str(i)) != None for i in media3['星期']]
freeday = media3.loc[ind, :]
workday = media3.loc[[ind[i] == False for i in range(len(ind))], :]
m1 = pd.DataFrame(freeday['wat_time'].groupby([freeday['phone_no']]).sum())
m1 = m1.sort_values(['wat_time'])
m1 = m1.reset_index()
m1['wat_time'] = m1['wat_time'] / 3600
m2 = pd.DataFrame(workday['wat_time'].groupby([workday['phone_no']]).sum())
m2 = m2.sort_values(['wat_time'])
m2 = m2.reset_index()
m2['wat_time'] = m2['wat_time'] / 3600
w = sum(m2['wat_time']) / 5
f = sum(m1['wat_time']) / 2

# 绘制工作日与周末的观看总时长占比饼图
colors = ['bisque', 'lavender']
plt.figure(figsize=(6, 6))
plt.pie([w, f], labels=['工作日', '周末'],
        explode=[0.1, 0.1], autopct='%1.1f%%',
        colors=colors, labeldistance=1.05, textprops={'fontsize': 15})
plt.title('工作日与周末观看总时长占比', fontsize=15)
plt.show()
```

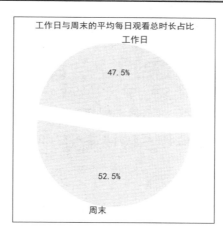

图 10-9　工作日与周末观看总时长占比

　　从图 10-9 可看出，周末的平均每日观看时长占观看总时长的 52.5%，而工作日的平均每日观看时长占观看总时长的 47.5%。

代码 10-5　绘制周末与工作日观看总时长分布柱形图

```
# 绘制周末观看总时长分布柱形图
plt.figure(figsize=(12, 6))
plt.subplot(121)  # 将 figure 分成 1*2=2 个子图区域，第 3 个参数 1 表示将生成的图放在第
```

```
1 个位置
plt.bar(m1.index, m1.iloc[:, 1])
plt.xlabel('观看用户')
plt.ylabel('观看时长（小时）')
plt.title('周末用户观看总时长')

# 绘制工作日观看总时长分布柱形图
plt.subplot(122)    # 同理，将生成的图放在第 2 个位置
plt.bar(m2.index, m2.iloc[:, 1])
plt.xlabel('观看用户')
plt.ylabel('观看时长（小时）')
plt.title('工作日用户观看总时长')
plt.show()
```

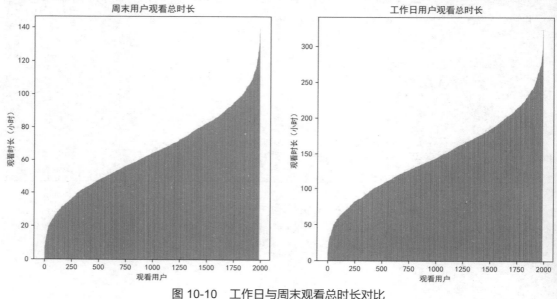

图 10-10　工作日与周末观看总时长对比

从图 10-10 可以看出，周末用户观看总时长集中在 20～80 小时，工作日用户观看总时长集中在 50～200 小时。

3. 贡献度分析

对所有频道的观看时长与观看次数进行贡献度分析，如代码 10-6 所示，得到的结果如图 10-11 和图 10-12 所示。

代码 10-6　对所有频道观看时长与观看次数进行贡献度分析

```
# 计算所有频道的观看时长与观看次数
media3.station_name.unique()
pindao = pd.DataFrame(media3['wat_time'].groupby([media3.station_name]).sum())
pindao = pindao.sort_values(['wat_time'])
pindao = pindao.reset_index()
pindao['wat_time'] = pindao['wat_time'] / 3600
```

```
pindao_n = media3['station_name'].value_counts()
pindao_n = pindao_n.reset_index()
pindao_n.columns = ['station_name', 'counts']
a = pd.merge(pindao, pindao_n, left_on='station_name', right_on='station_
name', how='left')

# 绘制所有频道的观看时长柱形图和观看次数折线图的组合图
fig, left_axis = plt.subplots()
right_axis = left_axis.twinx()
left_axis.bar(a.index, a.iloc[:, 1])
right_axis.plot(a.index, a.iloc[:, 2], 'r.-')
left_axis.set_ylabel('观看时长（小时）')
right_axis.set_ylabel('观看次数')
left_axis.set_xlabel('频道')
plt.xticks([])
plt.title('所有频道的观看时长与观看次数')
plt.tight_layout()
plt.show()

# 绘制收视排名前 15 的频道的观看时长柱形图
plt.figure(figsize=(15, 8))
plt.bar(range(15), pindao.iloc[124:139, 1])
plt.xticks(range(15), pindao.iloc[124:139, 0])
plt.xlabel('频道名称')
plt.ylabel('观看时长（小时）')
plt.title('收视排名前 15 频道的观看时长')
plt.show()
```

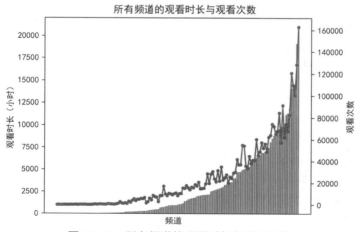

图 10-11　所有频道的观看时长与观看次数

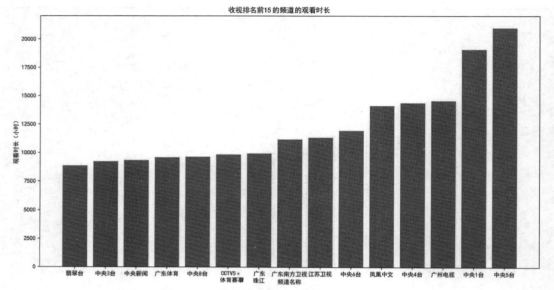

图 10-12　收视排名前 15 的频道的观看时长

从图 10-11 可以看出，各频道随着观看次数增多，观看时长也随之增多，且后面近 28% 的频道带来了 80% 的观看时长贡献度（稍有偏差，但属性明显）。从图 10-12 可以看出，收视排名前 15 的频道为中央 5 台、中央 1 台、广州电视、中央 4 台、凤凰中文、中央 6 台、江苏卫视、广东南方卫视、广东珠江、CCTV5＋体育赛事、中央 8 台、广东体育、中央新闻、中央 3 台、翡翠台。

10.2.3　属性构造

一般情况下，属性构造是指经过一系列的数据变化、转换或组合等操作形成属性。本案例基于电视产品个性化推荐业务的内容和含义，为每个标签的构造制订了相应的规则。在建立用户画像的标签库后，对标签属性进行构造，包括对用户收视行为信息数据中可以实现的用户标签进行描述。

1．用户标签库

给用户贴标签是大数据营销中常用的做法。所谓"标签"，就是浓缩精炼的、带有特定含义的一系列词语，用于描述真实的用户自带的属性，方便企业做数据的统计分析。借助用户标签，企业可实现差异化推荐、精细化画像等精准营销工作。

从电视产品推荐业务的角度来看，需要采用现有数据建立用户标签库。

建立标签库时需要注意以下 3 点。

（1）在建立标签库的过程中，是以树状结构的形式向外辐射的，尽量遵循 MECE（Mutually Exclusive Collectively Exhaustive）原则：标签之间相互独立、完全穷尽，尤其是一些有关用户的分类，要能覆盖所有用户，但又不交叉。

（2）将标签分成不同的层级和类别：一是方便管理数千个标签，让散乱的标签体系化；二是维度并不孤立，让标签之间互有关联；三是为标签建模提供标签子集。

（3）以不同的维度去构建标签库，能更好地为用户提供服务。例如，可以为用户提供业务、产品、消费品，以更好地实现精准推荐。

2. 构建用户画像

整个案例需要生成以家庭为单位的用户画像，广电的政企用户和特殊线路用户暂不纳入用户画像的考虑范围。用户画像中标签的计算方式大体有以下两种。

（1）固有基础信息标签

固有基础信息包括用户的基础信息、节目信息等，从这些信息中可以知道用户的基础消费状况、用户订购产品的时间长度等基础信息。

（2）通过用户行为推测标签

用户行为是构建家庭用户标签库的主要指标，用户的点播、直播、回看的数据和观看时间段与时长等都可以用于构建标签。例如，某个家庭经常点播体育类节目，那么这个家庭可能会被贴上"体育""男性"的标签；如果某个家庭经常观看儿童类节目，那么这个家庭中有可能有儿童。用户的每一个行为都可以用于推测要添加的标签，这些标签会随用户行为的变化而不断地变化，这也是标签库的主要标签来源。

通过以上的标签建立与推测方式，可将用户标签主要分为两大类，如图 10-13 所示。一类是基本属性，包含家庭成员等固有属性；另一类是兴趣爱好，包含体育偏好、观看时间段和观看时长等相关属性。

图 10-13　用户标签示例

针对用户收视行为信息数据构造相关的标签及其规则，如表 10-4 所示。

表 10-4　用户收视行为信息数据相关的标签及其构造规则

标签名称	规则
家庭成员	先对电视频道直播时间及类型标签数据进行跨夜处理；然后将收视记录分为 4 类，分别为后半段匹配、全部匹配、前半段匹配、中间段匹配；最后，将 4 类情况的数据合并，计算所有用户的总收视时长 AMT 与每个用户观看各类型节目的总收视时长 MT，若 $MT \div AMT \geq 0.16$，则贴上该家庭成员标签
电视依赖度	计算用户的收视行为次数的总和 N 与总收视时长 AMT。若 $N \leq 10$，则电视依赖度低；若 $10 < AMT \div N \leq 50$，则电视依赖度中；若 $AMT \div N > 50$，则电视依赖度高
机顶盒名称	过滤设备名称（res_name）为空的记录，根据用户号与设备名称去重，最后确定标签
付费频道月均收视时长	用户收视行为信息数据中频道名称中含有"（付费）"的数据为付费频道数据，计算各用户的收视时长。 若无数据，则付费频道无观视；若付费频道月均收视时长 < 1h，则付费频道月均收视时长短；若 1h < 付费频道月均收视时长 < 2h，则付费频道月均收视时长中；若付费频道月均收视时长 > 2h，则付费频道月均收视时长长

续表

标签名称	规则
点播回看月均收视时长	用户收视行为信息数据中节目类型（res_type）为 1 的数据是点播回看数据，计算各用户的收视时长。 若无数据，则点播回看无收视；若点播回看月均收视时长 < 3h，则点播回看月均收视时长短；若 3h < 点播回看月均收视时长 < 10h，则点播回看月均收视时长中；若点播回看月均收视时长 > 10h，则点播回看月均收视时长长
体育爱好	用户收视行为信息数据中节目类型为 1 时的节目名称（vod_title）与节目类型为 0 时的节目名称（program_title）包含下列属性，计算其收视时长，若大于阈值，则贴上对应标签。 足球：足球、英超、欧足、德甲、欧冠、国足、中超、西甲、亚冠、法甲、杰出球胜、女足、十分好球、亚足、意甲、中甲、足协、足总杯。 冰上运动：KHL、NHL、冰壶、冰球、冬奥会、花滑、滑冰、滑雪、速滑。 高尔夫：LPGA、OHL、PGA 锦标赛、高尔夫、欧巡总决赛。 格斗：搏击、格斗、昆仑决、拳击、拳王。 篮球：CBA、篮球、龙狮时刻、男篮、女篮。 排球：女排、排球、男排。 乒乓球：乒超、乒乓、乒联、乒羽。 赛车：车生活、劲速天地、赛车。 体育新闻：今日访谈、竞赛快讯、世界体育、体坛点击、体坛快讯、体育晨报、体育世界、体育新闻。 橄榄球：NFL、超级碗、橄榄球。 网球：ATP、澳网、美网、网球、中网。 游泳：泳联、游泳、跳水。 羽毛球：羽超、羽联、羽毛球、羽乐无限。 自行车、象棋、体操、保龄球、斯诺克、台球、赛马
观看时间段偏好（工作日）	分别计算在 00:00~6:00、06:00~09:00、09:00~11:00、11:00~14:00、14:00~16:00、16:00~18:00、18:00~22:00、22:00~23:59 各时段的总收视时长，并贴上对应的凌晨、早晨、上午、中午、下午、傍晚、晚上、深夜标签，选择降序排序后位列前 3 的观看时间段偏好设置为标签
观看时间段偏好（周末）	与观看时间段偏好（工作日）相同

用户收视行为信息数据中相关标签的构造如代码 10-7 所示，标签构造部分结果如表 10-5 所示。

代码 10-7　用户收视行为信息数据中相关标签的构造

```
import pandas as pd
import numpy as np
media3 = pd.read_csv('../tmp/media3.csv', header='infer', error_bad_lines=
False)

# 体育偏好
media3.loc[media3['program_title'] == 'a', 'program_title'] = \
media3.loc[media3['program_title'] == 'a', 'vod_title']
```

```
program = [re.sub('\(.*', '', i) for i in media3['program_title']]  # 去除集数
program = [re.sub('.*月.*日', '', str(i)) for i in program]  # 去除日期
program = [re.sub('^ ', '', str(i)) for i in program]  #去除前面的空格
program = [re.sub('\\d+$', '', i) for i in program]  # 去除结尾数字
program = [re.sub('【.*】', '', i) for i in program]  # 去除方括号内容
program = [re.sub('第.*季.*', '', i) for i in program]  # 去除季数
program = [re.sub('广告|剧场', '', i) for i in program]  # 去除广告、剧场字段
media3['program_title'] = program
ind = [media3.loc[i, 'program_title'] != '' for i in media3.index]
media_ = media3.loc[ind, :]
media_ = media_.drop_duplicates()  # 去重
media_.to_csv('../tmp/media4.csv', na_rep='NaN', header=True, index=False)
```

表 10-5　标签构造部分结果

序号	phone_no	duration	station_name
0	16801274792	5121000	中央 6 台
1	16801274792	829000	中央 5 台
2	16801274792	256000	广州电视
3	16801274792	687000	安徽卫视
4	16801274792	875000	天津卫视
5	16801274792	28000	辽宁卫视

由于其他指标的计算方法有相同之处，因此此处不列出家庭成员、电视依赖度、机顶盒名称、付费频道月均收视时长、点播回看月均收视时长、观看时间段偏好（工作日）和观看时间段偏好（周末）标签的构造过程。

10.3　分析与建模

在实际应用中，构造推荐系统时，并不是采用单一的某种推荐方法进行推荐。为了实现较好的推荐效果，大多时候都会结合多种推荐方法将多个推荐结果进行组合，得出最后的推荐结果。在组合推荐结果时，可以采用串行或并行组合方法。采用并行组合方法进行推荐的推荐系统流程图如图 10-14 所示。

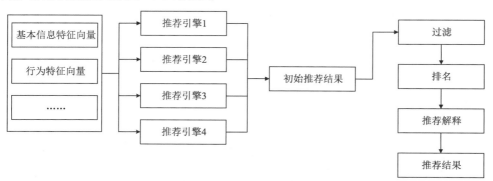

图 10-14　采用并行组合方法进行推荐的推荐系统流程图

根据项目的实际情况，由于项目目标长尾节目（依靠节目品种的丰富性进行经济获益的节目）丰富、用户个性化需求强烈，以及推荐结果的实时变化明显，结合原始数据节目数明显小于用户数的特点，项目采用基于物品的协同过滤推荐系统对用户进行个性化推荐，以其推荐结果作为推荐系统结果的重要部分。这是因为基于物品的协同过滤推荐系统是依据用户的历史行为对用户进行推荐，推荐结果可以让用户感兴趣，如图 10-15 所示。

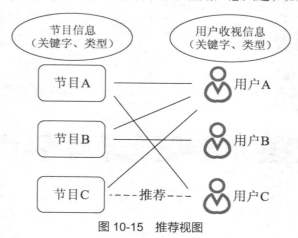

图 10-15　推荐视图

为了选出最好的推荐方式，本案例将个性化推荐算法与非个性化推荐算法组合，选择了一种个性化算法和一种非个性化算法来建模并进行模型评价与分析。其中个性化算法为基于物品的协同过滤推荐算法，非个性化算法为基于流行度的推荐算法，后者是按照节目的流行度向用户推荐其没有产生过观看行为的最热门的一些节目。

10.3.1　基于物品的协同过滤推荐模型

推荐系统是根据物品的相似度和用户的历史行为来对用户的兴趣度进行预测并推荐的，因此在评价模型的时候需要用到一些评价指标。为了获取评价指标，一般是将数据集分成两部分：大部分数据作为训练集，小部分数据作为测试集。将通过训练集得到的模型在测试集上进行预测，再统计出相应的评价指标，通过各个评价指标的值可以知道预测效果的好与坏。

在实际数据中，如果物品数目过多，那么建立的用户-物品矩阵与物品相似度矩阵将会很庞大。由于本案例的数据量较大，所以只选取 500000 条数据，在用户收视行为信息数据中提取用户号与节目名称两个属性，构建基于物品的协同过滤推荐模型，计算物品之间的相似度，如代码 10-8 所示，部分推荐结果如表 10-6 所示。

代码 10-8　构建基于物品的协同过滤推荐模型

```
import pandas as pd
import numpy as np
media4 = pd.read_csv('../tmp/media4.csv', header='infer')

# 基于物品的协同过滤推荐算法
m = media4.loc[:, ['phone_no', 'program_title']]
n = 500000
media5 = m.iloc[:n, :]
media5['value'] = 1
```

```
media5.drop_duplicates(['phone_no','program_title'], inplace=True)

from sklearn.model_selection import train_test_split
# 将数据划分为训练集和测试集
media_train, media_test = train_test_split(media5, test_size=0.2, random_
state=123)

# 长表转宽表，即用户-物品矩阵
train_df = media_train.pivot(index='phone_no', columns='program_title',
values='value')  # 透视表
ui_matrix_tr = train_df
ui_matrix_tr.fillna(0, inplace=True)

test_df = media_test.pivot(index='phone_no', columns='program_title', values=
'value')  # 透视表
test_tmp = media_test.sample(frac=1000 / media_test.shape[0], random_state=3)

# 求物品相似度矩阵
t = 0
item_matrix_tr = pd.DataFrame(0, index=ui_matrix_tr.columns, columns=ui_
matrix_tr.columns)
for i in item_matrix_tr.index:
    item_tmp = ui_matrix_tr[[i]].values * np.ones(
        (ui_matrix_tr.shape[0], ui_matrix_tr.shape[1])) + ui_matrix_tr
    U = np.sum(item_tmp == 2)
    D = np.sum(item_tmp != 0)
    item_matrix_tr.loc[i,:] = U / D
    t += 1
    if t % 500 == 0:
        print(t)

# 将物品相似度矩阵对角线的值设为 0
for i in item_matrix_tr.index:
    item_matrix_tr.loc[i, i] = 0

# 获取推荐列表和模型评价
rec = pd.DataFrame(index=test_tmp.index, columns=['phone_no', '已观看节目', '
推荐节目', 'T/F'])
rec.loc[:, 'phone_no'] = list(test_tmp.iloc[:, 0])
rec.loc[:, '已观看节目'] = list(test_tmp.iloc[:, 1])
# 开始推荐
for i in rec.index:
    try:
        usid = test_tmp.loc[i, 'phone_no']
        animeid = test_tmp.loc[i, 'program_title']
        item_anchor = list(ui_matrix_tr.loc[usid][ui_matrix_tr.loc[usid] ==
1].index)
        co = [j for j in item_matrix_tr.columns if j not in item_anchor]
        item_tmp = item_matrix_tr.loc[animeid,co]
        rec_anime = list(item_tmp.index)[item_tmp.argmax()]
        rec.loc[i, '推荐节目'] = rec_anime
        if test_df.loc[usid,rec_anime] == 1:
```

```
            rec.loc[i,'T/F'] = 'T'
        else:
            rec.loc[i,'T/F'] = 'F'
    except:
        pass

# 保存推荐结果
rec.to_csv('../tmp/rec.csv')
```

表 10-6　协同过滤推荐模型的部分推荐结果

phone_no	已观看节目	推荐节目
16801491802	体坛快讯	体育新闻
16801355649	东方夜新闻	东方新闻
16801406180	中国舆论场	深度国际
16801431087	最美是你	呖咕呖咕新年财

10.3.2　基于流行度的推荐模型

对于既不具有点播信息，收视信息又过少（甚至没有）的用户，可以使用基于流行度的推荐算法，为其推荐最热门的前 N 个节目，等收集到一定数量的用户收视行为信息数据后，再切换为个性化推荐，如代码 10-9 所示。输入指定用户名，推荐的部分节目结果如表 10-7 所示。

代码 10-9　构建基于流行度的推荐模型

```
import pandas as pd
media6 = pd.read_csv('../tmp/media4.csv', header='infer')

# 基于流行度的推荐算法
from sklearn.model_selection import train_test_split
# 将数据划分为训练集和测试集
media6_train, media6_test = train_test_split(media6, test_size=0.2, random_
state=1234)

# 将节目按热度排名
program = media6_train.program_title.value_counts()
program = program.reset_index()
program.columns = ['program', 'counts']

recommend_dataframe = pd.DataFrame
m = 3000
# 对输入的用户名进行判断，若输入为 0，则停止运行，否则展示输入的用户名所对应推荐的节目
while True:
    input_no = int(input('Please input one phone_no that is not in group:'))
    if input_no == 0:
        print('Stop recommend!')
        break
    else:
        recommend_dataframe=pd.DataFrame(program.iloc[:m, 0], columns= ['program'])
```

```
    print('Phone_no is %d. \nRecommend_list is \n' % (input_no),
        recommend_dataframe)
'''
```
当输入 16801274792 时，即可为用户名为 16801274792 的用户推荐最热门的前 N 个节目。
当输入 0 时，即可结束推荐
'''

表 10-7　基于流行度的推荐模型的部分推荐结果

排名	节目名称
1	七十二家房客
2	新闻直播间
3	中国新闻
4	综艺喜乐汇
5	归去来

当针对每个用户进行推荐时，可推荐流行度（热度）排名前 20 的节目。

10.4　模型评价

评价一个推荐系统的好与不好一般要从用户、商家、节目 3 个方面进行整体考虑。好
的推荐系统能够满足用户的需求，推荐用户感兴趣的节目。同时，推荐的节目中不能全部
是热门的节目，还需要用户反馈意见以完善推荐系统。因此，好的推荐系统不仅能预测用
户的行为，帮助用户发现可能会感兴趣但却不易被发现的节目；还能帮助商家发掘长尾节
目，并推荐给可能会对它们感兴趣的用户。

由于本案例用户的行为是二元选择，所以对模型进行评价的指标为分类准确率指标，
如代码 10-10 所示，模型评价结果如表 10-8 所示。其中，代码 10-10 是接着代码 10-8 构建
的模型进行模型评价的。

代码 10-10　评价基于物品的协同过滤推荐模型

```
# 接着代码 10-8
score = rec['T/F'].value_counts()['T']/(rec['T/F'].value_counts()['T']  +
rec['T/F'].value_counts()['F'])
print('推荐的准确率为：', str(round(score*100,2)) + '%')
```

表 10-8　基于物品的协同过滤推荐模型的准确率

指标名称	数值
准确率	29.51%

基于流行度的推荐算法可以获得原始数据中热度排名前 3000 的节目，并计算推荐的准
确率，如代码 10-11 所示，模型评价结果如表 10-9 所示。随着时间、节目、用户收视行为
的变化，节目的热度也会发生变化，因此需要对节目进行实时排序。其中，代码 10-11 是
接着代码 10-9 构建的模型进行模型评价的。

代码 10-11　基于流行度的推荐算法模型评价

```
# 接着代码 10-9
recommend_dataframe = recommend_dataframe
import numpy as np
phone_no = media6_test['phone_no'].unique()
real_dataframe = pd.DataFrame()
pre = pd.DataFrame(np.zeros((len(phone_no), 3)), columns=['phone_no', 'pre_num',
're_num'])
for i in range(len(phone_no)):
    real = media6_test.loc[media6_test['phone_no'] == phone_no[i], 'program_
title']
    a = recommend_dataframe['program'].isin(real)
    pre.iloc[i, 0] = phone_no[i]
    pre.iloc[i, 1] = sum(a)
    pre.iloc[i, 2] = len(real)
    real_dataframe = pd.concat([real_dataframe, real])

real_program = np.unique(real_dataframe.iloc[:, 0])
# 计算推荐的准确率
precesion = (sum(pre['pre_num'] / m)) / len(pre)  # m 为推荐个数，为 3000
print('流行度推荐的准确率为：', str(round(precesion*100,2)) + '%')
```

表 10-9　基于流行度的推荐模型的准确率

指标名称	数值
准确率	5.59%

　　基于表 10-8 和表 10-9，比较基于物品的协同过滤推荐模型与基于流行度的推荐模型的准确率可以发现，前者的效果优于后者。当用户收视数据量增加时，使用基于物品的协同过滤推荐模型的推荐效果会越来越好，可以看出基于物品的协同过滤推荐模型相对较"稳定"。对于基于流行度的推荐模型，随着推荐节目个数的增加，模型的准确率会下降。

　　在协同过滤推荐过程中，两个节目相似是因为它们共同出现在很多用户的兴趣列表中，也可以说每个用户的兴趣列表都会对节目的相似度产生贡献。但是并不是每个用户的贡献度都相同，通常不活跃的用户可能是新用户，也可能是收视次数少的老用户。在实际分析中，一般认为新用户倾向于浏览热门节目，而老用户会逐渐开始浏览冷门节目。

　　当然，除了个性化推荐列表，还有另一个重要的推荐列表——相关推荐列表。有过网购经历的用户都知道，当在电子商务平台上购买一个商品时，系统会在商品信息下方展示相关的商品。这些相关商品分为两种：一种是购买了这个商品的用户经常购买的其他商品，另一种是浏览过这个商品的用户经常购买的其他商品。这两种相关推荐列表的区别是使用了不同的用户行为计算商品的相似性。

　　综合本案例各个部分的分析结论，对电视产品的营销推荐有以下 5 点建议。

　　（1）内容多元化。以套餐的形式将节目多元化组合，可以满足不同用户的喜好，提高用户对电视产品的感兴趣程度和观看节目的积极性，有利于附加产品的推广销售。

　　（2）按照家庭用户标签打包。将节目根据家庭成员和兴趣偏好类型进行组合，为不同家庭用户推荐不同的套餐。如对有儿童、老人的家庭和独居青年推荐不同的套餐，前者推荐的套餐包含动画、戏曲等节目，后者推荐的套餐以流行节目、电影、综艺、电视剧为主。这样不但能贴合用户需要，还有利于推荐产品。

（3）流行度推荐与个性化推荐结合。既为用户推荐用户感兴趣的节目，又推荐当下流行的节目，这样可以提高推荐的准确率。

（4）节目库智能归类。对节目库做智能归类，增加节目标签，从而让节目与用户能更好地匹配。节目库的及时更新也有利于激发用户的观看热情，提高产品口碑。

（5）实时、动态地更新用户收视的兴趣偏好标签。随着用户观看记录数据的不断更新，用户当前的兴趣偏好也会发生变化，应及时地顾及每一位用户的需求，做出更精准的推荐。

小结

本章结合广电大数据营销推荐的案例，重点介绍了在数据可视化、用户画像构造的辅助下，基于物品的协同过滤推荐算法和基于流行度的推荐算法在实际案例中的应用。首先对用户收视行为信息数据等数据进行分析与处理，然后采用不同的推荐算法对处理好的数据进行建模，最后通过模型评价与结果分析，发现不同模型的优缺点，同时提出相关的电视产品个性化推荐的业务建议。

实训　网页浏览个性化推荐

1. 训练要点

掌握基于物品的协同过滤推荐模型的构建方法。

2. 需求说明

某网站为了提升用户浏览网页的体验、增强用户的黏性，需要根据该网站 2016 年 9 月每天的访问数据，统计每位用户点击每个网页的次数，建立基于物品的协同过滤推荐模型，从而为用户智能推荐网页信息，帮助用户发现他们感兴趣但又很难发现的网页信息。该网站的访问数据属性说明如表 10-10 所示。

表 10-10　访问数据属性说明

属性名称	含义	属性名称	含义
id	序号	content_id	网页 ID
page_path	网址	username	用户名
userid	用户 ID	sessionid	缓存生成 ID
ip	IP	City	城市
area	area	browser_type	浏览器类型
browser_version	浏览器版本	platform_type	操作系统
platform_series	操作系统版本	platform_version	操作系统位数
date_time	访问时间	mobile_type	移动端类型
agent	移动端型号	uniqueVisitorId	唯一识别机器名
key_word	搜索关键名	source	来源
operate	访问网页的方式（浏览，点击）		

3．实现思路及步骤

（1）连接数据库，查询该网站 2016 年 9 月的访问数据。

（2）清洗数据，删除用户 ID 为空的记录，提取重要属性。

（3）利用基于物品的协同过滤推荐算法进行建模。

（4）将数据转化为二元型数据，利用模型对原始数据集进行预测并获取推荐结果。

课后习题

操作题

MovieLens 是一个非商业性质的、以研究为目的的实验性站点，目标是收集个性化建议的研究数据。MovieLens 是一个基于网络的推荐系统和虚拟社区，根据用户的电影喜好、电影评分和电影评论的协同过滤，向用户推荐电影。

该数据集中包含大量用户对诸多电影的评分，用户对自己感兴趣的电影都进行了评分，且评分范围为 1~5 分，超出规定范围的评分都被视为异常值，需要对数据进行清洗与转换。对预处理后的数据，采用基于流行度的推荐算法和基于物品的协同过滤推荐算法两种算法实现对电影的智能推荐，并对用不同算法构建的模型进行预测与评价，对比两个模型的预测结果。具体操作步骤如下。

（1）在 Python 中导入数据。

（2）对评分不在 1~5 分范围内的异常数据进行清洗与转换。

（3）构建基于物品的协同过滤推荐模型。

① 读入训练数据和测试数据。

② 利用训练数据构建模型，计算用户-物品矩阵物品的相似度矩阵，并对物品相似度矩阵的对角线进行归 0 处理。

③ 对测试数据中的用户进行电影推荐。

（4）构建基于流行度的推荐模型。

① 读入总体数据。

② 计算出每部电影的评分，即用每个用户对每部电影的总评分除以值不为空的部分总评分。

③ 得出推荐结果。

（5）通过计算模型的准确率对比两个模型的预测结果。

第 ⑪ 章 基于 TipDM 大数据挖掘建模平台实现金融服务机构资金流量预测

第 8 章介绍了金融服务机构资金流量预测的案例，本章将介绍一种数据分析工具——TipDM 大数据挖掘建模平台，通过该平台可实现对金融服务机构资金流量的预测。相较于传统的 Python 解析器，TipDM 大数据挖掘建模平台具有流程化、去编程化等特点，满足不懂编程的用户使用数据分析技术的需求。TipDM 大数据挖掘建模平台帮助读者更加便捷地掌握数据分析相关技术的操作，落实科教兴国战略、人才强国战略、创新驱动发展战略。

学习目标

（1）了解 TipDM 大数据挖掘建模平台的相关概念和特点。

（2）熟悉使用 TipDM 大数据挖掘建模平台配置金融服务机构资金流量预测任务的总体流程。

（3）掌握使用 TipDM 大数据挖掘建模平台获取数据的方法。

（4）掌握使用 TipDM 大数据挖掘建模平台进行分组聚合、数据筛选、差分、序列检验等操作的方法。

（5）掌握使用 TipDM 大数据挖掘建模平台进行时间序列模型的构建、模型检验和模型评价等操作的方法。

11.1 平台简介

TipDM 大数据挖掘建模平台是由广东泰迪智能科技股份有限公司自主研发、面向大数据挖掘项目的工具。平台使用 Java 语言开发，采用 B/S 结构，用户不需要下载客户端，可通过浏览器进行访问。平台具有支持多种语言、操作简单等特点，以流程化的方式将数据输入/输出、统计分析、数据预处理、分析与建模等环节进行连接，从而达成大数据分析的目的。TipDM 大数据挖掘建模平台的界面如图 11-1 所示。

图 11-1　TipDM 大数据挖掘建模平台界面

读者可通过访问平台查看具体界面，平台的访问具体步骤如下。

（1）微信搜索公众号"泰迪学社"或"TipDataMining"，关注公众号。

（2）关注公众号后，回复"建模平台"，获取 TipDM 大数据挖掘建模平台的访问方式。

本章以金融服务机构资金流量预测为例，介绍使用 TipDM 大数据挖掘建模平台实现任务的流程。在介绍之前，需要引入 TipDM 大数据挖掘建模平台中的几个概念。

（1）**算法**：将对建模过程涉及的输入/输出、数据探索及预处理、建模、模型评价等算法分别进行封装，每一个封装好的算法模块称为算法组件。

（2）**实训**：为实现某一数据分析目标，将各算法通过流程化的方式进行连接，整个数据分析流程称为一个实训。

（3）**实训库**：用户可以将配置好的实训通过模板的方式分享给其他用户，其他用户可以使用该模板，创建一个无须配置算法便可运行的实训。

TipDM 大数据挖掘建模平台主要有以下几个特点。

（1）TipDM 大数据挖掘建模平台中的算法基于 Python、R 语言及 Hadoop/Spark 分布式引擎进行数据分析。Python、R 语言及 Hadoop/Spark 是目前较流行的用于数据分析的语言，高度契合行业需求。

（2）用户可在没有 Python、R 语言或 Hadoop/Spark 编程基础的情况下，使用直观的拖曳式图形界面构建数据分析流程，而无需编程。

（3）提供公开可用的数据分析示例实训，可"一键创建、快速运行"，支持在线预览挖掘流程中每个节点的结果。

（4）平台包含 Python、Spark、R 三种编程语言的算法包，用户可以根据实际运用灵活选择不同的语言进行数据挖掘建模。

下面将对 TipDM 大数挖掘建模平台中的【实训库】【数据连接】【实训数据】【我的实训】【系统算法】【个人算法】6 个模块进行介绍。

11.1.1　实训库

登录 TipDM 大数挖掘建模平台后，用户即可看到【实训库】模块提供的示例实训（模板），如图 11-2 所示。

图 11-2　示例实训（模板）

【实训库】模块主要用于标准大数据分析案例的快速创建和展示。通过【实训库】模块，用户可以创建一个无需导入数据及配置参数就能够快速运行的实训。同时，每一个模板的创建者都具有该模板的所有权，能够对模板进行管理。用户可以将自己搭建的数据分析实训公开到【实训库】模块作为实训模板，供其他用户一键创建。

11.1.2　数据连接

【数据连接】模块支持从 DB2、SQL Server、MySQL、Oracle、PostgreSQL 等常用关系数据库导入数据，如图 11-3 所示。

图 11-3　【数据连接】模块

11.1.3　实训数据

【实训数据】模块主要用于数据分析实训中的数据导入与管理，支持从本地导入任意类型数据，如图 11-4 所示。

图 11-4 【实训数据】模块

11.1.4 我的实训

【我的实训】模块主要用于数据分析流程化的创建与管理，示例实训如图 11-5 所示。通过【我的实训】模块，用户可以创建空白实训，进行数据分析实训的配置，将数据输入/输出、数据预处理、挖掘建模、模型评价等环节通过流程化的方式进行连接，达到数据分析的目的。对于完成度优秀的实训，可以将其保存为模板，让其他使用者学习和借鉴。

图 11-5 平台提供的示例实训

11.1.5 系统算法

【系统算法】模块主要用于大数据分析内置常用算法的管理，提供 Python、R 语言、Spark 3 种系统算法，如图 11-6 所示。

图 11-6　平台提供的系统算法

（1）Python 算法可分为 10 类，具体如下。

① 【统计分析】类提供对数据整体情况进行统计的常用算法，包括因子分析、全表统计、正态性检验、相关性分析、卡方检验、主成分分析和频数统计等。

② 【预处理】类提供对数据进行清洗的算法，包括数据标准化、缺失值处理、表堆叠、数据筛选、行列转置、修改列名、衍生变量、数据拆分、主键合并、新增序列、数据排序、记录去重和分组聚合等。

③ 【脚本】类提供一个 Python 代码编辑框。用户可以在代码编辑框中粘贴已经写好的程序代码并直接运行，无须再额外配置算法。

④ 【分类】类提供常用的分类算法，包括朴素贝叶斯、支持向量机、CART 分类树、逻辑回归、神经网络和 K 最近邻等。

⑤ 【聚类】类提供常用的聚类算法，包括层次聚类、DBSCAN 密度聚类和 K 均值等。

⑥ 【回归】类提供常用的回归算法，包括 CART 回归树、线性回归、支持向量回归和 K 最近邻回归等。

⑦ 【时间序列】类提供常用的时间序列算法，包括 ARIMA。

⑧ 【关联规则】类提供常用的关联规则算法，包括 Apriori 和 FP-Growth 等。

⑨ 【文本分析】类提供对文本数据进行清洗、特征提取与分析的常用算法，包括 TextCNN、seq2seq、jieba 分词、HanLP 分词与词性、TF-IDF、Doc2Vec、Word2Vec、过滤停用词、线性判别分析（Linear Discriminant Analysis，LDA）、TextRank、分句、正则匹配和 HanLP 实体提取等。

⑩ 【绘图】类提供常用的画图算法，包括柱形图、折线图、散点图、饼图和词云图等。

（2）Spark 算法可分为 6 类，具体如下。

① 【预处理】类提供对数据进行清洗的算法，包括数据去重、数据过滤、数据映射、数据反映射、数据拆分、数据排序、缺失值处理、数据标准化、衍生变量、表连接、表堆叠、哑变量和数据离散化等。

② 【统计分析】类提供对数据整体情况进行统计的常用算法，包括行列统计、全表统计、相关性分析和卡方检验等。

③ 【分类】类提供常用的分类算法，包括逻辑回归、决策树、梯度提升树、朴素贝叶

斯、随机森林、线性支持向量机和多层感知神经网络等。

④【聚类】类提供常用的聚类算法，包括 K 均值聚类、二分 K 均值聚类和混合高斯模型等。

⑤【回归】类提供常用的回归算法，包括线性回归、广义线性回归、决策树回归、梯度提升树回归、随机森林回归和保序回归等。

⑥【协同过滤】类提供常用的智能推荐算法，包括交替最小二乘（Alternating Least Square，ALS）算法。

（3）R 语言算法可分为 8 类，具体如下。

①【统计分析】类提供对数据整体情况进行统计的常用算法，包括卡方检验、因子分析、主成分分析、相关性分析、正态性检验和全表统计等。

②【预处理】类提供对数据进行清洗的算法，包括缺失值处理、异常值处理、表连接、表堆叠、数据标准化、记录去重、数据离散化、排序、数据拆分、频数统计、新增序列、字符串拆分、字符串拼接、修改列名和衍生变量等。

③【脚本】类提供一个 R 语言代码编辑框。用户可以在代码编辑框中粘贴已经写好的程序代码并直接运行，无须再额外配置算法。

④【分类】类提供常用的分类算法，包括朴素贝叶斯、CART 分类树、C4.5 分类树、反向传播（Back Propagation，BP）神经网络、K 最近邻、支持向量机和逻辑回归等。

⑤【聚类】类提供常用的聚类算法，包括 K 均值、DBSCAN 和系统聚类等。

⑥【回归】类提供常用的回归算法，包括 CART 回归树、C4.5 回归树、线性回归、岭回归和 K 最近邻回归等。

⑦【时间序列】类提供常用的时间序列算法，包括 ARIMA、GM(1,1)和指数平滑等。

⑧【关联分析】类提供常用的关联规则算法，包括 Apriori。

11.1.6　个人算法

【个人算法】模块主要为了满足用户的个性化需求。在用户在使用过程中，可根据自己的需求定制算法，方便使用。目前该模块支持通过 Python 和 R 语言进行个人算法的定制，如图 11-7 所示。

图 11-7　定制个人算法

11.2　快速构建金融服务机构资金流量预测实训

本节以金融服务机构资金流量预测为例，在 TipDM 大数据挖掘建模平台上配置对应实训，展示几个主要流程的配置过程。

在 TipDM 大数据挖掘建模平台上配置金融服务机构资金流量预测实训的总体流程如图 11-8 所示，主要包括以下 4 个步骤。

（1）将金融服务机构 2013 年 7 月 1 日至 2014 年 8 月 31 日的资金流量数据导入 TipDM 大数据挖掘建模平台。

（2）对数据进行属性构造、数据筛选、周期性差分和序列检验等操作。

（3）构建 ARIMA 模型并进行模型检验。

（4）用 ARIMA 模型进行预测并对模型进行评价。

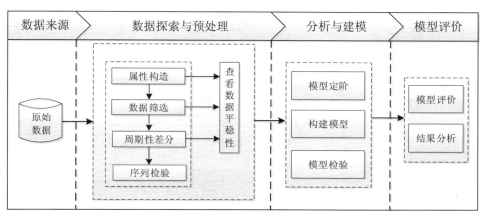

图 11-8　金融服务机构资金流量预测实训配置总流程

得到的最终流程图如图 11-9 所示。

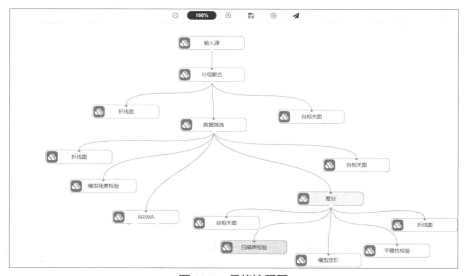

图 11-9　最终流程图

11.2.1 数据源配置

本章的数据为一份资金流数据 CSV 文件，将其导入 TipDM 大数据挖掘建模平台的步骤如下。

（1）单击【实训数据】，在【我的数据集】选项卡中单击【新增数据集】按钮，如图 11-10 所示。

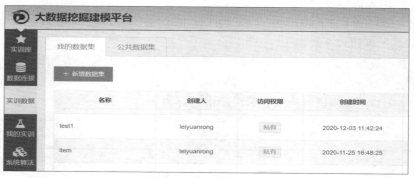

图 11-10　新增数据集

（2）随意选择一张封面图片，在【名称】文本框中输入"purchase_amt"，在【有效期】下拉列表中选择【永久】，在【描述】文本框中输入"资金流数据"，【访问权限】选项选择【私有】，单击【点击上传】，选择 purchase_amt.csv 文件，如图 11-11 所示。等待合并，合并成功后，单击【确定】按钮，即可上传数据。

图 11-11　新增数据集参数设置

数据上传完成后，新建一个名为【资金流量预测】的空白实训，并配置一个【输入源】算法，步骤如下。

（1）单击【实训】栏中的【＋】按钮，弹出【新建实训】对话框。在【名称】文本框中输入"资金流量预测"，在【分类】下拉列表中选择【我的实训】，在【描述】文本框中输入"时间序列"，如图 11-12 所示。

图 11-12　新建实训

（2）在【实训】下方的【算法】栏中找到【系统算法】→【内置算法】下的【输入/输出】类，将【输入源】算法拖曳至实训画布中。

（3）单击实训画布中的【输入源】算法，单击实训画布右侧的【参数配置】栏，在【数据集】文本框中输入"purchase_amt"，在弹出的下拉列表中选择【purchase_amt】，在【文件列表】中勾选"purchase_amt.csv"，如图 11-13 所示。

图 11-13　配置【输入源】算法

11.2.2　属性构造

1. 分组聚合

原始数据是以单个用户每天的信息作为一条记录，而时间序列预测输入的数据形式是每天的总资金流入量，因此要将原始数据进行式（11-1）所示的转换。

$$第K天资金申购总量 = \sum_{i=1}^{n_k} 第i个用户第K天的资金申购量 \qquad (11-1)$$

其中，n_k 表示第 K 天的用户数量。

公式的转换过程示例如图 11-14 所示。

267

用户编号	日期	申购量
1	2014-3-1	1000
2	2014-3-1	1000
3	2014-3-1	1000
1	2014-3-2	2000
2	2014-3-2	2000
3	2014-3-2	2000

日期	申购量
2014-3-1	3000
2014-3-2	6000

图 11-14　转换过程示例

在 TipDM 大数据挖掘建模平台上，可通过【分组聚合】算法实现图 11-14 所示的转换过程，步骤如下。

（1）将【系统算法】→【Python 算法】→【预处理】中的【分组聚合】算法拖曳至实训画布中，并与【输入源】算法相连接。

（2）字段设置。单击实训画布中的【分组聚合】算法，在实训画布右侧的【字段设置】栏中，单击【特征】右侧的 ↻ 图标，选择【report_date】和【total_purchase_amt】字段，如图 11-15 所示；单击【分组主键】右侧的 ↻ 图标，选择【report_date】字段。

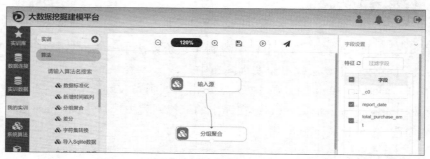

图 11-15　对【分组聚合】算法进行字段设置

（3）参数设置。在实训画布右侧的【参数设置】栏中，选择【聚合函数】下拉列表中的【求和】，如图 11-16 所示。

图 11-16　对【分组聚合】算法进行参数设置

（4）右键单击【分组聚合】算法，选择【运行该节点】命令。

2. 折线图

通过绘制折线图，查看经过分组聚合后的数据总体的分布情况，步骤如下。

（1）将【系统算法】→【Python 算法】→【绘图】中的【折线图】算法拖曳至实训画

布中，并与【分组聚合】算法相连接。

（2）参数设置。单击实训画布中的【分组聚合】算法，在实训画布右侧的【参数设置】栏中，单击【选择 x 轴数据】右侧的 ↻ 图标，选择【report_date】字段；单击【选择 y 轴数据】右侧的 ↻ 图标，选择【total_purchase_amt】字段，如图 11-17 所示。

图 11-17　对【折线图】算法进行参数设置

（3）右键单击【折线图】算法，选择【运行该节点】命令。运行完成后，右键单击【折线图】算法，选择【查看日志】命令，结果如图 11-18 所示。

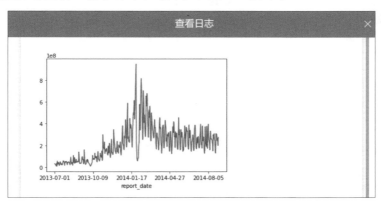

图 11-18　【折线图】算法日志

由图 11-18 可以看出，前期的数据呈增长态势。结合该企业的发展历程，这段时间正处于产品的推广期，由于新用户的不断增加，每日的资金流量也在随之增加。中间有段时期，资金流量急剧降低；后半段时间用户数量稳定下来，资金流量在一定范围内稳定地来回波动。根据时序图检验平稳序列的特点，该序列并未全部在一个常数值附近随机波动，因此判断该序列属于非平稳随机序列。

3．自相关图

通过绘制自相关图，查看经过分组聚合后的数据的平稳性情况，步骤如下。

（1）将【系统算法】→【Python 算法】→【绘图】→【时序图】算法拖曳至实训画布中，并与【分组聚合】算法相连接。

（2）重命名算法。右键单击实训画布中的【时序图】算法，选择图 11-19 所示的【重命名】命令，输入"自相关图"。

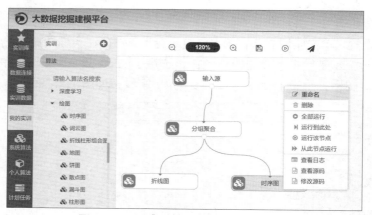

图 11-19　对【时序图】算法进行重命名

（3）字段和参数设置。单击实训画布中的【自相关图】算法，在实训画布右侧的【字段设置】栏中，单击【绘图特征列】右侧的 ⟳ 图标，选择【total_purchase_amt】字段；在【参数设置】栏中，选择【时序图类型】下拉列表中的【acf】，如图 11-20 所示。

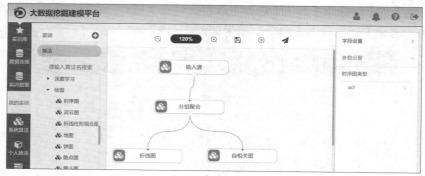

图 11-20　对【自相关图】算法进行设置

（4）右键单击【自相关图】算法，选择【运行该节点】命令。运行完成后，右键单击【自相关图】算法，选择【查看日志】命令，结果如图 11-21 所示。

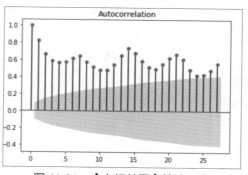

图 11-21　【自相关图】算法日志

从图 11-21 可以看出，序列自相关系数长期位于 x 轴的一侧，这是具有单调趋势序列的典型特征。同时自相关图呈现出明显的正弦波动规律，这是具有周期变化规律的非平稳序列的典型特征。

11.2.3　数据筛选

从图 11-18 可以看出，2014 年 3 月后的数据在一个值附近随机波动。本案例的目标是预测资金流量，前期的资金流量受新用户人数影响，处于增长状态，后期的数据由于用户数量稳定，表现得更加平稳、有规律。基于探索结果，决定选取 2014 年 3 月至 2014 年 7 月的数据作为模型训练数据，选取 2014 年 8 月的数据作为模型测试数据。

截取数据的步骤如下。

（1）将【系统算法】→【Python 算法】→【预处理】中的【数据筛选】算法拖曳至实训画布中，并与【分组聚合】算法相连接。

（2）字段设置。在实训画布右侧的【字段设置】栏中，单击【特征】右侧的 ⟳ 图标，选择全部字段。

（3）过滤条件设置。在实训画布右侧的【过滤条件 1】栏中，单击【过滤的列】右侧的 ⟳ 图标，在【过滤的列】下拉列表中选择【report_date】，在【表达式】下拉列表中选择【大于】，在【过滤条件的比较值】下拉列表中选择【2014-03-00】；设置【过滤条件 2】的【逻辑运算符】为【and】，在【表达式】下拉列表中选择【小于】，在【过滤条件的比较值】下拉列表中选择【2014-07-32】，如图 11-22 所示。

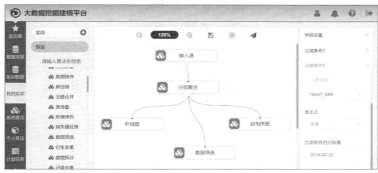

图 11-22　对【数据筛选】算法进行设置

（4）运行【数据筛选】算法。要查看经过筛选后的数据的总体分布情况，需要绘制折线图和自相关图。将【折线图】算法和【时序图】算法拖曳至实训画布中，并与【数据筛选】算法相连接，将【时序图】算法更名为【自相关图】算法，如图 11-23 所示。

图 11-23　拖入【折线图】算法和【时序图】算法

具体设置步骤可参考 11.2.2 小节的步骤，运行结果如图 11-24 和图 11-25 所示。

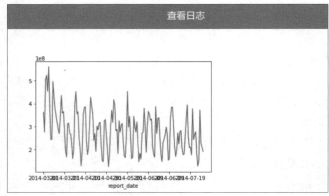

图 11-24　【折线图】算法日志

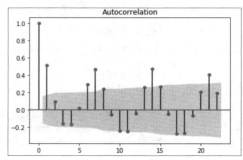

图 11-25　【自相关图】算法日志

从图 11-25 可以看出，数据具有较明显的周期性，以 7 天为周期，数据稳定地上下波动。所以需要对数据进行差分处理，消除周期性。

11.2.4　周期性差分

对资金流量以 7 天为周期做一阶差分，步骤如下。

（1）将【系统算法】→【Python 算法】→【预处理】中的【差分】算法拖曳至实训画布中，并与【数据筛选】算法相连接。

（2）字段和参数设置。单击实训画布中的【差分】算法，在实训画布右侧的【字段设置】栏中，单击【差分列】右侧的 ⟳ 图标，选择【total_purchase_amt】字段；在【参数设置】栏中，设置【差分周期】为【7】，如图 11-26 所示。

图 11-26　对【差分】算法进行设置

（3）右键单击【差分】算法，选择【运行该节点】命令。要查看经过差分后的数据总体的分布情况，需要绘制折线图和自相关图。将【折线图】算法和【时序图】算法拖曳至实训画布中，并与【差分】算法相连接，如图 11-27 所示。

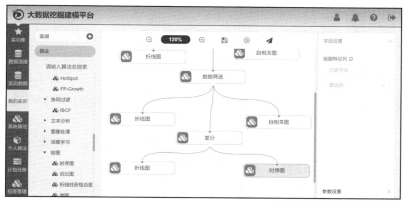

图 11-27　拖入【折线图】算法和【时序图】算法

具体设置步骤可参考 11.2.2 小节的步骤，运行结果如图 11-28 和图 11-29 所示。

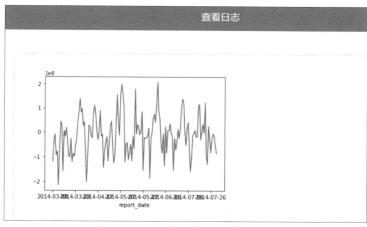

图 11-28　【折线图】算法日志

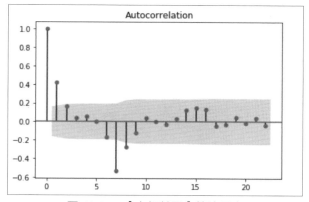

图 11-29　【自相关图】算法日志

Python 数据分析与挖掘实战

从图 11-29 可以看出，数据的周期性已消失，自相关系数多数控制在两倍标准差的范围内，可以认为该数据自始至终都在 x 轴附近波动，属于平稳序列。

11.2.5 序列检验

1. 平稳性检验

为了确定原始数据序列中没有随机趋势或确定趋势，需要对数据进行平稳性检验，否则可能会产生"伪回归"的现象，对 2014 年 3 月 1 日后的资金流量数据采用单位根检验的方法进行平稳性检验，步骤如下。

（1）将【系统算法】→【Python 算法】→【统计分析】中的【时序检验】算法拖曳至实训画布中，并与【差分】算法相连接。

（2）重命名算法。右键单击实训画布中的【时序检验】算法，选择图 11-19 所示的【重命名】命令并输入"平稳性检验"，如图 11-30 所示。

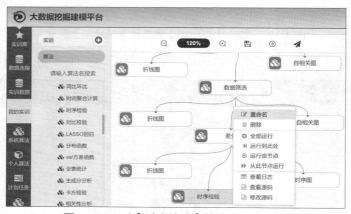

图 11-30　对【时序检验】算法进行重命名

（3）字段和参数设置。单击实训画布中的【平稳性检验】算法，在实训画布右侧的【字段设置】栏中，单击【进行检验的列】右侧的 ⟳ 图标，选择【total_purchase_amt】字段；在【参数设置】栏中，选择【检验类型】下拉列表中的【平稳性检验】，如图 11-31 所示。

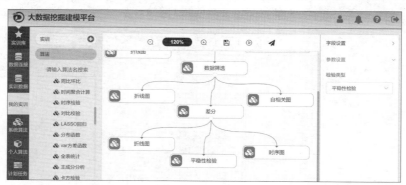

图 11-31　对【平稳性检验】算法进行设置

（4）右键单击【平稳性检验】算法，选择【运行该节点】命令。运行完成后，右键单击【平稳性检验】算法，选择【查看日志】命令，结果如图 11-32 所示。

图 11-32　【平稳性检验】算法日志

2. 白噪声检验

为了判断序列中有用的信息是否已被提取完毕，需要对序列进行白噪声检验。如果序列为白噪声序列，就说明序列中有用的信息已经被提取完毕了，剩下的全是随机扰动，无法进行预测和使用。对 2014 年 3 月 1 日后的资金流量数据进行白噪声检验，步骤如下。

（1）将【系统算法】→【Python 算法】→【统计分析】中的【时序检验】算法拖曳至实训画布中，并与【差分】算法相连接。

（2）重命名算法。右键单击实训画布中的【时序检验】算法，选择图 11-19 所示的【重命名】命令并输入"白噪声检验"。

（3）字段和参数设置。单击实训画布中的【白噪声检验】算法，在实训画布右侧的【字段设置】栏中，单击【进行检验的列】右侧的 ⟳ 图标，选择【total_purchase_amt】字段；在【参数设置】栏中，在【检验类型】下拉列表中选择【白噪声检验】，如图 11-33 所示。

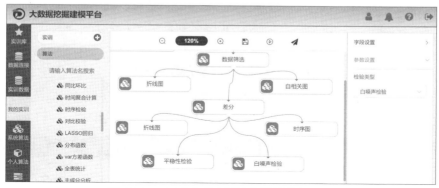

图 11-33　对【白噪声检验】算法进行设置

（4）右键单击【白噪声检验】算法，选择【运行该节点】命令。运行完成后，右键单击【白噪声检验】算法，选择【查看日志】命令，结果如图 11-34 所示。

图 11-34　【白噪声检验】算法日志

从图 11-32 和图 11-34 可以看出，序列同时通过了平稳性检验和白噪声检验，因此可用于构建时间序列模型。

11.2.6 分析与建模

1. 模型定阶

在对通过平稳性检验和白噪声检验的数据建立 ARIMA 模型之前，需要确定模型的阶数，即 p、q 的值，使最终拟合的模型达到相对最优。目前常用的定阶方式有 AIC 准则定阶与 BIC 准则定阶。

这里采用 BIC 准则进行定阶，步骤如下。

（1）将【系统算法】→【Python 算法】→【时序模型】中的【模型定阶】算法拖曳至实训画布中，并与【差分】算法相连接。

（2）字段和参数设置。单击实训画布中的【模型定阶】算法，在实训画布右侧的【字段设置】栏中，单击【模型数据列】右侧的 ⟳ 图标，选择【total_purchase_amt】字段；在【参数设置】栏中，将【ar 阶数】和【ma 阶数】均设置为【5】，如图 11-35 所示。

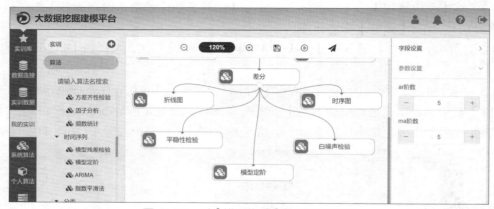

图 11-35　对【模型定阶】算法进行设置

（3）右键单击【模型定阶】算法，选择【运行该节点】命令。运行完成后，右键单击【模型定阶】算法，选择【查看日志】命令，结果如图 11-36 所示。

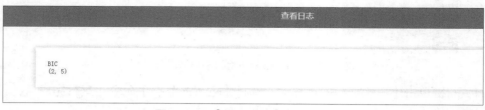

图 11-36　【模型定阶】算法日志

根据代码结果确定 p、q 参数为 2、5，故选用 ARIMA(2,1,5)模型。

2. 模型检验

对时间序列模型的残差进行检验，步骤如下。

（1）将【系统算法】→【Python 算法】→【时序模型】中的【模型残差检验】算法拖曳至实训画布中，并与【数据筛选】算法相连接。

（2）字段和参数设置。单击实训画布中的【模型残差检验】算法，在实训画布右侧的

【字段设置】栏中，单击【模型数据列】右侧的 ⟳ 图标，选择【total_purchase_amt】字段；在【参数设置】栏中，将【ar 阶数】设置为【2】，【差分阶数】设置为【1】，【ma 阶数】设置为【5】，如图 11-37 所示。

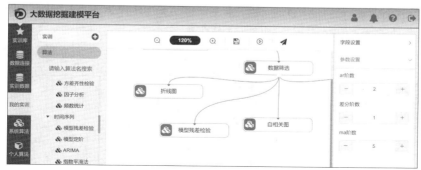

图 11-37　对【模型残差检验】算法进行设置

（3）右键单击【模型残差检验】算法，选择【运行该节点】命令。运行完成后，右键单击【模型残差检验】算法，选择【查看日志】命令，结果如图 11-38 所示。

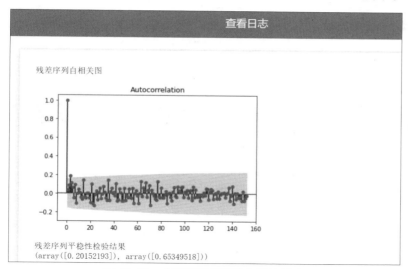

图 11-38　【模型残差检验】算法日志

对残差序列进行纯随机性检验，即白噪声检验，得到的 p 值约为 0.65，显著大于 0.05，所以模型有效。

3. 模型评价

为了评价模型预测效果的好坏，本章采用 3 个衡量模型预测精度的统计量指标：平均绝对误差、均方根误差、平均绝对百分误差。这 3 个指标从不同侧面反映了模型的预测精度。

查看模型拟合情况和进行模型评价的步骤如下。

（1）将【系统算法】→【Python 算法】→【时序模型】中的【ARIMA】算法拖曳至实训画布中，并与【数据筛选】算法相连接。

（2）字段和参数设置。单击实训画布中的【ARIMA】算法，在实训画布右侧的【字段设置】栏中，单击【时序列】右侧的 ⟳ 图标，选择【total_purchase_amt】字段，单击【时间列】右侧的 ⟳ 图标，选择【report_date】字段；在【参数设置】栏中，将【预测周期数】设置为【10】，【自回归项数 p】设置为【2】，【差分次数 d】设置为【1】，【移动平均项数 q】设置为【5】，其余保留默认设置，如图 11-39 所示。

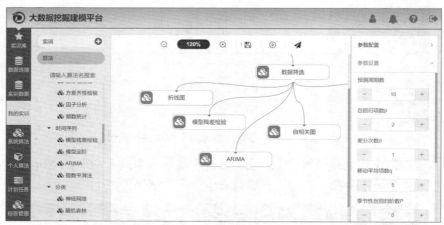

图 11-39　对【ARIMA】算法进行设置

（3）右键单击【ARIMA】算法，选择【运行该节点】命令。运行完成后，右键单击【ARIMA】算法，选择【查看日志】命令，结果如图 11-40、图 11-41 所示。

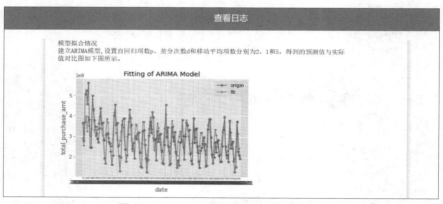

图 11-40　ARIMA 模型拟合情况对比图

	coef	std err	z	P>|z|	[0.025	0.975]
ar.L1	1.2450	0.014	85.913	0.000	1.217	1.273
ar.L2	-0.9977	0.014	-72.291	0.000	-1.025	-0.971
ma.L1	-1.8593	0.190	-9.806	0.000	-2.231	-1.488
ma.L2	1.5744	0.237	6.648	0.000	1.110	2.039
ma.L3	-0.5563	0.200	-2.781	0.005	-0.948	-0.164
ma.L4	0.0021	0.182	0.012	0.991	-0.354	0.359
ma.L5	-0.1606	0.098	-1.638	0.102	-0.353	0.032
sigma2	5.288e+15	8.56e-17	6.18e+31	0.000	5.29e+15	5.29e+15

图 11-41　ARIMA 模型评价

从图 11-40 可以看出真实值与预测值大致符合，说明模型选择合理。

图 11-41 中的 "std err" 标准误差列反映了参数的准确性水平，数值越低，准确度越高。从图 11-41 可以看出，系数 ar.L2、ma.L5 的标准误差分别为 0.014 和 0.098，并且 P 值也较小，说明模型的 p、q 参数取 2、5 是合理的。

小结

本章介绍了如何在 TipDM 大数据挖掘建模平台上配置金融服务机构资金流量预测实训，从获取数据到数据预处理，最后到数据建模，展示了平台流程化的思维，加深了读者对数据分析流程的理解。同时，平台去编程、拖曳式的操作，有助于没有 Python 编程基础的读者轻松地构建数据分析流程，从而达到数据分析的目的。

实训　构建 ARIMA 模型预测航空公司乘客量数据

1．训练要点

（1）掌握平稳性的检验方法。
（2）掌握白噪声的检验方法。
（3）熟悉 ARIMA 模型的定阶过程。
（4）掌握 ARIMA 模型的应用方法。

2．需求说明

本实训需要对航空公司乘客量数据进行预测。首先需要对乘客量数据进行平稳性检验和白噪声检验，然后确定 p 值与 q 值进行定阶，最后构建 ARIMA 模型进行预测，并对该模型进行评价。

3．实现思路与步骤

（1）使用【系统算法】→【Python 算法】→【绘图】中的【折线图】算法和【时序图】算法判断序列是否平稳。若不平稳，则进行步骤（2）；若平稳，则跳过步骤（2）。

（2）使用【系统算法】→【Python 算法】→【预处理】中的【差分】算法进行差分处理，并进行步骤（1）判断序列是否平稳。

（3）使用【系统算法】→【Python 算法】→【统计分析】中的【时序检验】算法进行平稳性检验和白噪声检验。

（4）使用【系统算法】→【Python 算法】→【时间序列】中的【模型定阶】算法对 ARIMA 模型进行定阶。

（5）使用【系统算法】→【Python 算法】→【时间序列】中的【ARIMA】算法构建 ARIMA 模型并进行预测，最后对模型进行评价。

课后习题

操作题

基于 TipDM 大数据挖掘建模平台，利用第 8 章的操作题数据实现金融服务机构资金流量预测，具体步骤如下。

（1）导入数据，绘制原数据的时序图与自相关图，检验序列的平稳性。

（2）进行白噪声检验以判断序列的价值。

（3）使用 BIC 准则对模型进行定阶。

（4）构建 ARIMA 模型，预测网站未来 7 天的访问量。